미생물로 쓴 소설들

미생물로 쓴 소설들

고관수 지음

페스트에서 코로나19까지,
문학이 그려낸 감염과 치유의 과학

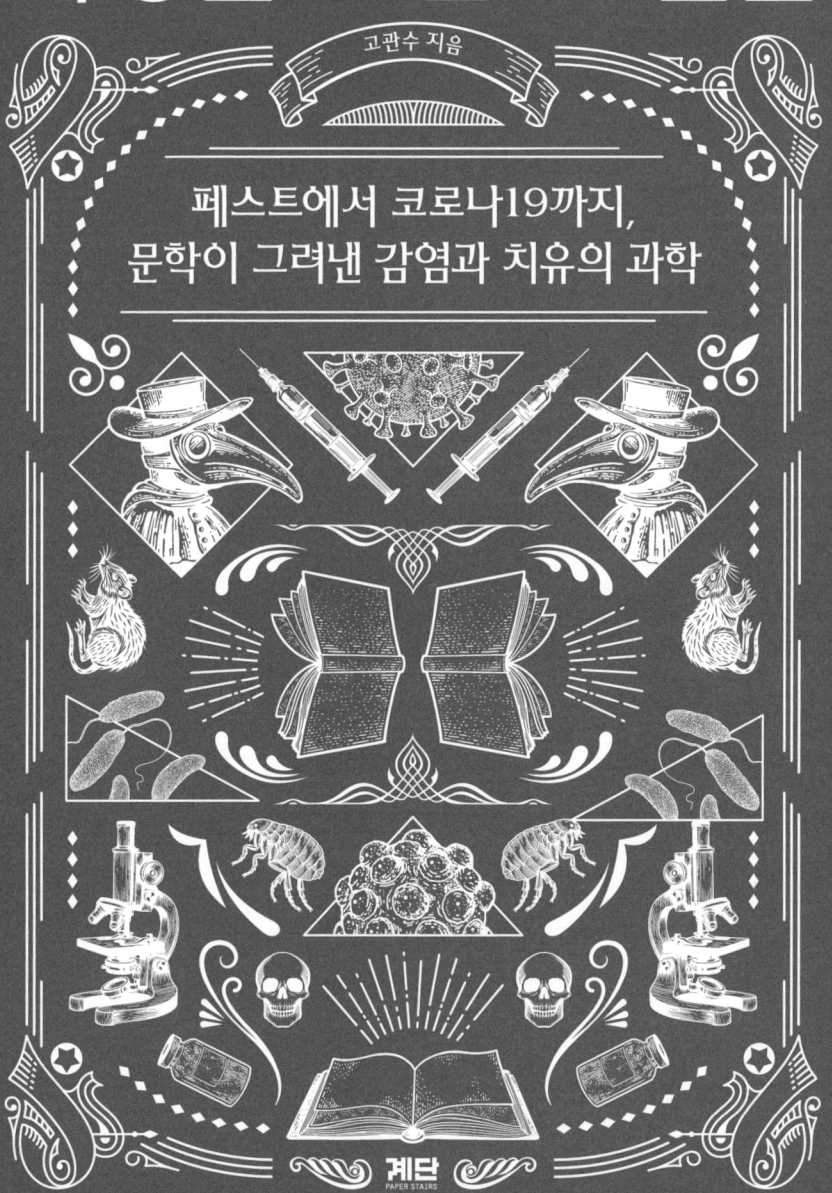

계단
PAPER STAIRS

들어가는 글

고등학교 때 동아리 활동을 했다. 도산 안창호가 창립한 흥사단의 고등학교 단체인 '흥사단 아카데미'였다. 요즘에야 고등학교 동아리 활동이 활발하다지만 당시는 그렇지 않았다. 무슨 특별한 활동을 한 것은 아니고, 주말마다 시내에 있는 사무실에 모여 주제를 정해 놓고 토론을 했다. 가끔은 다른 여학교와 합동 토론도 했다. 그때 함께 읽고 토론했던 책 중에 《데미안》이 있었다. "새는 알에서 나오려고 투쟁한다"란 문장으로 유명한 헤르만 헤세의 소설이다. 에밀 싱클레어라는 소년의 성장을 그렸다(헤세는 처음에 이 소설의 제목을 주인공의 이름인 '에밀 싱클레어'라고 해서 발표했다). 그때 내가 어떤 얘기를 했는지는 기억에 남아 있지 않다. 어쩌면 여학생들과 함께 있다 보니 화장품 냄새 때문에 정신을 차리지 못하고 횡설수설해서 그랬는지도 모른다. 《데미안》은 지금도 많이 읽히는 소설이다.

헤르만 헤세의 작품 중에 《로스할데》라는 소설이 있다. 우리나라에 그렇게 많이 알려진 작품은 아니다.《데미안》이 소년에서 청년으로 커가는 가운데 자아의 발견과 내면의 성장을 이야기하고 있다면,《데미안》보다 이른 1914년에 발표한《로스할데》는 가족이라는 현실과 예술이라는 이상 사이의 불화와 이에 따른 예술가의 정신적 고뇌를 다루고 있다.

'로스할데'는 소설의 주인공인 화가로 성공한 요한 페라구트의 저택 이름이다. 아내와는 사랑으로 맺어진 관계가 아니었고, 조금 남아 있던 애정마저 사라진 상태다. 큰 아들 알베르트와도 사이가 좋지 않아, 집에서 먼 학교 기숙사에 보냈다. 로스할데 저택의 본체는 아내에게 내주고, 자신은 저택 옆에 정자를 개조해 아틀리에를 만들어 그곳에서 지낸다. 화가와 아내 사이를 잇는 유일한 끈은 일곱 살 난 둘째 아들 피에르뿐이다. 피에르는 아빠와 엄마 사이의 불화를 알지 못한다. 화가는 아내와 헤어지고 싶지만 피에르를 아내에게 양보할 수 없어 이혼하지 못하고 있다.

화가에게 오랜 친구인 오토 부르크하르트가 찾아오고, 그에게 결혼 생활과 예술가로서의 고민을 털어놓는다. 결국 친구와 인도로 떠나기로 결심하면서 그는 새로운 예술적 영감을 받고 활력을 되찾는다. 그런데 바로 그 순간 그의 삶과 정신에 커다란 영향을 주는 사건이 벌어진다. 바로 병이다. 첫째 알베르트와 둘째 피에르가 마차를 타고 소풍을 다녀왔는데 피에르가 앓기 시작한 것이다. 오한을 느끼며 손님 방에서 신발도 벗지 않고 잠들어 버린 피에르를 아빠가 발견한다. 이후로 피에르는 기력을 찾지 못한다. 두통과 구역질, 오한, 신경

질적 반응과 같은 증상이 어린 아들을 괴롭힌다. "알아들을 수 없는 말을 중얼거리고, 의식이 몽롱한 상태에서 꿈꾸듯 헛소리를 했다."

상태가 심각해진 후에야 의사는 피에르가 어떤 병에 걸렸는지를 알아낸다. 그는 아버지에게만 병명과 상태를 전한다. "제 생각이 틀리지 않다면, 뇌막염입니다." 뇌막염에 걸린 피에르의 증상은 다음과 같이 묘사되고 있다.

소년은 줄곧 두통으로 시달렸고, 호흡은 가쁘고, 숨을 쉴 때마다 불안한 신음 소리가 조그맣게 흘러나왔다. 이따금 비척 마른 그 어린 육체가 짧게 경련을 일으키며 떨거나 활 모양으로 굽어지기도 했다. 그러고서 다시 오랫동안 꼼짝도 않고 누워 있다가, 결국에는 발작적으로 하품을 했다. 그런 뒤 1시간쯤 잠이 들었고, 다시 깨어난 후에는 숨을 쉴 때마다 예의 규칙적이고 고통스러운 신음 소리를 냈다.

이후 잠시 회복하는 듯했던 피에르는 끝내 숨지고 만다. 소설가는 이 장면을 길게 쓰고 있다.

피에르는 눈처럼 새하얀 얼굴로 입을 흉하게 일그러뜨리며 누워 있었다. 뼈만 앙상한 육체는 미칠 듯한 경련 때문에 비틀려 있었다. 눈은 공포로 이성을 잃고 희번덕거렸다. 갑자기 소년은 다시 한 번 비명을 질렀다. 더욱 난폭하고 울부짖는 비명이었다. 그리고 나서 활처럼 몸을 구부리며 우뚝 섰다. 침대가 흔들릴 정도였다. 소년은 맥없이 쓰러지는가 싶더니 다

미생물로 쓴 소설들

시금 솟구쳐 일어났다. 소년의 몸은 고통 때문에 긴장되어 굽어지고 합쳐졌다. 마치 화가 난 어린이의 손에 쥐어진 채찍처럼 말이다.

(······)

피에르는 의식을 되찾지 못했다. 오한이 드는 듯 전신을 부들부들 떨다가, 이따금 약하고 괴상한 비명을 질렀다. 녹초가 되어 휴식 상태에 빠졌다가는, 다시금 발을 쳐들었다가 내려뜨리는 동작을 시계처럼 되풀이했다. 그렇게 오후가 지나고, 저녁때가 지나고, 마침내 밤도 지나갔다. 마침내 이른 새벽에 이 어린 투사는 힘을 잃고 적에게 항복하고 말았다. 그때 부모는 꼬박 밤을 새운 얼굴로 침대를 사이에 두고 말없이 서로 마주 바라보았다. 요한 페라구트는 피에르의 가슴에 손을 얹었다. 이미 심장의 고통을 느낄 수 없었다. 그는 아이의 앙상한 가슴이 차가워지다가 이윽고 싸늘하게 식어 버릴 때까지 그 위에 계속 손을 얹고 있었다.

《로스할데》는 이처럼 뇌막염(뇌수막염)으로 죽어가는 소년의 모습을 너무나도 상세히 그렸다. 너무 자세해서 헤세가 직접 겪었거나, 아니면 곁에서 지켜본 게 아니라면 이럴 수 없다는 생각이 들 정도다. 피에르의 고통과 죽음은 마음을 아프게 했다. 이후의 얘기는 어쩌면 부록 같다는 생각이 들 정도다(화가는 둘째 아들의 죽음 이후 아내와 큰 아들을 놔준다. 그러고는 예술가로서의 영혼을 불태운다. "이 귀중한 시간을 단 한 순간도 헛되이 보내지 않으리라 굳게 다짐했다.").

피에르를 죽음으로 이끈 뇌수막염meningitis은 뇌수막meninges이라는 뇌와 척수를 둘러싼 얇은 막이 감염되어 생기는 질병이다. 뇌수막염은 다양한 병원체에 의해 생기는데, 크게 바이러스와 세균으로 나뉜다. 그런데 어떤 병원체에 의한 뇌수막염이냐에 따라 위급성과 중증도가 달라진다. 바이러스에 의한 뇌수막염은 대체로 특별한 치료가 없어도 호전된다. 증상에 대한 대응만으로도 충분하다. 그러나 세균성 뇌수막염은 바로 항생제를 투여해야 한다. 2주일 이상 치료해야 하고, 치사율도 10~15퍼센트에 달한다. 치료 후에도 다양한 신경학적 후유증이 남기도 한다. 《로스할데》의 피에르는 항생제가 개발되기 전에 뇌수막염에 걸렸다. 아마도 그가 걸린 뇌수막염이 세균에 의한 것이었다면 쉽지 않았을 것이다. 소설에서도 특별한 치료가 언급되어 있지 않다.

나는 의사가 아니라, 감염질환을 일으키는 미생물을 연구하는 연구자다. 그래서 뇌수막염이 이토록 처절한 고통을 주는 질병이라는 것을 크게 인식하지 못하고 있었다. 강의 시간에 어떤 세균에 대해서 설명하면서 뇌수막염도 일으킨다는 말을 흘리듯 하곤 했다. 그 어떤 논문이나 교과서보다 뇌수막염의 증상과 위험성에 대해 직접적으로 잘 보여 주는 《로스할데》라는 소설을 읽으면서야 뇌수막염이 어떤 질병인지 비로소 인식할 수 있었다. 나는 어쩌면 너무 차갑고 기계적으로 미생물과 감염병에 대해 이해하고, 연구하고, 가르치고 있었는지 모른다는 자책도 했다. 그런데 《로스할데》와 같은 소설들이 적지 않다.

"계몽사 세계명작동화" 같은 어린이용 동화가 아니라 소설이라는 장르의 글을 읽기 시작한 것은 아마도 중학교 즈음이다. 주로 우리나라 작가들의 단편소설을 많이 읽었던 것 같다. 김유정, 나도향 같은 작가의 작품이었을 것이다. 공부 시간도 확보해야 했으니 호흡이 짧은 소설이 손에 들렸다. 고등학교 때까지도 그랬다(《데미안》같은 경우는 예외였다). 그때의 독서가 지금 쓴 글들의 자양분이 되었을까? 그럴지도 모르고, 그렇지 않을 지도 모른다. 그냥 재미있어서 읽었을 뿐, 지금과 같이 생기부 기록 같은, 무슨 목적이 있었던 것은 아니었다.

대학에 입학한 이후에도 책은 꾸준히 읽었다. 이른바 사회과학 서적을 많이 읽을 수밖에 없는 상황이었지만, 시집도 많이 읽었고, 소설도 꽤 읽었다. 하지만 지금 생각해보면 조금은 편중되어 있었다. 우리나라 소설가, 그것도 80년대 중반 이후에 등장한 소설가의 작품이 대부분이었던 것 같다. 고전? 너무 낡아보였다, 그때는.

대학을 졸업하고 마음의 여유가 적어졌을 때는(그건 내 신분의 안정성과도 상당히 관련이 있었다) 정보를 담고 있는 책을 주로 읽을 수밖에 없었다. 말하자면 책읽기에도 '가성비'를 따졌다. 그러다 점점 소설도 많이 읽게 되었다. 그저 마음의 여유 때문만은 아니었다. 소설에서 얻는 생각의 깊이와 폭은, 다른 데서 얻을 수 없는 것들이라는 직감이 들었던 것일까? 지금 생각해보면, 소설도 삶을 통틀어 따져 본다면 충분히 가성비로 경쟁할 수 있지 않을까 싶은 생각도 든다. 차츰 고전이라고 일컬어지는 소설에 대해서도 생각이 달라졌다.

소설에서 정보를 얻는 경우도 없지는 않다. 헤세의 《로스할데》와 같은 소설을 읽고 뇌수막염에 대해 알고 느끼게 된 것을 정보나 학습이 아니라고 할 수 있을까? 그렇게 생각해 보니 그런 소설들이 눈에 들어오기 시작했다. 알베르 카뮈의 《페스트》나 토마스 만의 《마의 산》, 이청준의 《당신들의 천국》, 염상섭의 《만세전》 같은 작품들이다.

사실 많은 소설이 질병을 다룬다. 어쨌든 소설은 사람의 생로병사를 다루니 말이다. 하지만 감염질환의 경우 '감염되었다', '아프다', 혹은 '병에 걸려 죽다'는 식으로 두루뭉술하게 넘어가는 경우가 많다. 구체적으로 어떤 세균이나 바이러스에 감염되어 어떤 질병으로 고생하고 죽는지 명확히 짚어 쓰는 경우는 그렇게 많지 않다. 그러니 미생물이나 감염병의 병명을 구체적으로 언급하는 소설을 읽으면 반가웠고, 제목만이라도 적어 두기 시작했다. 찾아 읽기도 했다. 감염병과 미생물을 언급한 대목을 메모하기도 했다. 그게 좀 쌓였다. 뭔가 쓸 수 있겠다 싶었고 쓰기 시작했다. 그 결과물이 여기의 글이다.

적어둔 감염병은 이보다 많지만, 인용할 작품이 세 편 이상이 되어 미생물과 감염병에 대해 이러저런 얘기를 충분히 할 수 있는 것만 실었다. 놓친 소설도 많을 것이고, 꼭 다뤄야 했을 감염병과 미생물도 없지는 않을 것이다. 알려주면 좋겠다. 글을 쓰기 위한 목적이 아니더라도 흔쾌히 고마워하며 읽을 것이다. 이 책의 처음이 그랬던 것처럼.

세균에 의한 질병 여덟 가지, 바이러스에 의한 질병 다섯 가지, 기생충에 의한 질병 한 가지를 다루었다. 그리고 미래에 올지도 모르는 질병, 즉 '감염병 X'에 대해서도 썼다. 이 마지막 장은 잘못된 내용이라는 게 판정 나서 나중에 지워 버렸으면 좋겠다. 하지만 경고는 경고로서 가치가 있으니 그럴 일은 없을지도 모르겠다. 새로 공부하면서 쓴 내용도 많다. 교과서와 논문을 통해서, 또는 해당 미생물 전문

가에게 물으며 공부했지만, 미진한 부분이 분명 있을 것이다. 혹 잘못
된 부분도 없지는 않을 것이다. 제일 큰 걱정이다. 오롯이 내 책임이
다. 누군가 알려주면 어떤 방법을 통해서든지 고쳐 보려고 한다.

차례

Contents

일러두기

· 책, 신문, 잡지는 《 》, 영화, 그림은 〈 〉로 구분했다.

· 외래어는 국립국어원의 외래어 표기 규정을 따랐다. 일부 용어는 관습적 표현과 원어 발음을 감안해
  표기했다.

· 소설의 인용문과 서지 사항은 저자가 참고한 도서의 발간 당시 표현을 살려 표기했다. 인명이나 지
  명과 같은 고유 명사 중 일부는 가독성과 일관성을 위해 현행 맞춤법을 따랐다.

01

그 속에선
아무 차별도 없었다

페스트
—
에르시니아 페스티스 *Yersinia pestis*

아르놀트 뵈클린 〈페스트〉1898

화가 아르놀트 뵈클린Arnold Böcklin, 1827~1901은 가족 중 여섯을 페스트를 비롯한 감염병으로 잃었다. 그는 만년에 〈페스트Die Pest〉라는 그림을 그렸다. 페스트균을 상징하는 검은 사신死神이 긴 낫을 휘두르고, 그 아래에는 사람들이 추풍낙엽처럼 쓰러지고 있다. 사신을 태운 괴물은 입을 벌려 이상한 연기를 내뿜는데, 이 연기를 맞은 사람은 얼굴이 검게 변하면서 쓰러진다. 뵈클린은 페스트로 인한 평생의 상심과 공포를 그림으로 고스란히 표현했다.

미생물로 쓴 소설들

흑사병을 피해 모인 사람들

인류 역사상 최악의 질병을 꼽으라면 거의 모든 사람이 14세기의 페스트를 꼽는다. 별칭인 흑사병黑死病, the Black Death은 이름 그 자체로 어두운 죽음의 그림자를 드리운다. 으스스하다. 페스트는 인류 역사에 결정적이고 파괴적인 영향을 미친 만큼 유행한 시대별로, 혹은 이 질병을 은유해야 할 절박한 필요가 있을 때마다 문학 작품의 중요한 소재가 되었다. 가장 대표적이면서 가장 이른 작품이 조반니 보카치오Giovanni Boccaccio, 1313~1375의 《데카메론》이다.

피렌체의 문학가 조반니 보카치오는 14세기 흑사병에서 살아남아 그가 겪은 참상을 기록했다. 그런데 아마 자신의 필력이 모자라다 느꼈을지도 모르겠다. 그는 《데카메론》의 머리말에 흑사병, 즉 페스트가 도시에 창궐한 모습을 이렇게 적었다.

하나님의 아들이신 예수가 태어나신 지 1348년이 되었을 때, 무서운 흑사병이 이탈리아 제일의 도시 피렌체를 덮쳤습니다. 이 전염병에는 인간의 어떠한 지혜나 예방책도 소용이 없었습니다. 시내에 산더미같이 쌓인 오물을 치우고, 환자를 도시 밖으로 내보내는 등 병이 퍼지는 것을 막을 온갖 방법이 동원됐지요. 신앙심 깊은 이들은 갖가지 기도문을 되풀이 외워서 병을 쫓으려고 해 보았지만 아무 소용이 없었습니다. 오히려 그해 초봄, 흑사병이 무서운 전염성을 띠며 처참한 지경에 이르렀습니다. 낫는 자는 극히 드물었고, 일단 흑사병의 증상인 반점이 나타난 사람은 사흘 이내에 열이나 별다른 발작 없이 그냥 죽어갔습니다.

보카치오의 《데카메론》은 단테의 《신곡神曲》에 견주어 《인곡人曲》이라고도 불리는 작품이다. 14세기 이탈리아 르네상스의 성취 중 하나로 일컬어지기도 하는 《데카메론》의 배경은 '꽃의 도시' 피렌체다. 젊은 여성 일곱과 젊은 남성 셋이 도시를 휩쓴 흑사병을 피해 한 성당에 모인다. "상복으로 몸을 감싼 일곱 명의 젊은 부인"이라는 묘사로 보아, 이들이 이미 남편이나 가족의 일부를 페스트로 잃었다는 것을 알 수 있다. 소설은 열흘 동안 각자가 매일 들려주는 이야기를 모아 정리한 형식을 띠고 있다(중간에 수난일인 금요일과 휴식을 위해 쉰 토요일을 뺀 나머지 기간이니 열이틀 동안이라고 해야 더 정확하려나). 수록된 이야기는 전부 보카치오가 순수하게 창작해낸 이야기는 아니라고 한다. 많은 이야기가 당시에 이미 떠돌던 이야기였고, 이것을 잘 버무린 게 보카치오의 솜씨라 할 수 있다.

《데카메론》에는 상황을 설명하는 머리말을 제외하고는 페스트에 관한 내용은 거의 없다. 그러나 열 사람이 들려주는 이야기는 모두 당시의 사회상을 신랄하게 드러낸다. 이야기에 등장하는 다양한 직업과 계층 가운데 가장 두드러진 인물은 다름 아닌 성직자다. 당시는 아직 신의 세계가 인간의 세계를 압도하고 있었다. 이제 겨우 인간'만'의 가치가 있다는 것을 인식하기 시작하던 때였다. 보카치오는 타락한 성직자의 이야기를 통해 그들에 대한 비판과 혐오를 감추지 않았다. 또한 머리말에서 여성들이 읽고 즐거움과 충고를 얻을 것을 권유할 만큼 여성을 《데카메론》의 주 독자층으로 삼고 있다. 이야기 중에 억눌린 욕망을 발산하는 여성을 많이 포함시켜 새로운 시대의 도래 또한 알리고 있다.

그러나 아직은 중세의 질곡에서 해방되지 않았다. 이야기 속 인물은 신성神性의 세계에 붙잡혀 있다. 기독교라는 종교를 버리지도 않았고, 종교가 강조하는 가치를 부정하지도 않았다. 다만 앞뒤가 다른 상류층의 위선을 폭로하고, 부패와 타락을 비판했다. 그러면서 인간의 욕망을 있는 그대로 인정할 것을 강조했다.

《데카메론》은 이렇게 아직 중세에서 완전히 벗어나지 못한 세계관을 보여 주었지만, 이 작품의 배경이 된 페스트는 유럽에서 중세를 끝장내고 근대로 접어드는 데 결정적인 역할을 했다.

페스트와 함께 한 중세의 끝

중세인의 삶을 지배한 교회는 무력했을 뿐 아니라 감염이 더 많은 사람에게 전파되는 데 오히려 불을 지피는 역할을 했다. 신심이 깊은 사제라고 페스트가 피해 가지는 않았다. 오히려 많은 지역에서 사제의 사망률이 더 높았다. 신앙이 질병을 막을 수 없다는 것이 확실해지자 기존 교회와 사제에 대한 불신이 싹텄고, 이는 마르틴 루터 등의 종교 개혁으로 이어지는 단초가 되었다.

《데카메론》에서도 그 일단을 볼 수 있듯이 페스트가 휩쓸고 간 사회에서는 사람들의 삶에 대한 태도가 달라졌다. 죽음에 대한 공포와 현실 인식으로 '메멘토 모리Memento mori', 즉 '죽음을 기억하라'라는 말이 유행한 것처럼, '카르페 디엠Carpe diem'이란 말 역시 널리 퍼졌다. '오늘을 잡아라'라는 뜻의 '카르페 디엠'은 원래 로마 공화정 시대의 시인 호라티우스의 시에 처음 쓰였다. 우리에게는 1989년 개봉한 로빈 윌리엄스 주연의 영화 〈죽은 시인의 사회〉로 유명해졌지만, 14세기 당시 사람들의 삶의 태도를 잘 대변해 주는 말이기도 하다. 어느 누구도 오늘 당장 죽을지 알 수 없어 내일조차 기약하기 어려운 상황이었다. 많은 사람들이 내일을 대비하며 충실히 살기보다 순간의 쾌락에 빠졌다. 자신 앞에 다가오는 죽음의 그림자를 떨치기 위해 여러 곳에서 광란의 파티를 벌이곤 했다.

반면에 수도원을 중심으로 현세의 돈이나 명예와 같은 것은 허망한 것일 뿐이니 다가올 죽음을 기다리며 경건하게 보내자는 주장도 있었다. 이전부터 행해지다 뜸해졌던 채찍질 고행자들flagellant의 자해 행진이 다시 극성을 부리기도 했다. 그들은 자신의 죄를 회개한다며 벌거벗은 몸을 채찍으로 후려치며 행진했다.

재앙의 원인을 누군가에게 전가하기도 했다. 유대인들이 우물에 독을 풀어 병이 퍼졌다는 유언비어가 돌면서 유대인을 내쫓았다. 심지어 집단 학살 사태까지 벌어졌다. 1348년 스트라스부르에서는 900명 가까운 유대인을 불에 태워 죽였다. 이뿐만 아니라 소수자를 배척하는 분위기가 심해졌다. 외로운 여인을 지목해 마녀로 몰고 화형에 처하는 일도 빈번했다. 마녀 재판은 유럽이 근대에 들어서자 더욱 심해졌고, 유대인에 대한 공격은 현대까지 이어졌다. 극단적인 경건함과 과도한 방종, 타인에 대한 공격이 공존했다.

흑사병이 잠잠해진 후에는 농사를 지을 사람이 줄어 역사상 처음으로 삼림이 늘어났다. 삼림 면적이 늘어나면서 대기 중의 이산화탄소가 줄어들고, 이에 따라 기온이 내려가 14세기 중반 이후 중세 '소빙하기'가 도래하는 데 영향을 주었다는 주장도 있다. 이와 더불어 대재앙 이후 유럽인의 살림살이가 나아졌다는 통계도 찾을 수 있다. 이전에는 봉건 제도로 영주가 토지를 소유하고 농노는 세금을 지불하고 부역하는 체제가 공고했다. 하지만 인구가 줄자 부역의 대가로 금전을 지불하는 관행이 자리 잡기 시작하면서 봉건 제도가 해체되기 시작했다. 도시의 경우에도 노동자의 수가 줄어 노동자의 임금 수준이 올라갔다. 이에 따라 노동자의 생활 수준도 올라갔다.

흑사병으로 해상 운송의 규모가 커지고 대항해 시대를 앞당겼다는 평가도 나온다. 적은 수의 선원을 큰 선박에 태워 오래 항해하기 위해서는 조선술과 항해술이 발달해야 했고, 화물은 물론 선원이나 승객에 대한 해상보험도 필요하게 되었다는 것이다. 이는 자본이 필요한 일이었고, 따라서 자본이 집약될 수 있는 환경이 조성되었으며, 여러 금융 기법도 나타나면서 자본주의의 맹아가 싹텄다고도 설명한다. 페스트균은 사람들을 새로운 시대의 입구로 끌어왔다. 그것도 아주 처절한 방식으로.

페스트의 시작은 어디에서

———

《데카메론》의 피렌체는 물론 아주 일부 지역(이를테면, 프랑스와 스페인 사이의 피레네 산맥 지역)을 제외한 유럽 전역을 초토화시킨 페스트는 어디에서 온 것일까? 유럽의 흑사병, 즉 페스트가 중앙아시아 지역에서 전파되었다는 점에 대해서는 견해가 거의 일치한다. 특히 한 도시를 지목하는 이들이 많다.

흑해 연안 크림반도에 위치한 카파(현재 명칭은 페오도시야)는 1200년대 후반 이탈리아의 제노바인들이 점령한 도시로 러시아 출신 노예를 이집트 등지에 팔아넘기는 노예 무역을 비롯한 각종 무역이 번성했다. 그렇게 번영을 누리던 도시의 성을 동쪽으로부터 기세 좋게 진군하던 몽골 제국의 군대가 포위에 나선 것은 1346년이었다. 2년 가까이 치열한 공방전이 벌어졌다. 카파는 물론 몽골군에도 많은 사상자가 발생했다. 카파는 용케 버텨냈고, 몽골 군대는 물러났다.

전투에서 살아남은 상인들은 언제 다시 공격해 올지 모르는 몽골군을 피해 배를 타고 모국인 제노바로 탈출했다. 하지만 그들이 타고 간 배에는 사람만 타고 있던 것이 아니었다. 식량을 노리고 쥐들이 함께 타고 있었고, 쥐들은 쥐벼룩을, 쥐벼룩은 눈에 보이지 않는 생명체를 카파로부터 유럽 대륙으로 옮기고 있었다.

이미 카파에는 정체불명의 질병이 돌고 있었다. 기록에 따르면 그 질병은 몽골군으로부터 성을 넘어 들어왔다. 몽골군 진영에 먼저 병이 돌았고, 몽골군은 병에 걸려 죽은 시체를 투석기를 이용해서 성 안으로 던져 넣었다고 한다. 카파의 돌림병은 그 이후에 생겼다고 기록은 전하고 있다.

제노바로 탈출한 배가 항해하는 도중에는 환자가 한 명도 발생하지 않았다. 배가 제노바 항구에 도착하고 하루 이틀이 지나자 환자가 나오기 시작했고, 그로부터 손 쓸 틈도 없이 제노바 전역으로, 인근의 다른 도시로, 이탈리아 전역으로, 그리고 북쪽으로 커다란 반원을 그리며 번져 나갔다. 결국 아주 일부 지역을 제외한 거의 전 유럽을 휩쓸었다. 연구자에 따라 조금씩 다르지만, 대체로 당시 유럽 인구의 3분의 1에 이르는 2500만 명에서 3000만 명가량이 죽었고, 전 세계적으로는 이의 세 배 이상이 죽은 것으로 추정된다.

중세 유럽을 완전히 황폐화한 페스트는 정말 몽골군의 생물학전으로 인한 것일까? 그건 알 수 없다. 몽골군이 시체를 성 안으로 쏘아 넣었다는 기록은 있고, 그 시기에 카파 인근에 페스트가 유행한 것도 확인되며, 배를 통해 유럽으로 페스트가 유입된 것도 거의 분명하다. 그렇게 보면 몽골 군대를 제쳐놓고 보더라도 아시아 지역에서 유래한 페스트가 유럽으로 퍼진 것은 거의 확실해 보인다.

사실 중국과 몽골의 건조 지대에 머물러 있던 페스트가 유럽에까지 전파된 데에는 몽골 제국이 큰 역할을 한 것이 사실이다. 전쟁 중성 안으로 던져 놓은 시체로 질병이 번졌다는 것이 더 극적인 시나리오지만, 어쩌면 더 실제적인 역사는 몽골이 구축한 팍스 몽골리카Pax Mongolica(몽골에 의한 평화)에서 비롯된 것이라 볼 수 있다. 몽골은 아주 강력한 군대를 통해 폭력적으로 많은 지역을 점령해 나갔지만, 그들이 점령한 지역에 대해서는 상당히 유화적인 정책을 폈다. 종교의 자유를 허락했고, 점령지 출신이더라도 유능한 인재는 등용했다. 무엇보다 단일한 무역 및 관세 시스템을 구축했고, 중국에서 현재의 시리아 지역에 이르기까지 우편 제도 같은 것도 만들었다. 여행이 안전해지면서 실크로드를 따라서 교역이 증가했다. 바로 그렇게 사람들의 이동이 활발해지면서 쥐와 벼룩, 그리고 세균까지도 함께 먼 지역까지 이동해 갈 수 있었다. 어쩌면 몽골군의 침입이나 카파라는 도시는 상징적인 의미, 혹은 하나의 계기에 불과하다고 할 수 있다.

아시아에 비해 막대했던 유럽의 피해

—

그런데 유럽은 왜 이렇게 페스트에 속수무책으로 혹독하게 당했을까? 중국을 비롯한 아시아 지역도 큰 피해를 보긴 했지만 유럽만큼은 아니었다.

우선 14세기 유럽의 환경이 페스트균이 전파되기에 유리했다는 점을 들 수 있다. 14세기 즈음 유럽의 인구는 약 7500만 명이었다. 지금에 비하면 아주 적은 숫자로 보이지만, 당시 가용 자원에 비추어 봤을 때는 상당히 밀집된 상태였다. 이전 세기와 달리 이상 저온과 장마가 번갈아 닥쳤고, 농사가 어려워져 식량 위기가 닥쳤다. 흑사병 이전에 이미 인구의 10퍼센트 이상이 기아로 죽었다. 그러니 살아남은 사람들의 영양 상태도 좋을 리 없었다. 특히 이탈리아가 더 그랬다. 교황의 종교 권력과 황제의 세속 권력이 고위 사제직을 두고 다투면서 사회가 불안했고 전쟁도 끊임없이 벌어지고 있었다.

거기에 중세 유럽의 도시 형태도 페스트의 전파에 한몫했다. 전쟁이 일상화되면서 도시는 적의 침공을 막기 위해 바깥쪽은 성벽으로 굳게 둘러싸고, 성 내부는 미로처럼 복잡한 골목을 만들어 동선을 어지럽혔다. 그러다 보니 환기가 잘 되지 않는 비좁은 공간에 많은 사람이 모여 살 수밖에 없었다. 위생 상태도 좋지 못했다. 아니, 위생이라는 개념 자체가 없었다. 도시에서는 쓰레기가 도로에 그대로 버려졌고, 인간과 동물의 배설물과 도축 부산물이 거리에 나뒹굴었다. 페스트균을 옮기는 쥐들에게는 살기 좋은 환경이었다. 중세 농업 혁명으로 많은 삼림이 농지로 바뀌었고, 그 여파로 쥐를 잡아먹는 야생동물이 급감하면서 쥐의 개체 수가 폭발적으로 늘어났다. 마른 짚에 딱성냥 하나가 커다란 불길을 일으키듯 당시 유럽은 거대한 재앙을 기다리고 있었다고 해도 과언이 아닌 상태였다.

예르생과 기타자토

이렇게 14세기 유럽을 초토화한 흑사병의 원인균은 예르시니아 페스티스*Yersinia pestis*라는 세균, 즉 페스트균이었다. 일부 연구자는 흑사병이 발진티푸스였다고도 하고, 혹은 바이러스성 질환이었다고 주장하기도 하지만, 이런 주장은 극소수에 불과하다.

흑사병이 예르시니아 페스티스라는 세균 때문이라는 것은 DNA 분석을 통해서도 입증된 바 있다. 대표적인 것이 프랑스의 디디에 라울과 미셸 드랑쿠르의 연구다. 그들은 14세기 프랑스 남부 몽펠리에의 집단 매장지에서 흑사병이 창궐하던 시기에 묻힌 것이 확실한 시신을 찾아냈다(몽펠리에는 흑사병으로 30년 동안 주민의 90퍼센트가 사망한 지역이다). 남녀 어른 유골 각각 한 구씩과 어린아이 유골 하나를 발굴했고, 각 유골에서 치아를 수집하여 DNA를 추출했다. 연구진은 'suicide PCR'이라는 방법을 통해서 예르시니아 페스티스의 *pla* 유전자 조각을 증폭해 낼 수 있었고, 이들의 염기서열을 결정해서 예르시니아 페스티스가 맞다는 것을 재확인했다. 흑사병을 일으킨 주범은 세균이었다.

14세기에 인류를 멸망시킬 기세로 번져나갔던 페스트는 그 시기에만 특별히 유행한 감염질환은 아니다. 16세기에서 17세기에 걸쳐 다시 한 번 유럽에서 유행했다. 페스트하면 항상 함께 나오는 새 부리 모양의 마스크를 한 '페스트 의사plague doctor'도 실은 16세기에 등장했다. 아이작 뉴턴이 만유인력의 법칙을 비롯해 여러 중요한 물리학적 발견을 한 1666년을 '기적의 해'라고 한다(알베르트 아인슈타인이 특수상 대성 원리, 광전 효과, 브라운 운동에 대한 논문을 발표한 1905년도 '기적의 해'로 불린다). 그해 유행했던 페스트로 케임브리지대학 등 많은 학교가 문을 닫는 바람에 뉴턴은 고향 울즈소프에서 지내면서 대단한 업적의 기초를 다졌다. 이후에도 페스트는 산발적으로 유행했는데, 19세기 말 홍콩을 중심으로 유행했을 때는 페스트의 원인균을 밝히기 위한 경쟁이 펼쳐지기도 했다.

페스트의 원인균을 처음으로 밝혀낸 사람은 프랑스의 세균학자 알렉상드르 예르생Alexandre Yersin, 1863~1943이다. 1894년 홍콩에서 페스트가 발생하자 프랑스와 독일에서는 원인균을 밝히고자 각각 연구진을 파견했다. 독일의 코흐 연구소에서는 일본 출신의 기타자토 시바사부로北里柴三, 1853~1931를, 프랑스의 파스퇴르 연구소는 연구소 출신이지만, 당시에는 인도차이나반도의 산을 타고 있던 예르생을 파견했다. 기타자토는 1901년 첫 번째 노벨 생리의학상 수상자인 에밀 폰 베링Emil von Behring과 함께 디프테리아 항독소를 개발한 인물로, 나중에는 일본 의학의 선구자가 된 인물이다. 노벨상 수상자에 그가 포함되지 않은 것을 두고 당시부터 부당하다고 할 정도로 인정받는 연구자였다.

홍콩에 각자 도착한 기타자토와 예르생은(기타자토가 조금 더 일찍 도착한다) 페스트의 원인균을 밝히기 위한 경쟁을 벌인다. 시설이나 인력 모두 기타자토 팀이 우세했고, 현지 지원도 거의 독차지했다. 예르생은 혼자서 열악한 시설과 도구로 갖은 애를 써야 했다. 기타자토가 페스트의 원인균을 밝혀냈다고 먼저 보고했고, 기타자토의 발표 며칠 후 예르생이 발표했다. 하지만 나중에 기타자토의 배양액이 오염된 것으로 밝혀지면서 페스트균 발견의 영예는 예르생에게 돌아갔다. 페스트균의 학명에서 속명 예르시니아*Yersinia*가 바로 예르생을 기려 붙여진 것이다.

역병의 참상

———

번역가이자 작가 김정선은 《소설의 첫 문장: 다시 시작하는 삶을 위하여》에서 페스트를 공통으로 다루고 있는 세 작품 《데카메론》, 《전염병 연대기》, 《페스트》 가운데 가장 인상적인 것은 실제 사건을 묘사하고 있는 《전염병 연대기》라며, 이렇게 쓰고 있다.

격리되었던 환자들이 고통을 참지 못하고 알몸으로 도망 나와 밤거리를 달려서는 시체들이 묻힌 구덩이를 찾아 주저 없이 뛰어드는 장면은, 좀처럼 잊히지 않는다. 그야말로 죽음을 향한 한밤의 질주인 셈인데, 더 충격적인 건 구덩이 안에 던져진 게 시체들만이 아니라는 것. 산 채로 던져진 환자들이 구덩이 안에서 이미 죽은 시신이나 아직 죽지 않은 다른 환자들

미생물로 쓴 소설들

과 뒤엉킨 채로 죽음을 기다리는 장면은 잊으려야 잊을 수 없을 만큼 충격적이다.

대니얼 디포Daniel Defoe, 1660~1731는 불온한 글을 썼다는 이유로 옥살이를 치렀고, 여러 정권 밑에서 스파이 노릇을 하기도 했다. 생애세 차례나 목에 칼을 쓴 채 광장에서 대중의 모욕을 받았다. 사업으로 성공하기도 했지만, 투자 실패로 거의 전 재산을 날려 버렸다. 파란만장한 삶을 살았던 디포가 지금까지 불멸의 이름을 얻고 있는 이유는 예순 가까운 나이에 쓴 첫 소설《로빈슨 크루소》때문이다. 그러나 그보다 몇 년 후에 쓴《전염병 연대기》*는 팬데믹 시대를 맞아 더욱 관심을 받았다.

1722년에 발표한《전염병 연대기》는 1665년 런던을 집어삼킨 페스트를 다루고 있다. 그러니까 뉴턴을 케임브리지대학에서 쫓아내고향 울즈소프로 향하게 했던 바로 그 전염병이다.

디포는 17세기 페스트에 관한 비망록을 다음과 같이 시작하고 있다.

런던 페스트에 병들다.

때는 1665년,

저세상에 입적한 그 수 몇 십만이랴.

그러나 나는 살아남았도다.

*우리나라에는 《전염병 일지》로 소개되었고, 《페스트, 1665년 런던을 휩쓸다》라는 제목으로도 번역되었다

《전염병 연대기》는 중심인물도 거의 없고, 극적인 스토리 라인도 없다. 마구상을 운영하는, 특별할 것 없는 한 런던 시민(나)이 페스트가 창궐한 도시에서 겨우 살아남아 보고, 듣고, 느낀 것을 회고해서 정리하고 있을 뿐이다. 굳이 주인공을 꼽자면 '페스트'라고 할 수밖에 없다.

디포가 이 '소설'을 발표한 시점이 1722년이니 페스트가 창궐한 1665년은 그가 겨우 다섯 살 때로 그를 직접적인 관찰자라고 할 수는 없다. 하지만 이 소설은 소설적 구성을 넘어 당대에 대한 자세한 기록을 담고 있다. 〈사망주보〉의 구체적 숫자와 상세한 질병 묘사, 실감 나는 사람들의 반응 때문에 그렇다. 디포는 도시를 장악한 질병, 페스트의 시작에서 마지막까지 사람들이 어떻게 죽어 나가는지, 사람들이 참혹한 질병에 어떻게 반응했는지, 당국의 정책은 얼마나 효과가 있었는지를 비망록, 아니 마치 보고서처럼 쓰고 있다.

디포는 질병에 의한 처참한 장면을 많이 묘사하고 있는데, 그중에서도 시체를 처리하는 장면은 여러 차례 반복된다.

그 차에는 16, 17구의 시체가 실려 있었는데, 어떤 것은 린넨 천으로 둘둘 말린 것도 있고, 어떤 것은 모포에 싸인 것도 있었다. 그뿐만 아니라 오로지 팬티 하나만 걸친 시체도 있었다. 시체들이 차에서 내던져질 때, 입고 있던 것들도 모두 벗겨져 구덩이 속으로 들어갔다. 그러한 행위가 시체 자신으로서는 아무 상관이 없을지 모른다. 말하자면 인류의 공동묘지 속에서 사이좋게 살을 비비고 파묻히니까. 그 속에선 아무런 차별도

미생물로 쓴 소설들

없었다. 가난뱅이든 부자든 다 같이 뒹굴고 있으니 말이다.

부자든 가난뱅이든 구별도 없이 마구 파묻히는 장면, 마부와 말이 함께 내던져지는 장면, 살아 있는 상태에서 실수로 함께 파묻히는 장면과 함께, 격리되어 있던 환자들이 고통을 참지 못하고 밤중에 알몸으로 도망 나와 시체들이 묻힌 구덩이로 주저 없이 뛰어드는 장면까지 ……. 이처럼 죽어가는 모습도 비참하지만 죽음 이후에도 대접받지 못하는 역병疫病의 참상은 충격적이기 그지없다.

디포의 《전염병 연대기》를 보면 페스트의 원인에 대한 시각이 300년 전의 《데카메론》과 많이 달라졌다는 걸 알 수 있다. 디포는 페스트의 원인을 '병균'이라고 적시하고 있다. 이것은 굉장히 전향적인 시각이다. 안톤 판 레이우엔훅이 미생물을 발견하고 발표한 이후이기는 하지만 아직은 파스퇴르와 코흐의 세균병인론germ theory이 나오기 전이었다. 물론 디포가 '병균'이라고 한 것이 구체적으로 어떤 것을 염두에 두고 말한 것인지는 분명치 않다. 하지만 이 질병이 단순히 어떤 기운에 의한 것이 아니라, 생명체에 의한 것이라는 것은 인지하고 있는 듯 보인다. 특히 보인자carrier, 즉 병원균을 가지고 있지만 증상이 나타나지 않는 사람이 감염질환을 퍼뜨리는 데 결정적인 역할을 한다는 것을 명확하게 인식하고 있기도 하다. 당연히 감염질환의 전파와 관련해서는 아직 정확히 파악하고 있지 못하고 있고, 가끔은 '신의 섭리'도 운운하기는 한다. 하지만 당시의 지식에 비추어 보면 감염질환과 관련해서 상당히 진전된 입장이었던 것만은 분명해 보인다.

전염병의 참상을 이겨내는 인간

알레산드로 만초니Alessandro Manzoni, 1785~1873는 단테 이후로 이탈리아에서 최고의 문필가로 인정받는 작가다. 2023년에는 사망 150주년을 기념하는 2유로짜리 바티칸 기념주화가 발행되었을 정도다. 이탈리아에 대한 애국심과 신앙심을 고취하는 글을 발표했던 만초니의 사상은 이탈리아 통일에도 적지 않은 영향을 끼친 것으로 알려져 있다.

앞서 얘기한 바티칸 기념주화에는 "Quel ramo del lago di Como"라고 쓰여 있다. "코모 호수의 지류"란 뜻의 이 문구는《약혼자들》이라는 소설의 첫 문장 중 일부다.《약혼자들》은 만초니의 대표작이다. 1840년에 출판된《약혼자들》은 1628년부터 1630년까지 밀라노를 중심으로 한 이탈리아의 롬바르디아 지역을 배경으로 한다. 방적공이자 농부인 렌초와 그의 약혼녀인 루치아가 겪는 이야기다. 지역 귀족이자 난봉꾼의 협박으로 결혼을 주관하기로 한 성당 신부가 겁을 먹고 결혼을 진행하지 않자 렌초와 루치아는 결국 다른 지역으로 떠나기로 한다. 이처럼 귀족이나 성직자 같은 상류층이 아닌 하류층의 고난과 투쟁을 다룬다는 점에서 당시의 주류 문학과는 궤를 달리했기에 비판을 받았지만,《약혼자들》은 그 대신 문학의 역사에 길이 남는 작품이 되었다.

만초니는 19세기에 17세기를 소환하여 당시 이탈리아의 나아갈 바를 말했다. 통일되지 못한 채 거대한 제국(스페인, 프랑스, 합스부르크

등)의 입김에 휘둘리는 이탈리아의 처지, 정말 담당해야 할 부분이 무엇인지 분명하게 인지하지 못하고 있는 답답한 종교, 그리고 인간의 힘으로 해결할 수 없는 재난에 맞닥뜨린 무력감과 처절함을 드러내 17세기의 혼란스러운 역사에서 현재(그러니까 19세기)의 이탈리아가 무엇을 해결하고 무엇을 극복해야 할지 보여 주고자 했다. 역사 소설의 형식을 띠고 있지만 단순하게 역사만을 다룬 소설은 아닌 것이다.

이 소설에는 당시 이탈리아의 정치 상황이 짙게 드리워져 있다. 일단 스페인의 지배를 받고 있는 이탈리아의 모습이 비판적으로 그려지고 있으며, 1628년 빵을 둘러싼 밀라노 폭동이 사실적으로 묘사되고 있다. 이 밖에도 전 유럽을 황폐화한 30년 전쟁, 14세기 이후 유럽을 다시 강타한 페스트의 위협도 등장한다. 디포의 《전염병 연대기》와 마찬가지로 17세기의 페스트가 배경인 셈이다.

다음날 그 오만한 믿음이 팽배했을 때, 아니 많은 사람들이 행렬 덕분에 페스트는 종식되리라는 맹목적인 확신에 매달리는 동안, 도시의 모든 지역에서 계층을 가리지 않고 사망자들이 증가했을 것인데, 너무나 순식간에 증가하여 그 원인이 행렬에 있음을 부인하는 사람이 없을 정도였다. 하지만 일반적인 편견의 고통스럽고도 놀라운 힘이란! 동시에 많은 사람들은 그런 결과가 나온 것이 우연한 접촉이 매우 많았고 사람들도 많았다는 것을 탓하기보다는, 칠장이들이 매우 손쉽게 그들의 사악한 계획을 수행할 수 있었다고 생각했다. 군중 사이에 섞여서 그들이 가지고 있던 모든 기름으로 병을 전염시켰다고 믿었다.

(……)

그날부터 페스트는 더욱 극심하게 전염되었다. 순식간에 페스트가 전염
되지 않은 집이 거의 없었을 정도였고, 문둥병원에 수용된 사람들의 수
도, 위에서 언급한 바 있는 (역사학자) 소말리아의 말을 따르자면, 2000명
에서 1만 2000명으로 증가했다. 나중에는 거의 모든 사람들이 1만 6000
명에 이르렀다고 말했다.

무지로 인한 집단 수용이 가져온 폐해, 페스트의 창궐을 특정 집단
(여기선 유대인이 아니라, 독일인, 혹은 칠장이가 그 집단이다)에 전가하는
모습, 그리고 페스트가 가져온 사회의 피폐화와 결정적인 변화까지.
렌초와 루치아의 행복한 결혼은 어떻게 보자면 페스트라는 비극적
재난을 뚫고 이루어진 것이라 더욱 가치 있고 신비스러운 것이라 할
수 있다. 물론 추기경과 수도사의 종교적 힘에 의해 계기가 마련되었
지만, 결국 사랑하는 연인을 행복으로 이끌어 준 결정적 계기는 페스
트라고 해도 과언은 아니다.

《약혼자들》에서 만초니가 묘사하고 있는 페스트는 디포의 《전염병
연대기》와 마찬가지로 끔찍한 참상을 포함하고 있지만, 그 가운데서
도 그것을 극복해 내는 인간의 모습을 보여주고 있다.

미생물로 쓴 소설들

세균, 벼룩, 쥐, 그리고 인간으로

페스트를 다룬 소설 가운데 가장 잘 알려진 것은 뭐니뭐니 해도 알베르 카뮈 Albert Camus, 1913~1960의 1947년 작품《페스트》다. 카뮈는 이 소설을 10년 동안 구상했다고 한다. 알제리 해안에 위치한 도시 오랑에 페스트가 창궐한 후, 도시가 폐쇄되면서 벌어지는 인간 군상의 모습을 그려내고 있다. 오랑은 실제로 존재하는 도시이고, 카뮈가 이 도시에 잠깐 머물렀을 때 페스트가 발생한 적이 있다고 한다. 코로나19 팬데믹은 이 소설에 대한 관심을 다시 불러일으켰다.

이 소설에서 페스트와 관련해 특히 인상 깊은 것은 증상에 관해 놀라울 정도로 생생하게 묘사하고 있다는 점이다. 아마 현대의 의사들 대부분은 페스트를 직접 접해 보지 못했기 때문에, 어쩌면 이 소설을 통해 페스트의 증상을 배우지 않을까 싶을 정도다. "목의 림프샘과 사지가 부어올랐고, 옆구리에는 거무스름한 반점 두 개가 번지고 있었다"와 같이 초기 증상에서 시작해, "마비, 탈진, 눈의 충혈, 구강 오염, 두통, 사타구니 멍울, 극심한 갈증, 정신착란, 전신에 도는 반점, 몸 안에서 느껴지는 찢어질 듯한 통증"과 같이 증세의 진전을 세세하게 묘사하고 있다. 아마 카뮈가 상당히 자세히 조사한 결과이겠지만, 다음과 같은 죽음의 장면에 대한 묘사는 그가 직접 페스트 환자를 지켜보지 않았을까 하는 생각도 들게 한다.

바로 그때 아이가 마치 위장이 물어뜯기라도 한 것처럼 가냘픈 신음 소리를 내며 다시 몸을 구부렸다. 끝없이 이어질 것 같던 그 몇 초 동안 아이는 몸을 접은 채 가만히 있더니, 연약한 몸이 페스트의 광풍에 꺾이고 반복적으로 밀려오는 신열의 폭풍에 무너지듯 오한으로 떨면서 경련을 일으켰다. 돌풍이 지나가자 몸이 약간 이완되었고, 열이 물러가면서 헐떡이는 아이를 독성이 있는 축축한 모래사장 위에 던져놓은 것 같았다. 그곳에서는 휴식이 벌써 죽음과 같았다. 열이 타오르듯 물결치며 세 번째로 밀려와 아이의 몸을 약간 들어 올리자, 아이는 몸을 바짝 웅크렸고, 자신을 태우는 불꽃 때문에 공포에 휩싸여 침대 밑으로 파고들면서 시트를 걷어차고 미친 듯이 머리를 흔들었다. 불이 붙은 듯한 눈꺼풀 밑에서 굵은 눈물이 솟아나와 납빛 얼굴 위로 흘러내리기 시작했다. 발작이 끝나자 아이는 기진맥진한 상태로 뼈만 남은 두 다리와 48시간 만에 살이 다 녹아버린 듯한 두 팔에 경련을 일으키면서, 엉망으로 헝클어진 침대 위에서 십자가에 못 박힌 듯한 괴상한 자세를 취했다.

《페스트》에서는 쥐들의 죽음을 페스트 창궐의 전조 현상으로 명확하게 짚고 있다. 중세 시대에 페스트가 유행할 때부터 쥐와 연관이 있다는 것은 많은 사람들이 알아차리고 있었다. 그런데 페스트는 실제로는 쥐가 아니라 쥐를 비롯한 설치류를 감염하는 쥐벼룩(주로는 동양쥐벼룩*Xenopsylla cheopis*)이 옮기는 것이다. 여기서 페스트균이 쥐벼룩과 쥐를 거쳐 사람한테 감염시키는 과정을 자세히 살펴보면 다음과 같다.

우선 벼룩이 페스트균에 감염된다. 페스트균에 감염된 벼룩이 쥐

미생물로 쓴 소설들

와 같은 설치류에 붙어 피를 빨아먹는데, 벼룩은 피를 한 번 빨 때 거의 자신의 체중에 맞먹는 양을 흡입한다. 벼룩이 빨아들인 피는 페스트균이 득실거리는 벼룩의 혈액과 엉켜 혈전이 만들어지고 이것들이 식도에서 위장에 걸쳐 큰 피떡을 형성한다. 그렇게 되면 벼룩의 위장으로 들어가는 입구가 막혀 폐색이 일어난다. 이렇게 위로 이어진 입구가 막혀 버리면 벼룩이 아무리 피를 빨아도 피가 위로 들어가지 못한다. 그래서 쥐의 피를 빨던 벼룩은 위장을 가로막는 피떡을 토하게 되는데, 이렇게 되면 피떡에 섞여 있는 페스트균이 곧장 쥐로 옮겨가게 되어 쥐가 페스트에 걸리는 것이다. 그렇다고 벼룩의 식도에서 위까지 이르는 길이 뻥 뚫리는 것은 아니다. 여전히 피는 위로 넘어가지 않는다. 그래서 벼룩은 계속해서 쥐의 피를 빨아먹고 토하는 과정을 반복한다. 결국 페스트에 걸린 쥐는 죽는다.

쥐가 페스트로 죽으면 그다음은 어떻게 될까? 그렇다. 벼룩은 자기 살 길을 찾아 나선다. 새로운 숙주가 필요한 것이다. 새로운 숙주, 그게 바로 사람이다. 그래서 사람에게 페스트가 유행하기 전에 쥐들이 먼저 몰살하는 현상이 나타나는 것이다. 사람에게도 쥐에서와 같은 상황이 벌어지기 때문에 페스트균에 감염된 벼룩이 물 때마다 인간은 페스트균에 감염된다.

예르시니아 페스티스, 즉 페스트균은 포자를 만들지도 않고, 편모도 없어 이동성이 없다. 페스트균은 20개가 넘는 독성 인자를 가지고 있는 것으로 알려져 있는데, 특이하게도 온도에 따라 발현되는 독성 인자가 다르다. 벼룩의 체온과 사람의 체온은 서로 다른데, 이 말은 벼룩과 사람에게 발현되는 독성 인자가 다르다는 얘기다. 벼룩에서는 증식에 필요하거나 소화기관을 폐색시키는 물질이 만들어지는 데 반해, 쥐나 사람에서는 면역 체계를 피하거나, 전신으로 퍼져 나가는 데 도움을 주거나, 아니면 직접 조직을 파괴하는 물질과 함께 내독소로 작용하는 지질다당류lipopolysaccharide, LPS가 많이 발현되어 만들어진다. 페스트균은 벼룩에서 쥐나 사람으로 숙주를 바꾸는 순간 온도 변화를 바로 알아차려 그에 맞는 조절을 절묘하게 이뤄낸다.

페스트균의 독성 인자는 인체 감염 후 식세포phagocyte를 죽이기보다는 식세포 내에서 세균이 죽지 않고 살아남아 증식할 수 있게 하는 역할을 한다. III형 분비 체계type III secretion system, T3SS를 통해 효과 단백질을 전달하고, 플라스미드에 암호화되어 있는 YOPSyersinal outer membrane proteins라는 단백질을 대식세포macrophage로 분비해 숙주의 방어체계에 대항하며 살아남는다.

로버트 자레츠키와 미치코 가쿠타니를 비롯한 많은 평론가들은 카뮈의 말을 빌어 페스트를 하나의 상징, 즉 나치('갈색 페스트'라고도 했다)의 프랑스 점령에 대한 우화로 보고 있다. 나아가 "장소와 무관한, 전체주의 체제의 예시"로 읽을 수도 있다. 그와 동시에 박홍규가 평하듯 "인간의 연대 의식으로 전염병을 극복하는 이야기"로 읽는 것도 가능하다.《페스트》는 마른하늘에 날벼락이 치듯 갑자기 오랑이라는 고립된 도시에 들이닥친 치명적 전염병에 대해 다양한 인물이 어떻게 대처하는지를 기록하고 있다. 전염병의 위험을 애써 무시하려는 정부의 노력은 사망자 수와 격리자 수가 늘면서 하나둘 무너져 내리

미생물로 쓴 소설들

고, 사람들 사이에는 너나없이 고립감이 자리 잡는다. 부당이득에 대한 분노가 불이 붙으며, 사람들은 더 큰 박탈감에 고통스러워하고, 나아지지 않는 상황을 보며 무기력에 빠진다. 카뮈는 놀라운 핍진성을 발휘하여, 상황에 대한 부정을 넘어 두려움을 극복하고 끝내는 불굴의 의지로 전염병을 이겨내는 과정을 보여주면서 복잡하게 얽힌 인간 군상의 스펙타클을 입체적으로 묘사한다.

21세기에 읽는 페스트

————

21세기 들어, 그것도 코로나19 팬데믹의 와중에 다시 페스트에 관한 소설을 접하게 될 것이라고는 짐작하지 못했다. 그것도 오르한 파묵 Orhan Pamuk, 1952~ 의 작품으로 말이다. 튀르키예 출신의 소설가 오르한 파묵은 2006년 노벨 문학상을 수상했다. 튀르키예의 에르도안 정권을 공개적으로 규탄하는 성명을 낼 정도로 비판적 성향의 파묵은 프랑스로 이주했다가 지금은 미국에 거주하며 글을 쓰고 있다.

오르한 파묵의 《페스트의 밤》은 우리나라에는 코로나19 팬데믹의 절정 시기에 번역되어 나왔지만, 작가는 이전부터 작품을 집필하고 있었고 소설이 나온 후에야 팬데믹이 시작되었다. 어쩌면 파묵이 놀랄만한 예언을 한 것처럼 생각할 수도 있지만, 세균이나 바이러스에 의한 팬데믹은 언제든 들이닥칠 수 있다는 것이 예측 가능하다는 점에서 예지력이라기보다는 보편적 상식에 기초했다고 볼 수 있다.

재난을 다루는 소설이나 영화는 보통 제한된 공간에 사람들을 격리하면서 이야기를 끌고 간다. 외부의 도움을 기대할 수 없는 폐쇄된 공간에서 재난은 증폭되고, 사람들은 본성을 드러내며, 이성과 질서는 그런 인간의 본성에 여지없이 휘둘리고 파괴된다. 파묵의 소설도 '유럽의 병자病者'로 불리며 기울어 가는 오스만 제국의 한 섬, 민게르에 1901년 페스트가 발생한다는 설정을 하고 있다.

페스트가 발생한 민게르 섬은 고립된다. 그 과정은 어찌 보면 씁쓸하고 충격적이지만, 코로나19 팬데믹을 겪은 지금 보면 통상적이라고 여길 만도 하다. 페스트가 발생하자 제국 술탄의 부마는 섬의 총독과 함께 엄격한 방역 조치를 시행한다. 하지만 당국의 방역 체계는 허술했고, 주민들은 의심하며 따르지 않는다. 결과는 방역의 실패로 이어지고 사망자는 계속해서 늘어난다. 영국과 프랑스, 독일은 섬을 봉쇄하기 위해 전함을 보내고, 이스탄불도 압력에 굴복하면서 섬의 봉쇄에 동참한다. 페스트가 창궐한 민게르 섬은 본국으로부터도 버림받는 신세가 되고, 치명적인 전염병을 자력으로 극복해야만 하는 처지가 된다.

섬에서는 여러 극적인 일이 벌어진다. 방역 책임자가 암살되고, 버려진 섬에서는 혼란 속에 혁명이 일어나 독립이 선언된다. 일련의 일은 결코 의도된 일은 아니었다. 여러 우연적 사건이 필연처럼 받아들여지고, 필연은 다시 우연을 통해 새로운 국면으로 접어든다. 모든 역사가 그렇고, 현실이 그렇다. 소설은 역사와 현실이 그렇다는 것을 극적으로 보여주고 있을 뿐이다.

미생물로 쓴 소설들

파묵은 코로나19 팬데믹 이전에 이 소설을 완성했음에도 팬데믹이 어떻게 악화되는지를 통찰력 있게 보여주고 있다. 소설에서 묘사하고 있는 버림받은 한 섬의 1901년 풍경이 21세기 세계 곳곳에서 비슷하게 벌어지고 있었다. 황지우는 시인이란 시대의 징후를 느끼는 존재라고 했다. 소설가는 역사를 현재처럼 그린다. 현재는 역사처럼 그려졌다.

페스트는 왜 그렇게 치명적이었을까

페스트는 영어로 pest라고도 하고 plague라고도 한다. Pest는 라틴어 pestis에서 유래한 독일어에서 온 말인데, pest나 plague 모두 원래는 전염병 자체를 의미하는 말이었다. 그러던 것이 감염질환의 대명사 격이 된 페스트를 가리키는 용어가 된 것이다. Pesticide라는 용어가 페스트균만 죽이는 화학 물질을 의미하는 것이 아니라 살충제 전반을 의미하는 단어가 된 이유이기도 하다.

페스트는 보통 감염 부위와 증상에 따라 세 종류로 구분된다. 가래톳페스트, 폐페스트, 패혈증페스트가 그것이다. 14세기는 물론 그 이후에 많은 사망자를 낳은 페스트는 가래톳페스트였다. 감염된 쥐벼룩에 물리고 하루에서 일주일이 지나면 물린 자리 근처의 림프절에 통증과 함께 부종이 생긴다(그래서 림프절페스트라고도 한다). 이와 함께 발열, 오한, 근육통, 두통, 잦은 맥박, 극심한 피로가 이어진다. 폐페스트는 비말공기 방울을 통해 사람 사이에 전파되는 페스트로 세균이 폐를 감염시킨다. 가래톳페스트의 증상과 함께 폐렴 증세가 더해진다. 가래톳페스트가 적절히 치료되지 않으면 세균이 혈액까지 감염하여 패혈증페스트로 진행된다. 구토나 설사 등 소화기 증상에서 시작하여 급성호흡부전, 신부전, 의식 저하, 그리고 쇼크로 진행되어 사망에 이르게 된다.

일단 최근 연구들은 공통적으로 예르시니아 페스티스가 예르시니아 슈도튜베르쿨로시스*Yersinia pseudotuberculosis*로부터 분화되어 나왔다고 보고 있다. 그 시기는 아마도 청동기 시대였을 것으로 추정하고 있다.

시몬 라스무센 등은 2015년 논문에서 페스트균의 유래와 높은 병원성이 생긴 시기를 추정해서 발표한 바 있다. 그들은 유럽과 러시아에 걸쳐 기원전 2909년에서 기원전 855년에 걸쳐 묻힌 것으로 보이는 매장지 여섯 군데에서 101구의 시신을 발굴했다. 이 시신들을 대상으로 DNA를 추출해 7명의 치아에서 예르시니아 페스티스의 DNA를 찾아냈다. 이중 가장 오래된 것은 기원전 2794년에서 2782년 사이에 매장된 것으로 보이는 집단 무덤에서 나온 것이다. 이를 토대로 페스트균이 지금으로부터 약 5000년 전인 청동기 시대에 유라시아에서 유래한 것으로 봤다. 그러나 이 시기 페스트균의 유전자를 조사해 본 결과 벼룩을 감염시키는 데 결정적인 역할을 하는 것으로 알려진 *pla* 유전자가 존재하지 않았다. 이로 보아 당시의 페스트균은 벼룩을 매개로 하지 않은 낮은 병원성의 세균이라고 판단했다.

앞서 프랑스의 미생물학자 라울과 드랑쿠르가 PCR 방법을 통해

흑사병이 예르시니아 페스티스라는 세균에 의한 것이란 걸 밝혔다
고 했는데, 그들이 이용한 유전자가 바로 *pla* 유전자였다. *pla* 유전자
는 플라스미노겐 활성화 물질plasminogen activator을 암호화한다. 이 유전
자를 없앤 페스트균은 쥐에서 가래톳페스트를 일으키지 못한다. 플
라스미노겐은 피브린과 피브리노겐과 같은 섬유소를 분해하여 혈전
을 용해하는 플라스민의 전구물질이다. 따라서 *pla*의 산물은 숙주세
포 표면을 분해해 숙주의 세균에 대한 방어 작용을 억제함으로써 벼
룩 내에서 세균이 생존할 수 있는 능력을 높이는 것으로 파악된다.
pla 유전자는 기원전 951년에 매장된 아르메니아 지역의 시신 유골
DNA에서 발견되었다. 그래서 연구자들은 기원전 약 3000년에서
1000년 사이에 페스트균이 벼룩을 통해 전파되는 형태로 변화한 것
으로 보았다.

　　그런데 이들의 연구에서 페스트균이 쥐벼룩과 같은 매개체를 통한
감염으로 전환되어 그 독성이 강화되었다고 했는데, 이는 어떤 이유
에서일까? 이를 해명하기 위해서는 미국의 진화생물학자 폴 이월드
Paul W. Ewald의 병독성에 관한 연구를 살펴볼 필요가 있다.

　　인류에게 큰 피해를 준 병원균은 대체로 종 내 변이가 별로 없는,
즉 최근에 분화되어 사람과 접촉하게 된 것들이다. 병원체와 숙주 사
이에 상호 적응이 일어나게 되면 병독성은 차츰 약해진다. 하지만 그
밖의 다른 요소도 병원체의 병독성에 관여하는데, 그중 대표적인 것
이 바로 매개체vector의 유무다. 곤충을 매개로 한 감염의 경우, 사람
과 사람 사이에 직접 전파되는 경우보다 병독성이 대체로 높다. 매개

체가 있으면 병원체는 매개체에서 그냥 살 수도 있고 또 다른 숙주로 전파도 가능하기 때문에 최종 숙주인 사람의 생사에 신경을 크게 쓸 필요가 없다. 매개체의 종류도 영향을 미친다. 물과 같은 비생물적 매개체에 의해 전파되는 병원체는 매개체의 생존 따위에 신경을 쓸 필요가 없기 때문에 생물 매개체에 의해 전파되는 병원체보다 병독성이 대체로 높다. 따라서 페스트균이 *pla*와 같은 유전자를 획득함으로써 쥐벼룩이라는 매개체를 감염시킬 수 있게 된 것이 이 세균의 병독성이 강해지는데 영향을 미쳤을 거라는 추론이 가능하다.

페스트의 현재

많은 사람들이 이제는 페스트를 사라진 질병으로 여긴다. 그렇지만 최근에도 페스트 발생에 대한 보도는 가끔 나온다. 예를 들어, 2019년부터 2023년까지 매년 중국과 몽골에서 페스트가 발생하여 방역 경보를 내렸다는 보도가 나왔고, 2017년엔 마다가스카르에서 집단 발병한 사례도 있었다. WHO에 보고되는 페스트 발생 건수의 95퍼센트 이상이 마다가스카르를 포함한 아프리카 지역이기는 하지만, 2015년에는 미국 전역에서 페스트 감염 환자가 발생해 그 해에만 4명 이상이 사망했다. 이후 미국에서는 매년 평균 7건 가량의 페스트 감염 환자가 보고되고 있다.

페스트가 예전처럼 폭발적으로 발생하는 것은 아니지만 아직도 페스트균은 곳곳에 산재해 있다고 추정할 수 있다. 물론 페스트는 항생제가 개발되고 보편화된 이후로 치료할 수 있는 질병이 되었다(발병 초기, 즉 14시간 이내에 치료해야만 한다). 하지만 언제고 새로운 모습으로 우리 앞에 나타날 수 있다. 그때는 위대한 작가들이 시대를 달리하며 극적으로 묘사한 이 질병의 참상이 현실이 되지 않으리란 보장이 없다. 스티븐 킹이 〈척의 일생〉에서 지구의 재앙에 페스트가 한몫하는 것으로 묘사했던 것처럼 말이다. 물론 당연히 그렇게 되지 않기를 간절히 바라고 있다.

02

몇 해 전부터 잠복해 있던
병이 마침내 격발하고

결핵
—

미코박테리움 튜베르쿨로시스 *Mycobacterium tuberculosis*

뭉크 〈아픈 아이〉[1896]

<절규>로 유명한 노르웨이의 화가 에드바르트 뭉크Edvard Munch, 1863~1944의 작품 가운데 〈아픈 아이〉라는 그림이 있다. 창백한 소녀가 침대에 앉아 있고, 한 여인이 소녀의 손을 잡고 고개를 숙여 흐느끼고 있다. 소녀의 표정은, 분명하진 않지만 오히려 엄마인지 모를 여인을 위로하는 것 같다. 뭉크의 〈아픈 아이〉는 친누나인 소피에가 병에 걸린 모습을 그린 것이라고 한다. 실제로 뭉크의 어머니와 누나는 모두 폐결핵으로 죽었다. 뭉크는 평생 죽음의 공포에서 벗어나지 못했는데, 그 가운데에는 가족의 결핵이 있었다.

미생물로 쓴 소설들

나을 수 없었던 질병

———

샬롯 브론테Charlotte Bronte, 1816~1855의 《제인 에어》는 18세기, 아직은 여성의 독립에 대한 인식이 확고하지 않은 시대에 한 여성이 남성에 종속된 삶을 거부하며 성공과 사랑에 대한 의지를 불태우는 이야기다. 제인 에어가 로체스터에게 "저 자신의 주인은 저예요"라고 선언하는 대목이야말로 이 소설의 가장 큰 주제를 보여준다고 할 수 있다.

제인 에어는 부모를 잃고 외숙모로부터 버림받은 후, 고아 시설이나 다름없는 로우드 학교로 보내진다. 그곳에서 8년 동안 비참한 나날을 보낸 후 스스로 세상을 향해 나아가겠다는 결심을 하게 되는데, 로우드에서의 경험 중 가장 절망적인 상황은 그곳에서 만나 우정을 나눈 헬렌 번스의 죽음이다.

그러나 헬렌은 병이 났다. 몇 주 동안 그녀는 내가 모르는 위층의 어느 방으로 옮겨져서 그녀를 볼 수가 없었다. 그녀의 병이 티푸스가 아니라 결핵이어서 그녀가 열병 환자들과 같은 병동에 있지 않다는 얘기를 들었다. 나는 아무것도 몰랐기 때문에 결핵이라는 병이 오랜 시간 잘 간호하면 분명히 나을 수 있는 가벼운 것인 줄 알았다.

제인 에어는 누구에게 의지할 데도 없는 불행한 상황에서 유일한 위안이 되었던 친구가 결핵에 걸렸다는 말을 들었을 때 나을 수 있는 병이라고 여겼다. 하지만 실제는 그렇지 않았다.

잠에서 깨어났을 때는 날이 밝아 있었다. 이상한 움직임 때문에 나는 잠에서 깼다. 고개를 들어 보니 내가 누군가의 품에 안겨 있었다. 간호사가 나를 안고 복도를 지나 다시 기숙사로 옮기고 있었다. 침대를 떠났다고 날 나무라는 사람이 없었다. (……) 하루 이틀이 지나고 나서야 새벽에 자기 방으로 돌아온 템플 선생님이 작은 침대에 누워 있는 나를 발견했다는 이야기를 들었다. 내가 헬렌 번스의 어깨에 얼굴을 대고 양팔로 헬렌의 목을 감고 있었다고 한다. 나는 잠이 들어 있었고 헬렌은 …… 죽어 있었다.

결핵은 19세기의 에이즈였다. 오죽하면 '백색 페스트'라고 했을까? 19세기 말에는 유럽에서 사망자 일곱 중 하나가 결핵 때문에 죽었다는 기록도 있고, 도시에서는 그 비율이 훨씬 높아 사망자 셋 중 하나가 폐결핵으로 죽었다고 한다. 꽤 오랫동안 신분이 고귀한 이들이 걸리는 질병이라 여겨 일부러 아픈 흉내까지 내기도 했던 결핵은 어느새 진단을 받으면 바로 일자리를 잃고 배척받는 질병이 되었다. 의사에게 결핵에 걸렸다는 선고를 받으면 누군가는 "삼가 명복을 빕니다"라고 말을 잇기도 했다.

코제트 엄마 팡틴의 죽음

1815년 워털루 전투에서 1848년 혁명에 이르기까지 가난과 사회의 불의가 어디서 생겨나는 것인지 거침없이 헤집는 사회 소설이면서, 사랑과 공감, 증오와 용서로 인간의 감정을 세심하게 어루만지는 위대한 소설, 빅토르 위고Victor Marie Hugo, 1802~1885의 《레미제라블》에서도 결핵은 슬프고 비극적인 질병이다.

장 발장이 딸처럼 아끼며 끝까지 책임졌던 코제트의 엄마, "햇빛 같은 아름다운 금발을 가졌기 때문에 블롱드라고 불리는" 팡틴이 바로 결핵으로 죽는다. 미리엘 주교의 영향으로 일생일대의 각성을 하게 된 장 발장은 마들렌이라 이름을 바꾸고 신분을 숨긴 채 지방의 한 도시에서 기업을 일구어 시장 자리에까지 오른다. 시장이 된 그는 가난한 여자 직공으로 비참한 삶을 살며 딸마저 빼앗긴 팡틴의 사정을 알고 그녀를 돕기로 한다. 하지만 자베르 형사의 집요한 추적에 신분이 들통날 위기에 처하고, 바로 그 순간 다른 이가 장 발장으로 오인되며 위기에서 벗어난다. 이제 장 발장으로 오인된 사내가 사형을 당한 위기에 처했다. 잠깐 눈을 감으면 현재의 안위와 존경을 유지할 수 있다는 있다는 마음과 양심상 절대 그럴 수 없다는 마음 사이에서 갈등하던 장 발장. 그는 결국 마들렌이란 신분을 벗어던지고 스스로 장 발장의 정체를 밝히고 처벌을 받는다. 그 와중에 팡틴은 학대받던 딸 코제트를 보지도 못하고 죽고 만다.

> 눈은 이상하게 반짝이고, 왼쪽 어깨뼈 위쪽으로 어깨에 통증을 느꼈다. 기침도 잦아졌다.

> 그녀의 상태는 도리어 한 주 한 주 더 악화돼 가는 것 같았다. 두 어깨뼈 사이에 드러난 살에다 문질러 댄 그 한 줌의 눈이 갑자기 피부의 발한 작용을 억제해 버렸고, 그 결과 몇 해 전부터 잠복해 있던 병이 마침내 격발하고 말았다. 그 무렵 폐병의 연구와 치료에 관해서는 라에네크의 훌륭한 지시를 따르기 시작했다. 의사는 팡틴을 청진하고는 머리를 흔들었다.

《제인 에어》와 《레미제라블》을 보면 결핵이 당시 어떤 상황에서, 어떤 이들에게 많이 발병했는지에 대한 암시를 얻을 수 있다.

산업화와 결핵

—

결핵은 히포크라테스도 언급했을 정도로 오래전부터 인류를 위협하는 질병이었다. 하지만 이 질병이 근대 이전에 역사적으로 큰 문제를 일으켰다는 기록은 거의 없다. 한꺼번에 발생해서 수많은 사람을 죽이는 감염질환은 아니었던 것이다. 결핵은 산업화와 밀접한 연관을 맺으며 인류에게 결정적 위협이 되기 시작했다.

18세기 이후 서구의 산업혁명은 현대의 물질적 부의 원천이 되었다. 하지만 급속한 산업화는 다양한 부작용을 낳기도 했는데, 질병도 그중 하나다. 산업화로 도시에 인구가 집중되었고, 급속도로 유입된 사람들은 대부분 생산 수단이 없었기에 공장의 노동자로 살아갈 수밖에 없었다. 거주 시설도 형편없었고, 노동 조건은 열악하기 그지없었다.

다닥다닥 붙어 있는 공동주택에서 살아야 했고, 환기도 제대로 되지 않는 공장에서 고된 노동에 시달려야 했다. 광산 노동자는 더욱 열악한 상황에서 일했다. 결핵은 고된 노동과 영양 부족으로 면역력이 떨어진 노동자를 집중적으로 공략했고, 집단 생활은 세균의 전파를 쉽게 했다. 19세기 말, 20세기 초반 사망자 가운데 결핵으로 죽는 비율이 7분의 1에서 4분의 1에 이를 정도로, 결핵은 서구에서 가장 위험하고 두려운 질병이 되었다.

공장 노동자로 일했던 팡틴이, 그리고 집단 생활을 했던 학교 기숙사에서 헬렌 번스가 결핵이라는 질병에 걸리게 된 것은 단순히 비극성을 도드라지게 보이기 위한 것이 아니라 시대적 상황을 여실히 보여주는 안타까운 현실이었던 것이다.

발작적 기침

폐결핵의 가장 일반적인 증상은 발작적인 기침이다. 한 방랑자의 삶을 다룬 세 개의 단편을 모은 헤르만 헤세Hermann Karl Hesse, 1877~1962의 《크눌프》에서 크눌프가 걸린 병도 폐결핵이다. 헤세는 세 번째 단편 〈종말〉에서 크눌프의 증상을 다음과 같이 기술한다.

> 그러는 사이 발작적인 기침이 그를 덮쳤고 이미 상황을 파악한 의사는 즉시 그를 붙잡아 마차에 앉혔다. 그는 마차를 계속 몰면서 말했다.
> "자, 곧 언덕 위에 이를 걸세. 그 다음엔 길도 수월해지고 삼십 분이면 집에 닿을 거야. 기침하면서 얘기를 계속 할 필요 없네. 집에서 계속 얘기할 수 있으니까. …… 뭐라고? …… 안 돼, 그건 지금 자네에게 전혀 도움이 되질 않아. 아픈 사람은 침대에 누워 있어야지 시골길을 돌아다니는 게 아닐세. 자네 말야, 예전에 라틴어 시간에 날 그토록 자주 도와주곤 했지 않나, 이젠 내가 한번 도울 차례일세."

소설에서 결핵은 어느 한 곳에 머물지 않을 뿐 아니라 삶 자체가 자유로웠던 방랑자 크눌프가 비극적인 죽음을 맞게 되는 이유다. 사랑하던 이에게 배신당하고, 어린 아들과도 헤어져 입양 보낼 수밖에 없었고, 부모에게도 죄책감을 느끼며 방랑의 길을 떠나야 했던 크눌프였다. 방랑 끝에 고향을 찾아가던 중 어린 시절의 친구 마홀트를 만났다. 의사인 마홀트는 크눌프의 발작적인 기침에서 병에 걸린 것

미생물로 쓴 소설들

을 알아차리고 요양원으로 데려간다. 그곳에서 크눌프는 왜 고향을 떠나 방랑하게 되었는지 털어놓는다.

《크눌프》에서 의사는 크눌프가 기침하는 것만을 보고도 결핵에 걸렸다는 것을 알아차렸지만, 결핵의 증상은 그것만이 아니다. 지속적으로 기침하는 것은 물론이고, 천천히 기운을 잃고, 식욕도 떨어진다. 식은땀이 나고 무력감이나 피로를 쉽게 느끼며, 체중도 빠르게 감소한다.

과거 드라마나 영화를 보면 주인공, 혹은 다른 인물이 객혈喀血을 하는 것으로 결핵에 걸린 것을 표현하는 경우가 많았다. 그런데 객혈이 결핵만의 증상은 아니다. 폐결핵 말고도 괴사성폐렴, 기관지확장증, 비세포성폐암, 낭종성폐질환 등으로도 객혈을 한다. 그리고 사실 결핵 환자라고 해서 모두 객혈을 하는 것은 아니다. 결핵이 상당히 진행된 경우에만 피를 토하는 정도의 객혈을 한다. 대부분의 결핵 환자는 객혈이라고 하더라도 가래에 피가 조금 섞여 나오는 정도다.

결핵이라는 로망

___

헤르만 헤세는 크눌프의 삶에 자신을 상당히 투영했다고 한다. 젊은 시절의 헤르만 헤세가 크눌프와 같은 삶을 희구했는지, 더 나아가 결핵과 같은 비극적인 죽음까지도 염두에 두었는지는 모르겠다. 하지만 당시만 해도 결핵은 예술가의 병처럼 여겨지고, 그렇게 비극적으로 죽는 것을 갈구했던 이들이 적지 않았다.

결핵이 세균에 의한 감염질환이라는 것이 알려지기 전까지는 유전 질환이라고 알고 있었고, 창조성의 원천이라고 여기기도 했다. 문학 작품도 결핵이나 결핵에 걸린 환자를 아름답게 그리는 경우가 많았다. 앞서 본 《제인 에어》,《레미제라블》,《크눌프》에서 결핵에 걸린 이들의 죽음에 대한 묘사는 분명 안타까움을 자아내지만, 지저분하다가나 참혹한 느낌을 주기보다 어쩐지 애잔한 느낌을 주고 있다. 영국의 낭만주의 시인 조지 바이런은 결핵에 걸려 죽는 게 소원이라고 공개적으로 이야기하고 다니기도 했다.

우리나라에서도 결핵에 걸린 '가냘픈' 여인에 대한 시선이 어땠는지를 보여주는 작품이 적지 않다. 이태준^{1904~1978}의 단편 〈까마귀〉가 대표적이다. 가난한 작가가 겨울 동안 친구네 별장에 머물면서 정원을 산책하는 여인을 만나게 되는데, 그녀는 작가의 애독자였지만, 결핵 환자였다. 주인공은 죽음 앞에서 포기해 버린 여인에게 연민을 느끼고, 나아가 사랑까지 하게 된다. 결핵이 치명적인 질병이라는 것을 모르지 않았지만, 이 질병이 주는 애련함이 있었던 것이다.

> 펫병! 그는 온전한 남의 일 같지 않게 마음에 씌였다. 그렇게 예모 있고 상냥스러운 대화를 직거릴 수 있는 아름다운 입술이 악마 같은 병균을 발산하리라는 사실은 상상만 하기에도 우울하였다.

이런 결핵에 대한 인식은 뒤에 볼 거의 비슷한 시기의 김유정이 묘

미생물로 쓴 소설들

사한 것과는 차이가 있다. 결핵의 정체를 알고 나서는 누구나 피해야
할 질병이 되었고, 부유한 사람보다 가난한 사람에게 더 치명적이라
는 것도 알게 되었지만, 결핵에 걸린, 어린 여인이라는 알 듯 모를 듯
한 로망은 꽤 오랫동안 지속되었다.

산 속 요양원

20세기 중반 항생제가 개발되기 전까지만 해도 결핵에 대한 치료법은
휴식, 맑은 공기, 맛난 음식뿐이었다. 딱 봐서 알겠지만 상류층만 누릴
수 있는 치료법이었다. 이런 결핵 치료법을 구체적으로 보여주는 소
설이 있다. 바로 토마스 만Thomas Mann, 1875~1955의《마의 산》이다.

토마스 만은 1929년에 노벨 문학상을 수상한 독일 작가다. 그는 보
수주의자였지만 히틀러와 나치에 반대하여 BBC를 통해 반反나치 연
설을 연속으로 내보내는 등의 활동으로 독일의 양심이라 불렸다.《마
의 산》은《부덴브로크가의 사람들》,《파우스트 박사》와 더불어 토마
스 만의 대표작으로 꼽힌다. 1921년 결핵 판정을 받은 아내가 스위
스 다보스(매년 세계경제포럼이 열리는 바로 그곳, 맞다!)에 있는 요양원에
입원하게 되었고, 그곳에서 토마스 만도 엑스레이를 찍어 보고는 자
신도 폐에 문제가 있다는 것을 알게 되었다.《마의 산》은 바로 그런
자신의 경험을 바탕으로 쓰였다.

부유한 집안의 상속자인 주인공 한스 카스토르프는 회사에 취직해

출근하기 전 3주간의 계획으로 사촌 요아힘이 결핵으로 요양하고 있는 다보스의 요양원을 방문한다. 계획했던 3주가 다 지날 무렵 그는 몸에 이상을 느낀다. 진찰 결과 결핵에 걸렸음을 알고는 계속 요양원에 머물기로 한다. 결핵의 증상이 결핵균에 감염된 지 3주 만에 나타나는 경우는 드물기 때문에 요양원을 방문하기 전부터 결핵균을 지니고 있었을 것이다. 소설은 카스토르프가 '마魔의 산'이라고 불리는 일종의 피난처인 결핵 요양원에 머물면서 벌어지는 사건과 갈등, 그리고 여러 인물과 나누는 대화를 통한 사유가 주 내용이다. 7년 동안이나 요양원에 머문 카스토르프는 제1차 세계 대전이 발발하자 산에서 내려와 참전하고 전사한다. 세속을 벗어나 방황하던 한 인간이 죽음 앞에서 비로소 현실을 깨닫고 극복한다는 이야기다.

카스토르프를 비롯한 결핵 환자는 요양원에서 어떻게 생활했을까? 일단 신선하고 깨끗한 환경에서 일상은 엄격하게 통제되었다. 시간제로 해먹에 누워 쉬었고, 좋은 식사와 모임, 파티가 이어졌다. 요양원에서의 계급은 '평지'와는 달리 매겨졌는데, 입원 기간과 질병의 정도가 중요했다. 질병의 심각성이 계급장 같았다. 질병이 두루 퍼져 있는 요양원에서 죽음은 늘 가까이 있었다. 아프다는 사실 자체가 삶의 방식인 상황에서 정기적인 체온 측정은 폭력과 다를 바 없었다. 증상이 어떤지와 상관없이 체온계가 말해 주는 숫자만으로 환자가 요양원을 떠날 수 있는지를 결정했다. 의사이자 요양원 원장인 베렌스는 환자의 수명을 판정하는 절대적 권력자였다.

결핵 치료를 위한 요양원은 오스트리아의 식물학자 헤르만 브레머

미생물로 쓴 소설들

가 1909년 미국 버지니아주의 로어노크에 설립한 카토바 요양원이 최초였다. 결핵 환자였던 그는 식물을 채집하기 위해 히말라야 산맥으로 여행을 다녀왔는데 그사이 결핵이 완치되었다고 한다. 이를 계기로 결핵을 '치료 가능한 질병'이라고 주장하며 '베이커 법안'을 통과시켰고 법안으로 책정된 예산으로 요양원을 설립했다. 요양원에는 별채 두 곳과 병상 42개가 있었는데, 결핵 환자가 너무 많이 몰려 버지니아주 정부는 샬러츠빌에 블루리지 요양원을 추가로 설립하기도 했다. 실제로 결핵 요양원 설립 이후 버지니아주에서 결핵 사망률은 3분의 1 이상 감소하였다. 요양원에서 제공하는 휴식과 식사가 결핵을 치료하는 데 어느 정도 효과적이었던 것이다. 이후로 세계 곳곳에 결핵 환자를 위한 요양 시설이 설립되었다. 토마스 만의 아내가 입원했던 알프스 자락의 경치 좋은 다보스의 요양원도 그중 하나였다.

한동안 결핵에 대한 유일한 치료 방법으로 여겨졌던 결핵 요양원은 1940년대 셀먼 왁스먼과 앨버트 샤츠가 스트렙토마이신이란 항생제를 개발한 이후 정말로 치료 가능한 질병이 되면서 차츰 사라졌다.

그런데 결핵균은 왜 그렇게 치명적이고, 또 왜 그렇게 오랫동안 몸을 갉아 먹으며 떠나지 않고 머무는 걸까?

숨어 사는 세균

———

결핵균의 학명은 미코박테리움 튜베르쿨로시스*Mycobacterium tuberculosis*

다. 편모나 섬모가 없어 운동성도 없고, 포자도 만들지 않는다. 1882년 독일의 로베르트 코흐Robert Koch, 1843~1910가 맨 처음 결핵의 원인균이라는 걸 밝혀낸 이 세균은 굳이 따지자면 그람양성균Gram-positive bacteria에 해당한다. 하지만 세포벽에 지질의 일종인 마이콜산mycolic acid이 있어서 세포 표면이 코팅된 상태다. 그래서 염색약이 세포벽으로 잘 들어가지 않아 그람 염색법으론 염색이 잘 되지 않는다. 이렇게 미코박테리움처럼 세포벽에 마이콜산이 있어 특별한 염색법을 이용해야만 염색할 수 있는 세균을 항산성균acid-fast bacteria이라고 한다.

결핵균은 산소가 있어야 생장할 수 있는 세균이다. 자, 그렇다면 이 세균이 우리 몸속 기관 중 가장 좋아하는 기관은 어딜까? 그렇다. 산소 농도가 높은 그곳, 바로 폐다. 결핵균은 폐에 자리 잡는 경우가 가장 많고, 그래서 결핵은 '폐병'이라는 이름으로도 곧잘 불렸다.

그런데 이 세균은 생장 속도가 정말 느리다. 한번 분열하는 데 16시간에서 24시간 정도가 걸린다. 당연히 동물이나 식물이 자손을 만들어내는 속도와는 비교할 수 없을 만큼 빠르지만, 다른 세균, 이를테면 대장균이 20분에 한 번씩 분열하는 것을 생각하면 이 세균이 얼마나 느리게 생장하는지 짐작할 수 있다. 그래서 배양 배지에서 눈에 보일 정도의 집락콜로니, colony이 나타나는 데 몇 주씩 걸린다.

결핵균은 인류 초기에 소에서 인간으로 전달된 것으로 여겨지고 있지만, 지금의 결핵균에게 유일한 숙주는 인간이다. 손을 맞잡는 악수나 같은 음식을 먹는 직접적 접촉보다는 비말이 주된 전파 수단이기 때문에 기침이나 재채기로, 혹은 노래를 함께 부르거나 대화를 하

미생물로 쓴 소설들

다가 감염되는 경우가 대부분이다.

이 세균이 몸속에 들어오면 인체도 가만히 있지는 않는다. 우선 결핵균이 포함된 비말을 흡입하더라도 대부분은 상기도에서 섬모 점막 세포에 의해 밖으로 배출된다. 보통은 10퍼센트 미만이 폐의 폐포에 도달한다. 가장 좋아하는 장소인 폐로 들어간 결핵균은 인체 방어 작용 중에서도 선천면역세포에 해당하는 대식세포에게 잡아먹힌다. 이를 식세포 작용phagocytosis이라고 하는데, 보통의 경우 식세포 작용 이후 대식세포는 분해효소가 많은 리소좀과 융합되어 대식세포 내의 세균을 분해한다. 하지만 결핵균은 대식세포에 잡아먹혔어도 그 속에서 살아갈 수 있다. 세포벽의 성분 때문이다. 결핵균의 세포벽에 있는 마이콜산과 같은 당지질glycolipid이 대식세포와 리소좀lysosome의 융합을 방해한다.

또한 마이콜산 아래쪽에는 아라비노갈락탄arabinogalactan층이 있고, 또 그 아래에는 모든 세균이 가지고 있는 펩티도글리칸peptidoglycan층이 있다. 아라비노갈락탄은 바깥쪽의 마이콜산, 안쪽의 펩티도글리칸과 공유결합으로 연결되어 있다. 이것을 mAGP 복합체(어려울 것없이 mycolyl-arabinogalactan-peptidoglycan의 약자다)라 부르는데, 바로 이 구조가 대식세포 내에서 리소좀의 공격을 막아내는 역할을 한다. 이렇게 리소좀의 융합은 막으면서도 분비단백질을 포함하는 소낭endosome과의 융합은 막지 않아서 여기서 대식세포 내에서 살아갈 수 있는 영양분을 얻어낸다. 그 밖에도 결핵균은 katG라는 유전자가 있어 세균을 죽이는 독성물질인 활성산소종reactive oxygen species, ROS을 중화하는 효소를 만들어 세균의 생존 가능성을 높인다.

이렇게 인체 내의 대식세포 내에 자리 잡고서 느릿느릿 자라는 결핵균 때문에 병의 진행도 느리다. 천천히 오랫동안 진행되면서 몸의 영양분을 소모하고 조직과 장기를 파괴한다. 그래서 과거에는 결핵을 소모병consumption이라고도 불렀다(지금도 영한사전에서는 consumption의 뜻 중 하나로 '폐결핵'을 싣고 있다). 또한 왁스먼과 샤츠의 항생제 스트렙토마이신 이후에 이소니아지드와 리팜피신이 개발되기 전까지만 해도《마의 산》에서처럼 공기 맑은 곳에서 좋은 것을 먹으며 요양하는 것 외에는 별다른 치료법이 없었기에, 그리고 그마저도 부유층이나 누릴 수 있는 치료법이었기에 거의 치료가 되지 않는 질병이었다.

가난한 자의 질병

결핵균은 우리나라 소설가의 폐도 공격했다. 이상1910~1937과 김유정1908~1937이 대표적이다.

천재 작가라 불리는 이상은 1910년에 태어나 1930년부터 조선총독부에서 건축기사로 일하면서 장편소설을 연재했다. 그리고 1931년에 폐결핵 진단을 받았다. 이후 병세가 악화되어 1933년에는 황해도로 요양을 갔다. 경성으로 돌아와 한국 문학사에 길이 빛나는 작품들을 발표했지만 1937년 일본에서 스물일곱의 나이로 세상을 떠나고 말았다.

이상보다 두 살 위인 〈봄봄〉과 〈동백꽃〉의 작가 김유정도 1937년에 결핵으로 죽었다. 부자집에서 태어났지만 어린 시절 부모를 여의고 가난에 시달렸던 김유정이었다. 소설가 채만식은 김유정에 대해 "유정은 단지 원고료 때문에 소설을 쓰고, 수필을 썼다. 4백 자 한 장에 대돈 50전야라를 받는 원고료를 바라고, 그는 피 섞인 침을 뱉어가면서도 소설을, 수필을 쓰지 않을 수 없었던 것이다"라고 말했다. 김유정은 결핵으로 죽기 11일 전, 동료 소설가 안회남에게 탐정소설을 번역해보고 싶다는 편지를 쓰기도 했는데 그것도 돈 때문이었다. 이상과 김유정은 함께 결핵에 걸린 상태에서 교류하면서 서로의 처지에 대해 위로했다고도 한다.

김유정은 〈만무방〉이란 단편소설에서 자신의 병, 결핵을 다루었다. 소작농 응오는 3년간이나 머슴살이를 하여 아내를 얻지만, 아내는 결혼하자마자 골골거린다.

우중충한 방에는 아내의 가쁜 숨소리가 들린다. 색, 색 하다가 아이구, 하고는 까무러지게 콜록거린다. 가래가 치밀어 몹시 괴로운 모양.

찢어지게 가난한 응오는 그게 무슨 병인지도 모르고, 진료는커녕 마을에 찾아온 도인에게 치성도 올리지 못했다며 낙담한다. 겨우 돈을 마련하여 약을 써보지만 차도는 없다. 김유정은 결핵을 가난한 사람이 걸리는 질병으로 묘사하고 있으며, 가난과 질병에 처절하게 고통 받는 응오와 그의 아내에게 자신의 처지를 투영하고 있었다.

그러나 이 병이 무슨 병인지 도시 모른다. 의원에게 한 번이라도 변변히 뵈 본 적이 없다. 혹 안다는 사람의 말인즉 뇌점이니 어렵다 하였다. 돈만 있으면야 뇌점이고 염병이고 알 바가 못될 것으로되.

소설에서는 얼핏 이야기하지만, 김유정도 우리도 이 병이 무엇인지 알고 있다. 바로 폐결핵이다.

도박과 절도로 전전하며 자신의 집에서 무위도식하는 형과 폐병으로 죽어가는 아내, 그리고 "한 해 동안 애를 졸이며 홑자식 모양으로 알뜰히" 벼를 가꾸지만 지주에게 모두 빼앗기고 나면 "남은 것은 등줄기에 흐르는 식은땀"뿐인, 고립무원의 상황에서 응오가 택한 것은 자신이 기른 벼를 몰래 도둑질하는 것이었다. 결핵에 걸려 죽어가고 있던 소설가 김유정은 가혹하고, 속절없고, 슬프고, '병든' 시대를 이렇게 그리고 있다.

결핵이라는 현실

결핵은 무서운 질병이지만, 결핵균에 감염된 사람 중 약 90퍼센트는 발병하지 않는다. 나머지 약 10퍼센트 중 절반 정도는 1~2년 내에 증상이 나타나고, 나머지 절반은 십 년 이상 지난 후 면역력이 떨어졌을 때 증상이 나타난다. 그래서 빅토르 위고가 《레미제라블》에서 팡틴의 결핵 발병에 대해 "몇 해 전부터 잠복해 있던 병이 마침내 격발하고 말았다"라고 쓴 것은, 비록 그가 결핵의 원인균은 물론 발병의 메커니즘은 몰랐지만 정확한 관찰에 의한 것임을 알 수 있다.

WHO에 따르면 2023년에 전 세계적으로 1000만 명 이상에게서 결핵이 발병했다. 10만 명 당 134명꼴이다. 125만 명가량이 결핵으로 사망했는데, 이는 2015년에 비하면 약 23퍼센트가 감소한 것이지만 WHO에서 정한 목표(2025년까지 75퍼센트 감소)에는 한참 못 미친다. 그나마 그동안 감소하던 추세가 코로나19 팬데믹 중에는 감소 추세마저 더뎌졌다. 그래서 코로나19가 극성이던 2020년에서 2023년 사이에 결핵으로 70만 명이 추가로 죽은 것으로 추정하고 있다. 치료가 힘든 다제내성multidrug-resistant 결핵균의 비율(40만 명)은 변화가 거의 없다.

그렇다면 우리나라의 상황은 어떨까? 2023년 우리나라에서 신고된 결핵 환자 수는 1만 9540명으로 10만 명당 38.2명에 이른다. 이는 2022년에 비해서는 4.1퍼센트 감소한 수준이고, 2011년에 비하면 61.3퍼센트 줄어든 것이다. 그러나 우리나라는 아직도 결핵에 관해서는 자신할 수 없다. 2022년 WHO 통계에 따르면 경제협력개발기구OECD 38개 회원국 가운데 결핵 발생률은 1위, 사망률은 3위다. 결핵과 관련해서 우리나라는 오히려 후진국에 가깝다.

우리나라 국민 3명 중 1명은 잠복결핵 감염 상태인 것으로 파악되고 있는데, 1950~60년대 영양 상태가 좋지 않고 주거 환경도 열악한 조건에서 많은 국민이 결핵균에 노출되었던 사정으로 노인 결핵 환자가 증가하고 있다. 또한 가끔 고등학교에서 집단 발병하는 사례를 접하기도 하는데, 이는 고등학생들의 면역력이 떨어지는 상황과 연결지어 설명한다.

현재는 결핵이 예전처럼 보건 당국이 가장 신경 쓰고 있는 감염질환은 아니다. 하지만 아직도 적지 않은 결핵 환자가 있고, 그 수가 극적으로 줄고 있지 않으면서, 여러 항생제에 내성을 갖는 결핵균에 감염된 환자가 많다는 것은 이 세균과 질병에 대해 우리가 여전히 경각심을 가져야 한다는 것을 단적으로 말해준다.

미생물로 쓴 소설들

03

의술은 아무 소용없어.
살을 썩게 만드는 병이지

한센병(나병)
—
미코박테리움 레프라에 *Mycobacterium leprae*

서머싯 몸 《달과 6펜스》[1919]
장 지오노 《영원한 기쁨》[1935]
이청준 《당신들의 천국》[1976]

피터르 브뤼헐, 〈거지들〉1568

피터르 브뤼헐은 아버지와 아들 둘다 유명한 화가로 이름이 같다. 그중 아버지 피터르 브뤼헐Pieter Bruegel de Oude, c.1525~1569은 농촌 사람들의 삶과 일터, 풍속에 대한 그림을 많이 그려 '농민 화가'라고도 불린다. 그가 그린 〈거지들〉이라는 그림에는 다섯 명의 남자와 그들을 등지고 있는 한 노파가 등장한다. 남자들은 모두 무릎 아래가 없거나 목발을 짚고 있다. 얼굴은 일그러져 있고, 눈썹도 없다. 다른 해석도 있지만 대체로 브뤼헐이 한센병에 걸려 구걸하러 다니는 이들을 그린 것으로 보고 있다. 당시 한센병에 걸린 이들이 살아갈 방법은 그것밖에 없었다.

미생물로 쏜 소설들

천형과도 같은 질병

한센병은 문둥병으로, 그 환자는 문둥이라고 비하되어 불렸고, 신의 저주인 천형天刑을 받았다는 무시무시한 말까지 들어야 했다. 이런 취급은 사회적 낙인으로 이어져 한센병 환자는 물론 환자의 가족까지도 심리적, 사회적 문제를 겪는 경우가 많았다. 환자는 가족과도 분리되어 사회에서 강제 격리되어 추방되었다. 성 밖, 혹은 마을과 멀리 떨어진 집단거주지에 강제로 수용되기도 했고, 어떤 이는 빈 그릇을 허리춤에 차고 산과 들을 유랑하다 죽었다.

사람들은 환자와 대화하는 것도 꺼렸다. 설령 대화를 하게 되더라도 한센병 환자에게 맞바람이 불도록 섰다. 환자들은 거리에서 사람과 마주치게 되면 호각을 불던가 나무토막이라도 두드려 자신의 존재를 알려야 했다. 왜 발병하는지, 원인을 몰랐기 때문에 천벌이나 신벌神罰과 같은 터무니없는 이론이 설득력을 얻었다. 눈에 보이는 참혹한 병변과 치료되지 않는 질병이라는 인식 때문에 그 어떤 질병보다 공포감을 불러 일으켰다.

장 지오노Jean Giono, 1895~1970의 《영원한 기쁨》은 바로 그런 한센병에 걸린 사람들을 그린 소설이다. 한센병에 걸린 사람들은 황량한 지역에 고립되어 살아간다. 그들은 따로 떨어져 각자 거친 삶을 살아가고 있는데, 보비라는 낯선 이가 찾아오면서 그들의 삶이 변하기 시작한다. 함께 식사하고 다같이 농사를 지으면서 공동체를 인식하게 된 것이다. 더불어 이른바 '문둥병'도 낫기 시작한다. 그 시작이 사슴을 데려오면서부터라는 설정은 이 소설의 신비주의적인 성격을 반영한다. 소설 속 공동체적 삶의 지향은 기독교적 사회주의 이상을 보여주는 것으로도 해석된다. 노동과 연대를 통해 병이 낫는다는 설정은 현대의 시각에서 봤을 때 터무니없어 보일 수도 있다. 그렇지만 장 지오노는 한센병을 문명의 질병으로 보았기 때문에 그것이야말로 어쩌면 당연한 질병의 극복 방식이라고 보았을 수도 있다. 항생제가 나오기 전에는 실제로 한센병을 근본적으로 치유할 수 있는 약제가 없었다.

"의술은 아무 소용없어." 날붙이 장수가 말했다. "살을 썩게 만드는 병이지. 먼지처럼 썩는 것 같고, 바람에 날아갈 듯하지. 손가락을 잃고 팔을 잃게 되고. 차츰차츰 말야. 무를 향해 가는 듯한 느낌이 들지. 그리고 그병은 자살하게 만들지."

미생물로 쓴 소설들

"모든 사람에게 그게 필요하고, 모든 사람이 당신의 병을 앓고 있는 환자들이고, 모든 사람이 흙빛으로 살이 썩어들고 있으니까요. 아직은 악취가 나지 않지만 그건 바람이 먹어 버리기 때문이에요. 문둥병은 그런 거예요."

게르하르트 한센

나병leprosy 또는 한센병Hansen's disease은 결핵균과 같은 속genus, 즉 미코박테리움에 속하는 한센균나균인 미코박테리움 레프라에*Mycobacterium leprae*에 의한 질병이다. 주로 말초신경과 피부를 집중적으로 침범하여, 살이 문드러지는 보기 흉한 외양을 갖게 한다. 그래서 과거에는 문둥병이라고도 했고, 환자는 문둥이라고 부르며 비하했다.

유전병으로 오인되던 한센병이 감염질환이라는 것을 밝혀낸 이는 노르웨이의 의사 게르하르트 한센Gerhard Hansen, 1841~1912이다. 그는 스승인 다니엘 다니엘센Daniel Cornelius Danielssen과 함께 나병을 연구하고 있었다. 한센이 나병이 유전병이 아니라고 여기게 된 데는 본에서 빈까지 여행하면서 얻은 환자에 대한 정보가 중요한 역할을 했다. 말하자면 역학적으로 봤을 때 나병은 유전적으로 전달되는 질병이 아니었던 것이다. 한센은 스승의 반대를 무릅쓰고 나병 환자의 혈액과 피부 결절을 조사하기 시작했고, 1873년에 막대 모양의 원인균을 발견했다. 그러나 그는 그것이 세균이라는 것도 확실하게 증명하지 못했고, 노르웨이의 저널에 발표한 논문도 별로 주목 받지 못했다.

한센의 발견이 관심을 받게 된 것은 알베르트 나이서Albert Neisser, 1855~1916 덕이 컸다. 나이서는 자신의 이름을 딴 나이세리아 고노레아Neisseria gonorrhoeae, 즉 임질의 원인균인 임균을 발견하기도 했는데, 그는 한센의 논문에 주목한 거의 유일한 과학자였다. 그는 노르웨이까지 직접 찾아가 한센을 만났고, 한센은 그런 나이서에게 조직 샘플을 건네주었다. 현미경 사용과 염색 기법에 특출한 능력이 있던 나이서는 한센의 샘플에서 세균 염색에 성공하고 1880년에 이를 발표했다.

그런데 문제는 나이서가 이 나병 원인균의 발견을 자신의 업적이라고 주장하면서 생겼다. 한센이 병을 일으키는 세균을 발견했고, 나이서는 그 세균이 병을 일으키는지 여부를 확인한 것인데, 나이서는 한센이 자신이 발견한 세균이 얼마나 중요한지 제대로 알아차리지 못했다며 깎아내렸다. 한센은 나중에 동의도 받지 않고 여성의 눈에 한센균을 감염시켜 논란을 빚기도 했다. 이 논란은 법정으로도 이어져 유죄 판결을 받았고 한센은 결국 의사직도 잃고 말았다. 그러나 현재 질병의 이름을 한센병이라고 부르는 것에서 알 수 있듯이 한센균의 발견자는 어쨌든 한센으로 인정받고 있다.

말초신경과 피부를 공격

한센균은 미코박테리움에 속하는 만큼 결핵균과 같은 항산성균이다.

　　　　　　　　　　　　　　　　　　　미생물로 쓴 소설들

세포벽의 구조와 성분이 다른 미코박테리움과 비슷한데, 다만 세포 외층에 페놀당지질-1phenolic glycolipid-1이 많은 것이 특징이다. 그래서 환자에서 한센균이 존재하는지를 검사할 때 이 페놀당지질-1에 의해 생성된 항체를 측정하기도 한다.

병원성 세균 가운데서도 이른 시기에 발견되고 보고된 세균이지만 현재까지 인공배지에서 배양하지 못한다. 대신 면역 기능을 없앤 실험동물을 증식하여 연구에 이용하고 있다. 마우스의 발바닥에 한센균을 접종하는 방식이 많이 이용되는데, 한 번 분열하는 데 보통 10일에서 12일 정도 걸린다. 결핵균처럼 매우 느리게 생장하는 세균이다. 인공배지에서 배양할 수 없기 때문에 항생제의 효과를 검사하는 데도 마우스의 발바닥을 이용한다.

한센균의 유전체에는 약 2700개의 유전자가 있지만, 그 중 1100개는 기능이 없는 위僞유전자pseudogene이고, 한센균에만 특이한 유전자는 고작 60여 개뿐이다. 한센균은 병독성이 상대적으로 약하고 전염력도 매우 약한 세균이다. 그럼에도, 혹은 그렇기 때문에(피부만을 집중적으로 공격한다는 말은 몸속 깊이 침투하는 데 어려움이 있다는 뜻이니까) 감염되었을 때 드러나는 증상만으로는 가장 꺼릴 수밖에 없는 세균이다.

한센균은 독소를 만들지 않는다. 대신 일차적으로 말초신경을 침범한 후, 피부를 비롯하여 눈, 상기도 점막, 근육, 뼈, 고환 등을 공격한다. 감염한 부위에 육아종을 형성하는데, 특히 말초신경의 축삭을 둘러싼 슈반Schwann 세포의 라미닌laminin과 결합한다. 이렇게 말초신경이 손상되면 감각과 운동 능력이 함께 소실되어 신체 변형이 생긴다.

문둥병과 소록도

———

우리나라에서 한센병을 다룬 소설을 이야기하자면 누구라도 이청준 _{1939~2008}의《당신들의 천국》을 언급한다. 1976년에 단행본으로 출간된《당신들의 천국》은 1966년 조선일보 이규태 기자가 국립소록도병원의 실태를 취재하여《사상계》에 기고한 '소록도의 반란'이라는 기사에서 영감을 얻어 쓴 소설이다. 한센병 환자를 수용하는 소록도의 병원에 새로운 원장이 부임하면서 벌어지는 이야기를 다루고 있다.

《당신들의 천국》은 다양한 관점에서 읽을 수 있다. 1960~70년대의 개발 독재를 고발하는 소설이기도 하고, 권력이 우상화되는 과정을 풍자하고 비판하는 소설로도, 권력에 대한 욕망을 경고하는 소설로도 읽힌다. 어떻게 보면 권력과 민중이 화해하기를 종용하는 소설로도 받아들일 수 있다. 그리고 무엇보다 한센병이라는 참혹한 질병과 환자에 대한 관심을 환기하는 소설이다. 이청준은 소설에서 소록도에 수용된 한센병 환자의 증상은 물론 그들의 삶까지 사실적으로 묘사하고 있다.

조 원장이 이정태를 안내해 들어간 병사의 첫 번째 건물에는 손가락이나

발가락, 심한 경우에는 팔다리까지 떨어져 나간 나이 많은 불구 환자들이

미생물로 쓴 소설들

수용되어 있었다. 기동이 자유로운 젊은 원생 몇 사람이 불구 환자들의
보호자 겸 간호역을 맡고 있었다. 병사 마을에서는 뜻있는 젊은 원생들이
자진 봉사로 그 일을 맡아 나와 있다고 했다.

(……)

병사의 다음 건물은 팔다리뿐 아니라 눈이나 귀와 코와 같은 중요한 감각
기관들이 마비된 환자들이었다. 눈이 성하면 귀가 멀었고 귀가 들리면 눈
이나 코를 잃은 환자들이었다.

눈이나 귀의 어느 한 편이 남아 있는 쪽으로 모든 지각 활동을 대신하고
있는 사람들이었다. 이번에도 젊은 원생들이 불구 환자의 모든 병 시중을
들고 있었지만, 그 참상은 차마 눈을 뜨고 볼 수 없을 정도였다.

섬의 모양이 어린 사슴과 닮아 소록도로 불리는 섬이 한센병 환자
를 수용하게 된 것은 1910년에 개신교 선교사들이 세운 시립나요양
원에서 비롯되었고, 1916년 5월 조선총독부령 제7호에 의해 소록도
자혜의원이 정식으로 설립되었다. 일제강점기 한센병 환자를 강제로
분리 수용하는 시설로 사용되면서 전국의 한센병 환자들이 강제로
수용되었다. 이 시설은 이후로 소록도갱생원, 국립나병원이라는 이
름을 거쳐 지금의 국립소록도병원에 이르렀다.

해방 이후에도 계속해서 한센병 환자를 집단 수용했고, 1990년대
까지도 강제 노역과 폭력은 물론 환자들에 대한 단종斷種과 낙태 수
술이 강제로 이뤄지는 등 각종 논란이 제기되어 왔다. 1990년대 후
반에 이르러서야 한센병에 대한 사회적 인식이 개선되면서 질병 치

료와 연구, 요양, 재생을 목적으로 하는 요양 시설로 바뀌었다. 이렇게 오랫동안 한센병 환자들을 수용해온 소록도는 지금은 관광지로도 각광 받고 있지만, 여전히 한센병 환자들의 수난과 슬픈 역사를 그대로 간직하고 있다.

받아들이기 힘든 질병

폴 고갱은 빈센트 반 고흐와의 일화로 유명한 후기 인상파 화가다. 그는 주식중개인으로 멀쩡하게 일하다 아내와 자식을 내버려 두고 뛰쳐나와 그림에 몰두하다 타히티에서 생을 마감했다. 서머싯 몸 William Somerset Maugham, 1874~1965은 불꽃 같은 고갱의 삶에 깊은 인상을 받았고, 그의 삶을 모티브로 《달과 6펜스》라는 소설을 썼다.

제목에서 '달'은 영혼의 세계를, '6펜스'는 현실의 세계를 상징한다. 고갱을 모델로 한 스트릭랜드가 주식중개인으로 가족과 함께 안락한 삶을 살아가던 세상이 '6펜스'의 세계라면, 현실의 안락을 버리고 스스로 뛰어 들어간 예술이라는 고난이 '달'의 세계인 셈이다. 서머싯 몸은 고갱을 주형으로 스트릭랜드라는 인물을 재창조해 현실과 예술의 괴리로 인한 갈등, 나아가 위대한 예술의 승리를 소설로 보여 주었고, 열렬한 호응을 이끌어냈다.

타히티에서 예술혼을 불태우던 스트릭랜드는 스스로 고립의 길을 택해 병으로 죽어갔다. 그가 걸린 병이 바로 의사마저 자지러질 듯

미생물로 쓴 소설들

놀라고, 혐오스러운 병으로 여기는 문둥병, 즉 한센병이다.

스트릭랜드는 그를 힐끗 쳐다보며 비죽 웃더니, 벽에 걸려 있는 거울 앞으로 갔다. 조그만 나무 틀을 끼운 싸구려 거울이었다.

"그래, 어떻단 말이오?"

"얼굴이 이상해진 걸 모르겠소? 잔뜩 부어서, 그러니까, 뭐라고 해야 하나, 책에서 말하는 사자 얼굴이 되어 있는 걸 모르겠소? 이봐요, 이 딱한 양반아, 내가 꼭 말해 줘야 되겠소? 당신은 무서운 병에 걸렸단 말이오."

"내가 말요?"

"거울을 들여다봐요. 영락없는 나병 환자 모양 아니오."

"농담 마시오." 스트릭랜드가 말했다.

"나도 제발 농담이라면 좋겠소."

"아니, 내가 문둥병에 걸렸단 말이오?"

"안됐소만, 틀림없어요."

스트릭랜드는 의사의 선고를 담담하게 받아들인다.* 얼마나 더 살 것 같으냐는 환자의 질문에 의사는 20년이 더 갈 수도 있지만, 오히려 빨리 진전되어 죽는 것이 낫다고 답한다. 그만큼 받아들이기 힘들고, 괴로운 질병이라는 의미지만, 또 그만큼 장기간에 걸쳐서 발병하는 질병이 바로 한센병이다.

*소설 속에서 고갱을 모델로 한 스트릭랜드는 한센병으로 죽지만, 실제 고갱은 심장병과 매독으로 고생했고, 결국은 심장마비로 죽었다.

한센병은 보통 잠복기가 2~5년가량 되지만 어떤 종류의 한센병이냐에 따라 그 기간은 크게 달라진다. 경우에 따라서는 감염된 지 20년이 지나서야 발병하기도 한다. 결핵균에 감염된 사람 중에 10퍼센트만이 발병한다고 했는데, 한센병 역시 마찬가지다. 감염된 사람의 90퍼센트는 한센병이 발현되지 않고, 많은 경우 면역력이 떨어진 사람에게 발병한다.

현재는 결핵균처럼 한센병의 유일한 숙주도 사람뿐인 걸로 알려져 있다. 일회성 접촉만으로 감염되는 경우는 많지 않고, 가까이 오랫동안 접촉해야 감염된다. 그래서 가족 간에 감염되는 경우가 많고, 그런 까닭에 오랫동안 유전되는 병으로 오인했다. 병터 부위의 피부 표면에서는 한센균이 거의 발견되지 않는 반면, 코 분비물에 섞여 나오고 공기 중에서 7일 이상 생존하는 것으로 보아 한센균을 포함한 비말이 공기 중에 떠다니다 호흡기를 통해 전파되는 것으로 여기고 있다.

성경에도 기록될 정도로 오랫동안 인류에게 영향을 미친 질병인데, 지금은 전 세계에서 20만 명 이하로 발병한다고 알려져 있다. 우리나라에서도 2012년에서 2021년까지 10년 동안 45명의 신규 환자가 발생했는데, 이중 외국인이 18명으로 40퍼센트나 된다. 다른 어떤 감염질환에 비해 외국인 발생 비율이 높다. 내국인 환자 27명 가운데 대부분은 60대 이상이었는데, 외국인 환자는 모두 20~30대였다.

미생물로 쓴 소설들

붉은 다람쥐와 한센병

앞서 현재 한센균의 유일한 숙주는 사람이라고 했다. 그래서 전파도 사람과 사람 사이에서만 일어나는 것으로 알려져 있다. 하지만 한센균 자체가 세포 내에서만 살아갈 수 있고, 숙주 바깥에서는 생존 확률이 매우 떨어지기 때문에 아마도 동물과 인간에 공존해서 한센병이 지속되었을 것이란 가능성이 제기되어 왔다. 이에 관해서 고古 DNA 연구가 주목받고 있다.

영국 레스터대학의 세라 인스킵과 스위스 바젤대학의 베레나 슈네만 공동 연구팀은 2016년 영국의 중세 유적지에서 나온 한센균 유전체 연구를 통해 붉은 다람쥐가 한센병의 숙주 역할을 했고, 사람에게 질병을 옮겼을 가능성이 있다는 연구 결과를 발표했다.

그들은 영국의 붉은 다람쥐 사체에서 한센균을 발견했는데, 인스킵은 중세 영국과 덴마크, 스웨덴 사람들이 오늘날 영국의 붉은 다람쥐와 비슷한 한센병을 앓았다는 사실을 알게 되었다. 그래서 중세 사람들이 붉은 다람쥐를 통해 한센균에 감염되었을지 모른다는 가설을 세웠다.

연구진은 영국 남부 헤프셔주 윈체스터에서 발굴된 600~900년 전의 사람 유골과 900~1000년 전으로 추정되는 붉은 다람쥐의 뼈를 확보해서 DNA를 분석했다. 그 결과 두 뼈에서 비슷한 한센균이, 정확히는 한센균의 DNA가 나온 것이다. 중세의 붉은 다람쥐 뼈에서 나온 한센균이 현재 다람쥐에서 나오는 균주보다 중세의 인간 유골에서 나온 한센균의 유전자와 더 비슷했다.

물론 이 한 가지 연구 결과로 붉은 다람쥐가 인간에게 한센균을 퍼뜨린 '악당'이었다고 단정할 수는 없다. 하지만 적어도 사람과 다람쥐, 혹은 다른 동물 사이에 한센균의 전파가 일어났다는 가능성은 충분히 제기할 수 있다. 오늘날 다람쥐의 병원균이 사람에게 한센병을 일으킨다는 증거는 없다. 하지만 한센병이 오랫동안 유지되어온 데에는 동물의 기여가 있을 수 있다. 이런 연구는 단지 한센병과 같은 감염질환의 기원과 지속에 대한 순수한 학문적 호기심과 관련되어 있을 뿐만 아니라, 우리가 코로나19 팬데믹에서 경험했듯이 신종 혹은 재발생 감염질환이 동물 숙주의 존재 그리고 사람 숙주로의 전이와 어떤 연관이 있는지 이해하는 데도 매우 중요한 시사점을 던져 준다.

04

찡그린 표정, 푸르뎅뎅한 살,
우유빛 배설물

콜레라
—
비브리오 콜레라에 *Vibrio cholerae*

LE CHOLÉRA

1912년 일간지에 실린 삽화

《프티 주르날Le Petit Journal》이라는 프랑스 파리에서 발행된 한 일간지에 실린 삽화다. 해골 모양의 사신死神이 커다란 낫을 휘두르고 있다. 그 아래로는 사신의 낫질 한 방에 사람들이 추풍낙엽처럼 쓰러지고 있다. 이미 쓰러진 이들 너머로는 사람들이 사신의 낫질을 피해 달아나고 있지만, 그들이 커다란 낫을 피할 수 있을 것 같지는 않다. 삽화에서 커다란 낫을 든 사신은 바로 콜레라를 의미하고 있고, 그래서 이 그림은 콜레라가 한번 들이닥치면 한꺼번에 많은 사람이 죽어 나가는 상황을 표현하고 있다. 인류는 1800년대 초반 이래 모두 여섯 차례의 콜레라 팬데믹을 겪었고, 지금은 일곱 번째 팬데믹 중이다.

미생물로 쓴 소설들

PATHOGEN IN LITERATURE

인도 벵골 지역의 풍토병

〈지붕 위의 기병〉은 1995년 장 폴 라프노 감독이 올리비에 마르티네
즈와 줄리엣 비노쉬를 주연으로 제작한 영화다. 영화는 동명의 소설
을 토대로 만들어졌다. 원작 소설《지붕 위의 기병》은 앞서 소개한 한
센병을 다룬 소설《영원한 기쁨》을 쓴 장 지오노의 작품이다.

　소설《지붕 위의 기병》의 공간적 배경은 지오노의 고향이기도 한
프랑스 남부의 프로방스 지방이다. 루이 필리프가 시민혁명으로 "시
민왕"이라 불리며 프랑스의 왕위에 오른 지 1년이 지난 1832년, 오
스트리아의 지배 아래 있던 이탈리아인들은 프랑스 남부에 근거지를
마련하고 저항 운동을 펼치고 있었다. 이탈리아 기병대 장교이자 비
밀 결사 '카르보나로당'의 일원인 앙젤로는 오스트리아에 동료들을
팔아넘긴 스파이 쉬바르츠 남작을 암살하는 임무를 완수하고 이 지

역으로 피신한다. 그러던 중에 도시의 샘물에 독을 풀었다는 누명을 쓰게 되면서 쫓기게 되고 어떤 건물의 지붕 위로 숨게 되는데, 그 저택에서 폴린이라는 여인을 만난다. 둘은 함께 다니게 되고 여러 모험을 겪으며 사랑이 싹튼다. 두 사람의 사랑은 순간적으로 불타오르는 격렬한 사랑이 아닌, 내면에 간직된 아름답고 섬세한 사랑으로 그려진다.

법학자이자 저술가인 박홍규는 장 지오노의 이 소설을 "자연과 교감하는 원초적 인간이 서정적이고 신화적인 이미지로 극복하는 이야기"라고 평가했는데,《영원한 기쁨》과도 맥이 닿아 있는 평가다. 특히 《지붕 위의 기병》에서는 콜레라의 참상이 아주 사실적으로 묘사되어 있다.

앙젤로는 쉬바르츠를 암살하고 피신하는 도중 콜레라로 죽어가는 수많은 사람을 목격한다. 콜레라는 소설의 모든 장면에 등장한다. 지오노는 콜레라가 어디에서 비롯되었는지 어떤 증상이 나타나고 어떻게 죽어가는지를 아주 자세히 묘사하고 설명한다.

우선 지오노는 콜레라가 아시아, 그것도 인도의 벵골 지역에서 비롯되었다는 것을 명확히 인식하고 있다.

아시아적 증세를 나타낼 수 있는, 망가진 몸, 갠지즈 강에서 멀리 떨어진 여기서. 더위가 코끼리와 구름 같은 파리떼를 출현시키는 인도. 인더스 강의 삼각주. 진흙, 50도, 그늘의 부재. 여느 유기체나 마찬가지로 썩어들어가는 물. 사실 이 도시는 사람들이 떠들어 대는 만큼 악취가 심한 것

미생물로 쓴 소설들

도 아니다. 오히려 6개월 전보다 덜하다. 그것이 습관의 문제가 아닌 한.
(……) 벵골만의 막다른 곳에서 몰아치고 있는 푸른 고래의 폭풍. '멜포멘
호 선상의 유독성 장기瘴氣'.

콜레라는 지오노가 쓰고 있는 대로 인도 벵골 지역에서 유행하던
풍토병이었다. 그 지역에서만 위협적이었던 콜레라가 전 세계적으로
비극적인 떼죽음의 원인이 된 이유는 바로 19세기에 본격적으로 진
행된 세계화 때문이었다. 영국은 동인도회사를 앞세워 인도를 식민
지화했는데, 벵골 지역의 캘커타지금의 콜카타를 행정 중심지로 삼았다.
작은 촌락에 지나지 않았던 캘커타는 금세 커다란 도시가 되었고, 도
시는 세균이 전파되기에 더할 나위 없이 좋은 배양지였다.

1817년 제1차 콜레라 팬데믹은 캘커타 인근에서 발생한 콜레라
가 벵골만 전역으로 확산하면서 시작되었다. 콜레라는 도시 거주자
를 공격했고, 여행자와 캘커타에 주둔하고 있던 영국 군대의 병사들
을 감염시켰다. 군대는 콜레라의 원인균을 인근의 네팔과 아프가니
스탄으로 옮겼고, 배를 통해서도 전파되었다. 그러나 제1차 팬데믹에
서 유럽 지역은 거의 피해를 입지 않았다. 아직은 군대의 이동 속도
가 빠르지 않았고, 콜레라의 잠복기는 짧았기 때문에 콜레라가 유럽
에 상륙하기 전에 조치를 취할 수 있었다.

그러나 이후 사정은 달라졌다. 1826년에 시작된 제2차 콜레라 팬
데믹은 보다 효율적인 군대의 이동 속도 덕분에 전 세계로 퍼져 나갔
다. 콜레라가 군대의 이동과 밀접하게 연관되었다는 사실은 콜레라

의 유행 지역이 군대의 이동 경로를 그대로 따라갔다는 것을 보면 알 수 있다. 전 세계에 식민지를 구축하고 교역하던 '해가 지지 않는 국가' 영국의 군대는 세계 곳곳으로 콜레라를 전파했다. 페르시아와 아프가니스탄을 거쳐 이집트의 카이로와 알렉산드리아로, 러시아의 모스크바를 거쳐 오늘날의 폴란드, 불가리아, 라트비아, 독일, 오스트리아 지역으로 퍼져 나갔다. 1831년에는 영국에까지 이르렀고, 이듬해에는 아일랜드에 상륙했으며, 아일랜드에서는 감자 대기근과 겹치면서 수많은 사람이 죽었다. 이 때문에 수많은 아일랜드인이 미국으로 이주했는데, 그들은 이 질병을 아메리카 대륙으로 옮겼다.《지붕 위의 기병》에 나오는 콜레라가 바로 제2차 팬데믹 시기의 것이다.

1832년의 콜레라는 빅토르 위고의 《레미제라블》에서 맹위를 떨친다.

> 1832년의 봄은 19세기 최초의 큰 돌림병이 유럽에 발생한 때였는데, 이 북풍이 어느 해보다도 더 지독하고 맹렬하게 불었다. 그것은 방긋이 열려 있는 겨울의 문보다도 한층 더 추운 문이었다. 그것은 무덤의 문이었다. 이 북풍 속에서 콜레라의 숨결이 느껴졌다.

《레미제라블》에 관한 해설서를 쓴 데이비드 벨로스는 1832년 3월 26일 파리에서 첫 콜레라 환자가 나타나 한 달 만에 거의 2000명의 파리 시민이 콜레라로 죽었다고 말한다. 당시 총리였던 카지미르 페리에, '로제타석'의 상형문자를 처음으로 해석한 장-프랑수아 샹폴리

　　　　　　　　　　　　　　　미생물로 쓴 소설들

옹, 열역학의 개척자 사디 카르노 등이 그때 콜레라로 죽었다. 당시에는 콜레라가 어떻게 전파되는지 몰랐지만, 장발장과 마리우스가 하수도를 통해 탈출하는 것은 정말이지 무척이나 위험한 일이었다.

비브리오 콜레라에라는 세균

앞서 《지붕 위의 기병》 인용문에 '멜포멘호 선상의 유독성 장기'라는 표현이 있다. 여기서 '장기'란 '미아즈마miasma'라는 것으로, 풀이하면 '나쁜 공기' 정도가 된다. 지오노가 소설을 쓴 1951년에는 이미 콜레라가 세균에 의한 것이란 것을 알고 있었지만, 소설 속에서 앙젤로가 콜레라 환자를 목격하던 시대에는 콜레라의 원인이 나쁜 공기, 즉 미아즈마에 의한 것으로 알고 있었다.

콜레라는 비브리오 콜레라에Vibrio cholerae라는 세균에 의해 발생한다. 콜레라가 세균 때문이라는 것을 맨 처음 밝혀낸 사람은 이탈리아의 의사 필리포 파치니Fillippo Pacini, 1812~1883다. 현미경을 다루는 데 능했던 그는 1846년부터 1863년까지 길었던 제3차 팬데믹으로 1854년 피렌체에 콜레라가 유행하자 그 원인을 밝히기 위해 자신의 현미경 기술을 이용했다. 콜레라로 사망한 환자의 시신을 부검하면서 특히 장점막을 면밀히 조사했는데, 거기서 끝부분이 쉼표 모양으로 구부러진 세균을 발견했다. 이 발견을 논문으로 발표했고, 이후에도 콜레라에 관한 연구를 통해 콜레라가 세균에 의해 장점막이 파괴되어 전해질이 대량으로 한꺼번에 빠져나가면서 치명적인 상태가 된다고 설명했다. 그래서 환자들에게 소금물을 많이 마실 것을 권고하기도 했다. 하지만 파치니의 콜레라균 발견은 곧 잊혔다.

콜레라균을 재발견한 사람은 로베르토 코흐다. 오랫동안 코흐가 콜레라균을 발견했다고 알려졌고, 지금도 많은 책이 그렇게 기술하고 있기도 하다. 탄저균과 결핵균을 발견하면서 '미생물 사냥꾼'으로 명성을 떨치고 있던 코흐는 1883년 이집트에서 콜레라가 발생하자 독일과 프랑스 공동 연구팀의 책임자로 파견된다. 그런데 연구팀이 이집트에 도착했을 때는 콜레라가 이미 잠잠해져 있었고, 이후 콜레라를 찾아 인도로 떠났다. 코흐(의 연구팀)는 인도 캘커타에서 콜레라로 사망한 환자의 시신을 부검하여 쉼표 모양의 세균을 찾아냈다. 그는 이 세균을 '콤마균comma bacteria'이라고 불렀다.

지금은 파치니가 콜레라균을 처음으로 발견한 과학자로 인정받고 있지만, 콜레라의 원인균이 세균이라는 것을 과학적으로 증명한 사람은 코흐이므로 코흐의 공도 무시할 수는 없다. 인도에서 돌아온 코흐는 이 세균이 콜레라의 원인이라는 것이 분명하다고 했지만, 이에 대한 반발도 있었다. 대표적인 인물이 막스 폰 페텐코퍼Max von Pettenkofer다. 이미 유명한 과학자였던 그는 코흐의 연구 결과를 거부하며 코흐가 보내온 콜레라균이 들어 있는 물을 마셨다. 그는 멀쩡했는데, 이를 근거로 콜레라뿐 아니라 감염질환이 미아즈마 때문이라는 자신의 주장을 죽을 때까지 철회하지 않았다. 하지만 페텐코퍼는 몇 년 전 콜레라에 걸린 적이 있었는데, 이때 이 사실을 밝히지 않았

미생물로 쓴 소설들

다. 아마도 이로 인해 콜레라균에 면역이 되어 있었을 수 있다. 물론 함께 콜레라균 배양액을 마신 제자들은 심하게 앓았다.

현재는 말라리아^{malaria}라는 병명 정도에만 흔적으로 남아 있는 미아즈마설은 파스퇴르와 코흐, 그리고 많은 과학자에 의해 세균병인론으로 대체되었다. 그리고 콜레라 역시 비브리오 콜레라에라는 세균에 의한 것이라는 사실도 이제는 누구도 의심하지 않는다.

지독한 설사

다시 지오노의 《지붕 위의 기병》으로 돌아오면, 앙젤로는 해군 제독에게 '멜포멘호 선상의 유독성 장기'로 죽은 해병을 해부해 보자고 제안하는 상상을 한다. 그리고 해부한 몸에서 다음과 같은 것이 나올 거라 예상한다.

> 좌심실은 수축되어 있고, 우심실은 검은 엉긴 덩어리로 꽉 차 있습니다. 식도는 청색이고, 상피는 떨어져 있고, … 장기는 쌀뜨물이나 우유 비슷한 물질로 가득 차 있습니다. (……) 인더스 강의 삼각주와 갠지즈 강 깊은 계곡의 기체 포탄에 쏘인, 정오의 죽음. 수국빛으로 물든 장기. 좁씨, 아니 대마씨 만큼 크게 팽창한, 격리된 샘들. 오돌오돌해진 파이어판. 옴이라 불리는 여포의 종창. 비장의 혈관 비대증. 회맹부 판의 푸르스름한 죽, 지방이 축적된 간. 이 모두가 스튜 냄비처럼 꽉 찬 멜포멘호 선원의

가로세로 40에 170 센티미터의 몸속에 들어 있습니다.

그리고 앙젤로는 콜레라로 몰살당한 한 마을을 목격하는데, 그는 모든 시체에 "찡그린 표정, 푸르뎅뎅한 살, 우유빛 배설물"과 "파리잡이 테레빈유의 꽃받침 냄새 같은 달착지근한 부패한 냄새"라는 공통점이 있다는 것을 발견한다. 지오노의 콜레라 환자와 증상에 대한 묘사는 매우 정확하다.

콜레라의 증상은 다른 감염질환과 비교해서도 뚜렷하다. 콜레라 환자는 급성 구토와 함께 하루에 10리터에서 수십 리터에 이르는 '쌀뜨물' 같은 설사를 쏟아낸다. 장으로부터 쏟아지는 액체에 보이는 흰 알갱이는 작은창자의 상피세포 조각이 떨어져 나온 것이다. 조절되지 않아 때와 장소를 가리지 않고 쏟아져 나오는 설사 때문에 차라리 역겨워 보일 지경이다. 이렇게 설사로 지나치게 많은 수분을 잃게 되면 심한 탈수 증상을 겪을 수밖에 없다. 이때 얼굴이 푸르스름하게 변하면서 창백해진다. 심지어 검게 변하기도 한다.

왜 이런 상황이 벌어질까? 콜레라균이 이런 현상을 일으키는 요인은 장독소enterotoxin의 일종인 콜레라 독소cholera toxin 때문이다. 콜레라균이 물이나 분뇨를 통해 몸속으로 들어오면 위를 거쳐 독특한 구조를 지닌 섬모pilus를 이용해 작은창자의 상피세포에 달라붙는다. 이렇게 작은창자에 붙은 콜레라균은 콜레라 독소를 분비한다.

콜레라 독소는 하나의 효소활성단백질과 다섯 개의 결합단백질이 붙어 있는 구조다. 우선 콜레라균이 작은창자의 미세융모 세포에

미생물로 쓴 소설들

붙으면 콜레라 독소의 결합단백질이 장 상피세포 표면에 있는 수용체와 결합한다. 이 결합은 콜레라 독소의 또 다른 단위체 효소활성단백질이 상피세포로 들어갈 수 있도록 통로를 내주는 역할을 한다. 세포 내부로 들어간 효소활성단백질은 NAD^+에서 ADP-리보스기를 떼어내 GTP-결합단백질에 결합시킨다. GTP-결합단백질은 세포 내에서 신호전달물질인 cAMP고리형 아데노신 일인산의 양을 조절하는 물질인데, 효소활성단백질의 작용에 의해 ADP-리보스기가 결합한 GTP-결합단백질은 cAMP의 양을 조절할 수가 없다.

통제를 벗어난 cAMP가 과다하게 만들어지면서 염소 이온$^{Cl^-}$을 비롯한 이온 물질이 지나치게 많이 장을 빠져나가 버린다. 빠져나간 염소이온은 나트륨(소듐) 이온$^{Na^+}$과 결합해 염화나트륨^{NaCl}을 만드는데, 이렇게 되면 삼투압 조절 기능이 망가지고, 대량의 수분이 세포 밖으로 빠져나가는 사태가 벌어진다. 콜레라 독소로 인한 세포의 이온 농도 조절 기능 상실이 콜레라로 인한 끔찍한 증상의 원인인 것이다. 그래서 콜레라의 증상을 치료하는 데는 몸속의 전해질 불균형을 바로잡는 것이 중요하다. 콜레라균을 처음으로 발견한 파치니의 제안처럼 환자에게 전해질을 포함한 수액을 공급해야만 한다.

앙젤로는 콜레라라는 질병의 파괴력에 대해 다음과 같이 이야기한다. "이 몸속에는 5초 만에 왕국 하나를 콩가루로 만들어 버릴 수 있는 폭탄이 들어 있다는 사실을 확실히 이야기할 수 있습니다."

그러나 질병도 끔찍하지만, 질병으로 인한 인간성의 파괴는 더욱 심각했다. 앙젤로는 숨어든 집의 지붕 위에서 마을을 내려다보며 처참한 인간 군상을 지켜본다. 집단 폭행의 야만이 횡행했고, 송장은 버려졌다. 까마귀는 시체를 아귀처럼 파먹고, 여인들은 환각에 빠졌다. 가혹한 전염병은 인간을 처절하고 원초적으로 만들었다. 참혹한 질병 앞에서 같은 인간으로서의 연대 의식은 찾아볼 수 없고 나약함만이 두드러졌다. 사람들은 가면을 내던져 버리고 천박한 이기심과 무시무시한 폭력성, 비천한 속성을 드러냈다. "진짜는 콜레라뿐이다"라고 그 끝을 인정하는 지경에까지 이른다.

하지만 소설은 인간성에 대해 마냥 비관적이지만은 않다. 단 한 사람이라도 산 사람을, 비록 죽어가고 있을지라도 돌봐야 한다며 처참하게 버려진 마을로 들어오는 의사, 콜레라로 죽은 시체를 정성껏 씻어 염을 해 주며 하늘나라로 고이 보내주는 나이든 수녀. 앙젤로는 그들에게서 고귀한 정신을 목격하고 콜레라 시대를 살아가는 지혜를 배운다.

앙젤로는 단 한 사람도 살려낼 수 없었다. 무력감에 빠진 마지막 순간, 바로 그때 그는 누군가를 살려낸다. 바로 지붕 위에서 만난 젊은 여인, 폴린이다. 지오노는 이 장면에서 무엇이 콜레라를 이겨낼 수 있는지, 인류가 파멸의 위기를 어떻게 극복할 수 있는지를 상징적으로 보여 준다. 소설은 제2차 세계 대전 중에 쓰였고, 전쟁이 끝나고 바로 발표되었다.

미생물로 쓴 소설들

콜레라 도시

———

토마스 만은 작곡가 구스타프 말러가 죽었다는 소식을 듣고《베네치아에서의 죽음》을 썼다고 했다. 하지만 소설 속 주인공 아셴바흐는 말러보다는 토마스 만 자신을 연상케 한다. 물론 그가 이 소설을 쓸 때는 30대였고, 소설 속의 아셴바흐는 노년이지만, 내겐 작가로서의 동질성이 더 도드라져 보인다.

이제 대가의 반열에 올라섰으며 귀족 칭호를 받아 드디어 성 앞에 '폰von'을 쓸 수 있게 된 작가 아셴바흐는 차를 기다리다 문득 남쪽으로 휴양을 떠나야겠다고 결심한다. 스스로 지쳤음을 깨달은 것이다. 불현듯 솟아오른 열망으로 아셴바흐가 도착한 곳은 베네치아였다. 베네치아에서 그가 마주친 것은 베네치아라는 도시가 아니라 베네치아에 요양 온 한 폴란드 소년이었다. 타치오라는 이름의 소년은 너무도 우아하고 아름다워, 아셴바흐의 마음을 한순간에 빼앗아 버렸다. 토마스 만은 이처럼 아셴바흐를 통해 자신의 동성애 성향을 간접적으로 드러냈는데, 2000년에 출간된 그의 일기에서는 그런 사실을 분명하게 고백하고 있다.

소설에서 베네치아는 음산하고 음울한 분위기가 가득하다. 그런 정서는 다름 아닌 죽음으로 이어지는 전염병, 콜레라가 크게 좌우하고 있다. 도시는 콜레라의 발병과 전파를 감추려 하지만, 죽음의 기운은 도시를 휘감고, 아셴바흐를 비롯한 많은 사람이 그걸 직감한다.

《베네치아에서의 죽음》에서도 아셴바흐는 인도에서 콜레라가 기원했다는 것을 알고 있다. 그리고 질병이 확산되는 경로를 되짚는다. 다만 여기서는 군대가 아닌 상인들, 즉 대상이나 상선을 통해 전파되어 유럽에까지 이르렀다고 말한다. 토마스 만이 이 소설을 쓴 때가 20세기 초반이었으니, 이미 군대보다 상인의 이동이 더 활발해진 시기라는 점에서 오히려 상황을 더 정확히 파악했다고 할 수 있다.

수년 전부터 인도의 콜레라가 점점 확산되며 더 강력하게 옮겨다니는 경향이 나타났었다. 전염병은 갠지스 강 삼각주의 따뜻한 습지에서 발생했는데, 사람이 근접할 수 없는 울창하고 쓸모없는 원시림과 야생의 섬에서-그곳 대나무 숲에는 호랑이가 웅크리고 있는데-악마 같은 숨결과 함께 솟아올라, 인도 북부지방에서 오랫동안 이례적으로 맹위를 떨쳤고, 또 동쪽으로는 중국까지, 서쪽으로는 아프가니스탄과 페르시아로 확산되었다. 그리고 대상隊商의 주요 교통로를 따라서 끔찍한 참상이 러시아의 아스트라칸까지, 그러니까 심지어 모스크바까지 실려 갔다. 그렇지만 그 괴물이 거기서 빠져나와 육로를 따라 들이닥칠까봐 유럽이 벌벌 떨고 있는 동안, 그것은 오히려 시리아의 상선에 딸려 바다를 건너와서 지중해의 여러 항구에 거의 동시다발적으로 그 모습을 드러냈던 것이다.

부두 노동자와 채소 장수의 시체에서 콜레라균이 발견되면서 시작된 도시의 콜레라는 급속도로 퍼져 나갔다. 토마스 만이 소설에 "때이르게 들이닥친 여름 무더위가 운하의 물을 미지근하게 데워 놓는 바람에 콜레라가 번지는 데 특히 유리한 상태가 이루어졌다"라고 쓰

미생물로 쓴 소설들

고 있듯이 콜레라는 물과 밀접한 관련이 있다. 이를 처음으로 입증한 인물은 영국의 의사 존 스노John Snow였다.

존 스노는 콜레라가 세균에 의한 질병이라는 것도 아직 명확히 밝혀지지 않았던 19세기 중반에 런던 브로드가의 콜레라 발병 패턴을 체계적으로 조사한 감염지도ghost map를 작성했다. 이를 통해 그는 죽음의 씨앗이 쓰레기와 분뇨가 넘실대는 불결한 물웅덩이 바로 옆 오염된 수도에 있다는 것을 밝혀냈다. 콜레라는 세계화의 물결을 타고 인도에서 전 세계로 퍼져 나갔고, 사람을 불러 모은 도시화에 의해 대규모 발병과 죽음으로 이어졌던 것이다.

물이 미지근했다는 것도 콜레라의 창궐에 중요했다는 언급 역시 되새겨볼 만하다. 척박한 조건에서 콜레라균은 물속의 플랑크톤에 붙은 상태로 휴면한다. 그러다 더운 날씨가 이어지고 비가 많이 내리면 콜레라균의 생장에 유리한 환경이 만들어진다. 수온이 높아지면 식물성 플랑크톤이 폭발적으로 증가하는데, 이 식물성 플랑크톤을 요각류와 같은 동물성 플랑크톤이 잡아먹는다. 콜레라균은 요각류와 공생 관계에 있어 수온이 높아지면 콜레라균은 폭발적으로 늘어난다. 현재 가속화되는 지구 온난화가 콜레라와 같은 질병이 창궐하는 원인이 될 수 있는 것이다.

《베네치아에서의 죽음》에서 도시가 콜레라로 아비규환 상태에 이르렀지만, 아셴바흐도, 타치오를 비롯한 폴란드인 가족도 도시를 떠나지 않는다. 토마스 만이 전염병을 도저히 벗어날 수 없는 불가피한 재앙으로 설정한 것은 아닌가 싶다. 죽음을 이야기하기 위해서는 전염병이 만연한 도시를 이야기해야 했으며, 그 죽음을 더욱 극적으로 만들기 위해서는 아름다움은 은밀하게 반도덕적이면서 피할 수 없는 유혹이어야 했을 것이다.

전염병에 대한 정보

인도에서 비롯된 콜레라가 유럽만 심각하게 만들었던 것은 아니다. 팬데믹이라는 말이 의미하듯 전 세계적인 상황이었다.

1982년 노벨 문학상을 수상한 콜롬비아의 소설가 가브리엘 가르시아 마르케스 Gabriel José de la Concordia García Márquez, 1927~2014는 《백 년 동안의 고독》을 통해 마술적 리얼리즘이라는 장르를 개척하며 라틴아메리카의 비극적 현실을 탁월하게 그려낸 작가다. 그의 또 하나의 대표작으로 《콜레라 시대의 사랑》이 있다. 제목 그대로 콜레라가 덮친 도시의 음울한 상황을 암시하고 있다. 여기서도 콜레라에 걸려 죽은 사람들은 제대로 처리되지 못한 채 거리에 나뒹굴고, 사람들은 스카프로 얼굴을 가리고 다닌다.

기차역에서부터 묘지에 이르기까지 사방에 흩어진 채 햇볕을 받아 부풀어 오른 시체들 때문이었다. 군민 합동 사령관은 "콜레라 때문입니다"라고 말했다. 그녀는 이미 알고 있었다. 더위에 찌든 시체들의 입에서 하얗게 엉긴 덩어리를 보았던 것이다.

　　　　　　　　　　　　　　　　　　　　　　미생물로 쓴 소설들

소설에서는 20세기 초반 유럽에서 공부해 파스퇴르와 코흐의 '세균병인론'을 알고 있었을 의사 후베날 우르비노와, 과거의 의학에 머물러 있는 자비로운 의사로 후베날의 아버지 아우렐리오 우르비노를 대비시킨다. 아우렐리오 우르비노는 콜레라가 창궐하는 도시에서 공권력보다 더 큰 권위로 절대적인 역할을 맡아 많은 사람을 구하기 위해 안간힘을 다한다. 그러다 자신이 감염되어 죽게 되면서 영웅으로 떠받들어진다. 그런데 훗날 그의 아들 후베날이 기록을 검토해 보고는, 과학보다 자선에 바탕을 둔 아버지의 방법이 더 많은 희생을 가져왔을 가능성이 높다는 걸 알게 된다. 소설에서 '콜레라 시대'는 비과학의 시대에서 과학의 시대로 넘어가는 과도기였다. 세균이 콜레라의 원인이라는 것을 인정하지 않았던 페텐코퍼도 청결과 위생을 강조하고 시설을 개선함으로써 감염 예방에 중요한 역할을 했다. 하지만 세균과 질병 사이의 연관성을 밝히고, 감염 경로를 알아내고, 적절한 대응책을 찾고, 항생제와 백신과 같은 치료법을 개발한 것은 결국은 과학이었다.

콜레라는 우리나라에도 여지없이 커다란 피해를 입혔다. 조선에는 제1차 팬데믹 시기부터 중국의 광둥, 산둥, 베이징을 거쳐 콜레라가 들어온 것으로 보인다. 《순조실록》에는 1821년에 제주도를 제외한 전국에 콜레라가 창궐했다는 기록이 있다. 그해에만 콜레라로 거의 50만 명이 죽었다고 적혀 있다.

콜레라가 처음 조선에 들어왔을 때는 도무지 정체를 알 수 없었기

때문에 괴질怪疾이라고 불렀다. 민간에서는 '쥐통'이라고도 했고, 보다 오래 쓰인 말로는 '호열자虎列刺'가 있다. 일본에서는 콜레라를 음역해서 고레라 コレラ라고 했는데, 이것을 한자로는 '虎列剌호열랄'이라고 썼다. 이 명칭이 1879년 이후 일본을 거쳐 들어오면서 '虎列刺호열자'로 바뀐 것이다. 초기만 해도 호열랄이라고 쓰였으나 언제부턴가 호열자로 바뀌었는데, 신조어였지만 인쇄기 상태가 나빠 비슷한 두 글자를 뚜렷이 구분할 수 있을 정도로 찍기 힘들었고, '剌랄'자보다는 '刺자'가 더 익숙했기 때문에 그렇게 된 것으로 추정하고 있다.

특히 대한제국 시기에는 6차 팬데믹으로 1902년 콜레라가 한반도를 집어삼켰다. 프랑스 출신의 천주교 신부로 조선에 주교로 파견된 귀스타브-샤를-마리 뮈텔Gustave-Charles-Marie Mutel, 1854~1922은 많은 분량의 일기를 남겼는데, 10월 9일 자 기록에서 한양에서 콜레라로 죽어 시구문광희문을 통해 나간 시신이 일주일 동안 560명이 넘는다고 했다. 조선에 와 있던 이탈리아 영사도 뮈텔을 비롯한 프랑스 신부도 모두 콜레라로 죽을 지경이었다. 한국 근대문학의 선구자로 일컬어지는 춘원 이광수도 이 시기에 부모를 콜레라로 여의었다.

그즈음의 사정은 박경리의 대하소설《토지》에서도 잘 볼 수 있다. 박경리의 '필생의 역작'이라고 불리는《토지》는 1897년 구한말부터 1945년 해방에 이르기까지 우리나라의 역사와 사회 변화를 배경으로 봉건적 가족 제도와 신분 질서의 해체, 서구 문물의 수용과 일제 강점의 과정, 간도 생활과 민족의 이동, 독립 운동의 전개와 식민지 사회의 구조적 변화를 총체적으로 그리고 있다. 개인의 운명과 역사

미생물로 쓴 소설들

의 조류가 직조하여 만들어낸 장엄한 파노라마라고 일컬어진다. 이
작품에서 콜레라는 초반부인 1부 2권의 4편 '역병과 흉년'이라는 장
에 등장하여 권력과 부를 갖고 있던 최참판 일가가 몰락하는 계기로
작용한다. 콜레라로 죽은 이의 모습은 앞서 서양 작가의 것과 다를
바 없다.

김서방은 그 뜨락에 돗자리 위에 누워 있었다. 하룻밤 사이에 허깨비로
변해버린 모습, 구토와 설사는 뜸해진 것 같았다. 그러나 이미 탈수증에
빠진 얼굴, 움푹 꺼져버린 눈두덩에 눈알만 불거져 나왔다. 눈알이 희미
하게 움직이고 있는 듯싶었으나 의식은 가물가물했고, 엉성한 수염 사이
의 얼굴은 푸르다 못해 잿빛이었다.

떼죽음을 가져오는 질병은 온갖 유언비어를 낳고, 또 어떤 경우에
는 근거 없는 희망을 갖게도 한다.

참으로 사십 년 망육순望六旬을 겸한 칭경례식稱慶禮式도 호열자의 창궐로
연기되었다 한다. 그것은 사실이었지만, 그 밖에 황당무계한 낭설이 분
분하였다. 수구문 밖에는 송장이 태산을 이루고 있다는 둥, 미처 숨도 끊
어지지 않은 사람들을 끌고 가서 산 채 불에 태워 죽인다는 둥, 길을 걷는
사람이면 모조리 왜놈과 양놈이 합세하여 끌어다가 병막에 가두어놓고
굶겨 죽이고 때려 죽이고 침을 놓아 죽인다는 둥. 그렇게 해서 죽은 원귀
가 어찌나 많던지 십만 대군이 넘을 것이고 측은하게 생각하는 신령의 도

움을 얻어서 모두 신병神兵으로 둔갑하여 왜놈과 양놈들을 무찔러 이 땅에서 쓸어낼 날도 그리 멀지는 않았으리라는 말이 무지몽매한 사람들 간에 떠돌았다.

질병의 정체를 몰라 죽음을 피하지 못하고 몰락하는 최참판 일가와 달리 서울을 드나들며 콜레라호열자가 세균을 통해 감염된다는 사실을 알고 있던 조준구는 음식을 익히고 물을 끓여 먹으며 살아남는다. 그리고 최참판 집안의 재산을 가로챈다. 조준구의 행태는 악독하지만, 과학에 기초한 전염병 정보가 얼마나 중요한지를 보여주는 대목이기도 하다.

일곱 번째 팬데믹

콜레라를 일으키는 비브리오 콜레라에는 다양한 혈청형serotype이 있다. 그 가운데 실제 콜레라를 일으키는 혈청형은 O1과 O139다. O1 혈청형은 다시 '고전classical형'과 '엘 토르El Tor형'이라는 생물형biotype으로 나뉜다. 이 장의 앞부분에서 현재 일곱 번째 팬데믹이 진행 중이라고 했는데, 조금 더 구체적으로 말하면 O1 혈청형 중에서도 엘 토르형에 의한 콜레라다.

콜레라는 재난 상황과도 밀접한 관련이 있다. 대규모 지진과 같은 재난 상황에서는 식수가 오염되고 관리가 부실해진다. 대표적인 예

미생물로 쓴 소설들

가 2010년 아이티 지진이다. 지진 이후 아이티에 지원 온 네팔의 평화유지군에서 비롯된 것으로 알려진 콜레라균이 전파되면서 100만 명 가까이 감염되고 1만 명 이상이 콜레라로 사망했다. 과거 제국주의에 편승한 세계화와는 다른 경로지만, 여전히 사람의 이동과 물 관리 부실이 콜레라의 감염과 전파의 주요 요인이라는 점만은 변함이 없다.

콜레라 팬데믹은 지금도 진행 중이며, 언제라도 우리를 공격할 수 있다. 거기에 기후 위기라는 상황은 콜레라가 과거의 역사가 아니라 오히려 미래의 위협이 될 가능성이 크다는 우려를 낳고 있다. 2024년만 보더라도 WHO는 1월부터 11월까지 33개국에서 70만 건이 넘는 감염 사례가 나와 5000명 이상이 사망했다고 보고하고 있다. 특히 아프가니스탄, 수단, 콩고민주공화국, 탄자니아 등 정세가 불안한 국가에서 많이 발생했다. 이게 먼 나라의 얘기일지도 모르지만, 콜레라는 언제라도 어떤 경로로든 전 세계로 확산될 수 있는 조건이 충분하다는 것만은 분명하다.

그녀의 팔에 안겨 천국의
기쁨을 맛보았지만

매독
—

트레포네마 팔리둠 *Treponema pallidum*

리처드 테넌트 쿠퍼 〈매독〉1912

제1차 세계 대전에서 공식 종군 화가였고, 이후에는 주로 파리에서 활동한 리처드 테넌트 쿠퍼Richard Tennant Cooper, 1885-1957는 죽음과 질병에 관한 그림을 많이 남겼다. 〈림프절페스트〉, 〈콜레라〉, 〈디프테리아〉, 〈나병〉, 〈결핵〉, 〈티푸스〉, 〈유방암〉과 같은 그림을 남겼는데, '매독'이라는 제목으로도 그림을 여러 점 남겼다. 위의 그림에는 투명한 천에 둘러싸인 매혹적인 여성이 나체로 뒤돌아 서 있고, 천 안에는 병원균을 상징하는 듯한 흉측한 존재가 함께 있다. 곁에는 흐느끼는 남성이 있는데, 아마 여성으로부터 매독을 옮아 절망하고 있는 듯하다. 쿠퍼는 여성을 불결함과 함께 성적 쾌락이라는 죄를 부추기는 존재로 묘사했다. 편견이지만, 당시에는 보편적인 편견이었다.

매독에 걸린 캉디드의 스승

프랑스의 계몽 사상가 볼테르Voltaire, 1694~1778(본명은 프랑수아-마리 아루에Francois-Marie Arouet)의 소설《캉디드 혹은 낙천주의》는 짐작(?)보다 무척 재미있다. 죽었다고 여겼던 사람이 갑자기 살아나 눈앞에 나타나고, 문제를 해결해 줄 사람을 아주 우연히 맞닥뜨리곤 하는 장면들에서 마치 우리나라의 주말 연속극을 보는 듯하다. 현대의 소설이 아닌 만큼 디테일 측면에서는 떨어지는 것이 사실이지만 재미만큼은 충분하다.

길이로만 보면 중편 정도지만 이야기가 전개되는 무대만큼은 전세계를 아우르는 광대한 스케일을 자랑하는 소설이《캉디드 혹은 낙천주의》다. 17세기 프랑스 최고의 계몽주의자 볼테르가 자신의 철학을 담은 소설이라는 의미로 이른바 볼테르의 '철학 소설'이라 불리기도 한다. 많은 작품을 남긴 볼테르지만 아직까지도 대중이 가장 많이 읽는 작품이 바로 이 소설이다.

볼테르는 '낙천주의(또는 낙관주의)'를 비판한다. 특히 독일의 고트프리트 라이프니츠를 비판한 것으로 알려져 있다. 여기서 낙천주의는 요즘 쓰이고 있는, 세상과 인생을 희망적으로만 보는 관점을 의미하지는 않는다. "모든 것은 선善하다" 혹은 "우리의 세계는 가능한 모든 세계 가운데 최선이다"라는 '최선설最先設'의 철학적 관점을 가리킨다. 캉디드의 스승 팡글로스가 바로 이런 관점을 대표하는데, 모든 사물이 인간의 목적을 위해 만들어졌다는 목적론, 혹은 조화론으로 이어진다. 이런 관점에서는 콧잔등은 안경을 걸치기 위해 알맞게 휜 구조로 만들어졌다고 본다. 우스꽝스러워 보이지만 여전히 이런 생각을 가진 사람이 있고, 정상적인 사람도 간혹 그런 관점에서 세상을 볼 때가 있다. 볼테르가 활동하던 당시에는 목적론이 꽤 심각하고 그럴 듯한 철학적 관점이었다.

볼테르는 캉디드의 전방위 여정을 통해 세상의 갖은 불행과 온갖 불의를 보여 주면서 낙천주의를 비판한다. 다만 그런 비판은 철저하지 못하고, 낙천주의가 완전히 실패한 철학이라고도 보지도 않는 듯하다. "이제는 우리의 뜰을 가꾸어야 합니다"라는 말로 맺는 이 소설을 통해 볼테르는 낙천주의를 비판하긴 하지만, 낙천주의의 효용도 어느 정도는 인정하고 있다. 당대에 상당히 견고했던 낙천주의에 관한 판단을 일정 정도는 독자에게 맡기기도 한다. 볼테르는 이뿐 아니라 당시의 정치 상황과 종교에도 비판을 가하는데, 특히 종교의 반反

이성주의에 대한 비판은 신랄하기 그지없다.

소설에서 미생물에 의한 감염의 흔적을 찾는 우리가 《캉디드 혹은 낙천주의》란 작품에서 눈여겨 볼 대목은 주인공 캉디드가 은사인 철학자 팡글로스와 재회하는 장면이다. 오랜만에 만난 은사의 용모는 한눈에 봐도 매독이었다.

온몸이 부스럼투성인 그의 눈은 초점을 잃은 듯 흐릿했다. 코끝이 무너지고 입도 비뚤어지고 이는 새까맸으며 목은 쉬었다. 게다가 기침을 심하게 할 때면 기를 쓸 때마다 이빨이 튀어나올 것 같았다.

팡글로스는 자신의 병이 한 시녀에게서 옮은 것이라고 밝힌다.

"캉디드, 위엄으로 가득했던 남작부인의 사랑스런 시녀 파케트를 알 테지? 나는 그녀의 팔에 안겨 천국의 기쁨을 맛보았지만, 그 기쁨이 지옥의 고통을 낳아 이렇게 보다시피 내 몸이 망가졌다네."

그리고 그 몹쓸 감염병이 자신에게까지 전달된 경로를 소상하게 추적한다. 시녀 파케트는 수도사에게서, 수도사는 늙은 백작 부인에게서, 백작 부인은 기병대 중대장에게서, 기병대 중대장은 어떤 후작 부인에게서, 후작 부인은 하인에게서, 하인은 예수회 신부에게서, 그리고 신부는 콜럼버스의 항해에 참여했던 한 선원에게서 그 선물, 즉 매독이라는 질병을 받았다는 것이다.

콜럼버스의 항해가 15세기 말이었고, 볼테르가 쓰고 있는 《캉디드 혹은 낙천주의》는 18세기의 일이니 팡글로스가 추적하고 있는 전염의 사슬은 상당히 엉성하다. 여덟 단계의 전염이 250년이나 걸렸을 리는 없으니 말이다. 그래도 볼테르가 이 질병에 대해서 어떻게 생각하고 있는지는 알 수 있다. 그는 매독이 콜럼버스의 항해를 통해 신대륙에서 유럽으로 전해졌다고 믿고 있었다. 유럽인 대부분이 그렇게 알고 있었고, 지금도 그렇게 알고 있는 사람들이 많다.

논란이 많은 매독의 기원에 대해서는 좀 미뤄두고 일단 매독이 어떤 질병인지, 그리고 어떤 병원체에 의한 것인지부터 알아보자.

베누스의 질병

————

매독은 성적 접촉으로 감염되는 질병이다. 오늘날 성병性病을 영어로 veneral disease라고 하는데, 이는 매독을 라틴어로 '노르부스 베네레우스norbus venereus'로 부른 데서 유래한다. 이 표현은 '베누스비너스의 질병disease of Venus'이란 의미다. 1527년 프랑스의 자크 드 베텡쿠르Jacques de Bethencourt가 매독이 성 매개 질환이라는 것을 강조하기 위해 쓰기 시작했다. 항생제가 등장하기 전에는 매독에 대한 치료법으로 독성이 강한 수은밖에 없었던 탓에 "베누스와의 하룻밤, 수은과의 평생"이라는 말도 등장했다. 물론 수은은 매독을 치료하지 못했다. 대부분의 경우 병의 진행만을 늦추었고, 독성 때문에 질식, 현기증, 정신 착란과 같은 심각한 부작용도 야기했다.

매독은 수많은 유명인을 괴롭힌 질병으로도 유명하다. 특히 예술가들이 이 목록에 많이 등장한다. 볼프강 모차르트, 프란츠 슈베르트, 로베르트 슈만과 같은 작곡가, 샤를 보들레르, 귀스타브 플로베르, 기 드 모파상, 표도르 도스토옙스키, 오스카 와일드, 알퐁스 도데, 아르튀르 랭보, 제임스 조이스와 같은 작가, 에두아르 모네, 빈센트 반 고흐, 툴루즈 로트렉과 같은 화가가 매독에 걸렸을 것으로 추정되거나 확실시되는 이들이다. 아르투어 쇼펜하우어나 프리드리히 니체도 매독에 걸렸을 것으로 보고 있고, 영국의 헨리 8세와 러시아의 이반 뇌제도 매독 환자였던 것으로 추정된다. 특히 아들을 무참히 죽인 이반 뇌제의 광기는 매독에 의한 것이 확실하다고 보고 있다.

매독은 여러 단계로 진행된다. 1기에서는 주로 통증 없이 성기나 항문 주위에 피부궤양이 생긴다. 감염되고 한참 후에야 증상이 나타나고, 증상도 특별하지 않기 때문에 다른 질병과 구분이 쉽지 않다. 게다가 여성의 경우에는 피부궤양이 잘 나타나지도 않아 알아차리지 못하는 경우도 많다.

매독 2기가 되면 병원체가 혈류로 전파되어 전신에 증세가 나타나기 시작한다. 손바닥이나 발바닥에 발진이 생기고, 열이 나고, 인후통과 불쾌감에 시달리며, 체중이 감소하면서 탈모, 두통과 같은 증상이 동반된다. 이 시기에 목덜미를 둘러 가면서 검은색 점들이 나타나는데, 이를 '비너스의 목걸이'라고 했다. 목 주위로 멜라닌 색소가 침착되기 때문이다. 르네상스 말기 목 주위에 레이스로 주름 장식을 여러 겹 두른 거대한 옷깃이 유행했는데, 비너스의 목걸이를 감추기 위한 것이라는 이야기도 있다.

매독 2기 이후에는 뚜렷한 임상 증상이 진행되지도 않고, 전염도 잘 되지 않는 기간이 이어진다. 이런 잠복매독은 몇 년이나 지속되기도 한다. 증상이 사라지는 것처럼 보여 나은 것처럼 여기지만 병원체는 몸에 그대로 남아 있어 제대로 치료받지 않으면 매독 3기로 진행된다. 이 단계에 이르면 병원체가 다양한 장기에 침투한다. 눈, 심장, 대혈관, 간, 뼈, 관절에 침투해서 내부 장기를 훼손한다. 《캉디드 혹은 낙천주의》에서 팡글로스의 몰골이 '코끝이 무너지고 입은 비뚤어'졌다고 하는 것으로 보아 이 단계에 이르렀던 것으로 보인다. 여기까지 진행되려면 처음 감염되고서 수년이 지나야 한다. 최종적으로 중추 신경계까지 침투하게 되면 이를 신경매독이라고 하고, 뇌막을 자극하여 뇌혈관에 증상이 나타난다. 두통과 발열은 물론이고, 간질과 마비 증상까지 생긴다.

나선 모양의 세균

평범한 인문학 교수인 제레누스 차이트블룸이 친구인 천재 작곡가 아드리안 레버퀸에 대해 "애정에 찬 충격 속에 그의 삶의 비극"을 전기 형식으로 쓴 소설, 토마스 만의 《파우스트 박사》에는 다음과 같은 대목이 나온다.

"마치 내가 떠돌이 참회 수행자 무리들, 그러니까 자신의 죄와 더불어 모든 죄를 사한답시고 등을 무두질하던 편타고행자들Flagellanten의 이야기를 하고 있기나 한 것처럼 말이지. 하지만 난 재앙을 띤 족속들 중에서 눈에 보이지도 않게 작은 편모충들Flagellaten 이야기를 하고 있는 거야. 가령 우리의 창백한 비너스, 스피로헤타 팔리다spirochaeta pallida 같은 것들 말이지."

여기서 토마스 만 역시 '우리의 창백한 비너스'라 칭하며, '스피로헤타 팔리다'라고 한 것이 바로 매독의 병원체다. 이 병원체는 편모flagella를 가지고 있어 오랫동안 편모충류flagellaten, 즉 원생생물protista로 인식하고 있었다. 하지만 매독의 병원체는 세균이다. 스피로헤타 팔리다라고 불리던 이 병원체는 지금은 트레포네마 팔리둠Treponema pallidum이라는 학명으로 불린다. 세균의 형태를 둥글거나 막대 모양 정도로만 생각한다면 이 세균은 그런 고정관념을 깨버린다. 매독균은 길이가 6~20마이크로미터, 폭이 0.1~0.2마이크로미터이고, 12개가량의 규칙적인 굴곡이 있어 나선 모양으로 보이는 세균이다. 편모를 이용해서 파동처럼 움직인다. 토마스 만이 쓴 '스피로헤타'라는 명칭은 지금도 매독균을 비롯한 나선형의 세균을 가리키는 데 쓰인다.

토마스 만이 《파우스트 박사》를 쓸 당시만 해도 항생제 페니실린이 막 개발되고 있던 무렵이었기 때문에 여전히 매독은 치료가 힘든 질병이었다. 페니실린 이전에 파울 에를리히가 살바르산이라는 비소 기반의 매독 치료제를 최초로 개발했지만 부작용이 심했다. 그런데 토마스 만은 이 병이 매우 위험한 질병이라는 것을 인식하면서도 동시에 낭만적으로도 보고 있었다. 창작의 고통에 번민하는 작곡가 레버퀸에게 다가온 악마가 계약의 조건으로 내세운 것이 바로 이 질병, 매독이었다(사실은 매춘 여인과의 하룻밤으로 얻은 것일 가능성이 크다). 신경매독이 뇌의 기능에까지 영향을 미쳐 예술에 절대 영감을 불러일으킬 수 있다고 본 것이다. 물론 실제로는 그렇지 않다.

토마스 만은 레버퀸이 한 악마와의 거래를 독일(인)의 파시즘 선택에 비유하고 있다. 독일이 악마와 계약을 한 것처럼 반동의 역사를 써나가는 중에야 비로소 객관적으로 바라볼 수 있었던 지성인이 예술가의 파멸을 통해 그 비극성을 토해내고 있는 것이다.

혼자서는 살아가지 못하는 세균

매독균은 인간만을 숙주로 한다. 스스로 에너지를 만들어내는 데 필요한 TCA 회로와 전자전달계를 가지고 있지 않아 숙주세포에 의존해야만 하는 절대기생세균이다. 이처럼 대사 과정에 숙주의 에너지를 많이 소모하기 때문에 숙주인 사람의 대사 활동이 크게 줄어들 수밖에 없다. 기생하기 때문에 유전체의 크기도 작다. 유전자의 개수가 1000개 남짓에, 길이도 1138 kb^{kilobase pair} 정도로 대장균에 비해 4분의 1 정도밖에 되지 않는다. 매독균은 특별한 독소를 만들어 방출하지 않는 병원균이다. 존재 자체로 염증 반응을 유도하고, 앞서 얘기한 대로 숙주인 사람이 만들어내는 에너지를 빼앗아 버린다.

　매독의 병원체를 찾아낸 것은 매독이라는 질병에 대한 관심에 비하면 다소 늦었다. 매우 가늘어 일반적인 광학 현미경으로는 관찰하기가 힘들기 때문이다. 1905년 독일의 프리츠 쇼딘Fritz Schaudinn, 1871~1906이 광학 현미경에서 반사경인 광원을 제거하고 어두운 상태에서 매독에 걸린 조직을 관찰해 이 세균을 발견할 수 있었다. 지금도 암시야 현미경darkfield microscope을 써야 관찰할 수 있다. 쇼딘이 발견한 세균을 피부과 의사이던 에리히 호프만Erich Hoffmann, 1868~1959이 추가로 연구하여 매독의 원인균임을 밝혀냈다. 토마스 만이 언급한 스피로헤타 팔리다Spirochaeta pallida는 그들이 세균에 붙인 이름이었다. 쇼딘과 호프만이 매독균을 발견하기 전까지만 해도 매독은 원생생물에 의해 발병하는 것으로 여겼다. 그런 인식은 오랫동안 이어져 토마스 만도 잘못 알고 있었던 것이다.

　매독균은 숙주 내에서 기생하는 세균이라 배양이 무척 까다롭다. 쇼딘과 호프만도 자신들이 발견한 세균이 매독을 일으키는 것은 확인했지만 배양에는 실패했다. 세균을 배양하지 못하면 특성을 연구하기가 매우 어렵다. 처음으로 매독균을 순수배양한 인물은 일본의 노구치 히데요野口英世, 1876~1928다. 그는 1911년 미국의 록펠러 의학연구소(현재는 록펠러 대학)에 근무하면서 혈청은 넣지 않고 지질을 보충한 액체 배지를 이용해 매독균 배양에 성공했다. 노구치는 1928년 황열병 연구를 위해 아프리카로 갔다 감염되어 죽었고, 이후 일본 과학의 영웅으로 떠받들어졌다. 최근까지 일본에서는 1000엔짜리 지

폐의 인물이기도 했다.

그런데 매독균은 한 종류만 있는 게 아니다. 트레포네마 팔리둠 *T. pallidum*이라는 종에 3개의 아종subspecies이 있고, 조금씩 특성이 다르다. 매독을 일으키는 것은 *T. pallidum* subsp. *pallidum*TP *pallidum*이고, *T. pallidum* subsp. *endemicum*TP *endemicum*은 베젤(bejel 또는 풍토성 매독)을, *T. pallidum* subsp. *pertenue*TP *pertenue*는 요스(yaws 또는 매종)를 일으킨다.

베젤과 요스는 매독과 유사하긴 하지만 성적으로 전염되지 않는 질병이다. 베젤은 피부 접촉이나 식기 혹은 도구를 함께 사용했을 때 감염되는데, 어린이가 걸리면 입안이나 입 주변 점막에 얼룩덜룩한 궤양이 생기고, 이어 다리, 팔, 몸통으로 진행된다. 뼈까지 감염되는 경우도 있다. 건조하고 더운 기후, 특히 지중해 동부, 사하라 사막 서부의 아프리카 국가에서 흔하다. 요스는 열대 지방에서 흔한데, 어린이가 주로 감염되어 만성적으로 피부, 뼈, 연골 등을 손상시키며 쇠약하게 만든다. 이 밖에도 핀타pinta라는 병이 있는데, 매독균과는 종이 다른, 트레포네마 카라테움*Treponema carateum*이라는 세균에 의해 생긴다. 이들 사이의 관계는 매독의 기원에 관한 논쟁에서 중요한 단서가 되고 있다.

미생물로 쓴 소설들

정말 신대륙에서 유럽으로 전파되었을까

매독은 유럽에 1495년 갑자기 등장한 질병이었다(혹은 그렇게 알려졌다). 《캉디드 혹은 낙천주의》에서 팡글로스가 말한 대로 콜럼버스가 항해에서 돌아온 직후였다. 일설에 따르면 콜럼버스의 선원이었던 후안 데 모게르가 카리브해의 원주민 여성으로부터 옮아 병을 유럽으로 전파했다고 지목된다. 그는 스페인으로 돌아온 직후 발열과 피부 발진이 나타났고, 두통에 이어 망상 현상까지 생기며 고생하다 2년 후 대동맥 파열로 숨졌다고 한다. 그가 산타마리아호의 선원 명부에 이름이 있는 것은 사실이지만, 정말로 매독에 걸려 이 질병을 유럽으로 전파한 '0호 환자'인지에 대해서는 증거가 없다.

하지만 콜럼버스의 항해 이후 유럽에 매독이 유행하기 시작한 것만은 확실하다. 1494년에는 샤를 8세의 프랑스군이 이탈리아를 침공하여 나폴리를 유린했는데, 프랑스군이 퇴각한 후 이탈리아 전역에 매독이 퍼졌다. 이때부터 이탈리아에서는 프랑스 병사에 의해 매독이 전파되었다고 해서 매독을 프랑스병이라고 불렀다. 반대로 프랑스군이 고향인 프랑스로 돌아간 뒤에는 프랑스에 매독이 유행했는데, 이 때문에 프랑스에서는 이탈리아에서 옮아왔다고 주장하며 이탈리아병이라고 불렀다.

이후로 매독은 유럽 전역에 퍼졌다. 중세적 억압에서 벗어난 유럽의 분방한 성 문화가 주된 요인이었지만, 전쟁이 매개 역할로 한몫했다. 병사의 이동과 침략 과정에서 벌어진 성적 약탈이 매독균을 퍼뜨렸다. 사람들은 이렇게 침략을 받은 이후 유행한 꺼림칙한 질병에 침략국의 이름을 붙였다. 스페인 지배에 대항하여 독립 전쟁을 벌인 네덜란드에서는 스페인병이라고 불렀고, 러시아에서는 사이가 좋지 않고 영토 분쟁을 자주 벌였던 폴란드의 이름을 붙여 폴란드병, 폴란드에서는 독일병이라고 했다. 매독균은 무역 항로를 타고 인도, 동남아시아, 그리고 중국과 일본, 우리나라까지 전해졌다. 스페인의 이베리아반도에서 일본 열도까지 전해지는 데 겨우 20년밖에 걸리지 않았으니 그야말로 경이로운 속도였다.

사람들은 한동안 매독이 아메리카 대륙에서 유럽으로 전파되었다는 주장을 정설로 받아들였다. 특히 2011년 미국 에모리 대학과 미시시피 주립대학 연구진의 연구는 이 설을 입증했다고 평가받기도 했다. 그들은 세계 각지에서 발견된 매독균의 유전적 계보를 분석했다. 여기에는 매독을 일으키는 TP *pallidum*뿐 아니라, 앞서 얘기한 베젤과 요스의 원인균인 TP *endemicum*과 TP *pertenue*도 포함했다. 분석 결과 요스는 매우 오래된 질병인 데 반해, 매독을 일으키는 TP *pallidum*은 꽤 최근에 출현한 것으로 나타났다. 이 결과를 두고 연구진과 여러 다른 학자들은 매독이 신대륙에서 기원하여 유럽으로 전파된 것을 뒷받침하는 것으로 봤다.

하지만 최근에는 이와 상반되는 주장이 제기되고 있다. 2020년 스위스 취리히대학의 연구진이 중심이 되어 수행한 연구 결과를 보면, 중세 유럽의 유해에서 샘플을 추출해 분석했더니 유골에서 채취된 매독균이 매우 다양하다는 사실을 발견한 것이다. 어떤 세균 균주는

미생물로 쓴 소설들

1400년대 초반까지 거슬러 올라가는 것으로 추정되었다. 이는 콜럼 버스의 항해 이전에 이미 유럽에 매독균이 존재했을 가능성을 시사 하는 것이다. 그런데 2024년에는 이와 반대로 트레포네마 팔리둠에 속하는 3가지 아종 모두 아메리카 대륙에서 출현한 것으로 분석된 연구 결과가 나오기도 해서 매독의 기원과 관련된 논쟁은 여전히 진 행 중이다.

매독에 걸리면 불임일까

매독은 16세기 초 중국을 통해 조선에 들어온 것으로 추정하고 있 다. 우리나라에서는 주로 양매창楊梅瘡이라고 불렀는데, 어디서 온 것 인지에 따라 당나라에서 온 것이라고 생각해 당창唐瘡, 일본에서 왔다 고 왜색병倭色病이라고 부르기도 했다. 이수광의《지봉유설》에 처음으 로 기록되었고, 허준의《동의보감》에도 나온다. 한반도에서 이 질병 이 급증한 것 역시 전쟁이 계기였다. 청일전쟁 이후에 부산, 인천, 원 산과 같은 항구를 중심으로 매독 환자가 급증한 것이다.

일제강점기에는 매독 환자가 넘쳐나면서 매독을 다룬 소설도 적지 않게 발표됐다. 대표적인 작품이 김동인1900~1951의 〈발가락이 닮았 다〉와 채만식1902~1950의《탁류》다.

해학이 돋보이는 김동인의 단편 〈발가락이 닮았다〉에서 주인공 M 은 궁핍한 가운데서도 돈만 생기면 유곽으로 달려가는 방탕한 생활을 즐기는 인물이다. 심지어 매독에 걸린 상황에서도 결코 '그짓'을 삼가지 않아, "늘 농이 흐르고, 한 달 건너큼 고환염으로써, 걸음걸이도 거북스러운 꼴"을 하고 다녔다. M은 매독에 걸려 생식 능력이 없어졌다고 생각했다.

그런데 문제가 생겼다. M이 느닷없이 혼약을 하게 된 것이다. 소설에서는 화자가 의사로 설정되어 있는데, M은 화자를 찾아와서 고민을 털어놓는다.

"남자가 매독을 앓으면 생식을 못 하나?"

"괜찮겠지?"

"임질은?"

"글쎄, 고환을 오카사레루(침범당하다) 하지 않으면 괜찮어."

"고환은 – 내 친구 가운데 고환염을 앓은 사람이 있는데, 인제는 생식을 못 하겠다고 비관이 여간이 아니야. 고환을 오카사레루 하면 절대 불가능한가? 양쪽 다 앓았다는데…"

"그것도 경하게 앓았으면 영향 없겠지."

"가령 그 경하다 치면, 내가 앓은 게 그게 경한 편일까, 중한 편일까?"

그럼에도 M은 결혼을 했고, 2년이 지난 어느 날 아내가 임신을 했다는 소식을 듣게 된다. 자신은 불임인 줄 알고 있는데, 임신했다며 자랑하고 다니는 아내의 모습을 보며 M은 충격을 받는다. 하지만 과거를 속이고 있는 처지라 무어라 할 수도 없다. 결국 아내는 아들을 낳고, M은 아기의 발가락이 자신의 발가락과 닮았다고 항변하며 슬픈 자기 위안을 한다.

발표할 당시 동료 소설가 염상섭을 모델로 했다고 해서 물의를 일으키기도 했던 이 소설은 일제강점기 조선의 세태를 유머러스하지만 씁쓸하게 풍자하고 있다. 그런데 궁금한 점이 있다. M이나 소설 속 화자의 생각처럼 매독과 생식 능력 사이에는 어떤 관련이 있을까?

이에 관해 답을 하자면, 항상 그렇다고는 할 수는 없지만, 가능성은 있다고 해야 할 것 같다. 남성의 경우, 매독이 요도염을 일으키고 요도염이 부고환염으로 이어져 정자의 통로가 폐쇄되면 정자가 만들어지기 어려워 무정자증이 될 수가 있다. 여성도 자궁경부염이 생기고 자궁내막염이나 난소염으로 진행되면 배란 장애가 일어나면서 불임의 위험이 증가한다. 다만 매독의 진행 상태가 상당히 진행되어야 불임까지 이어진다고 할 수 있다. 또한 매독은 성 매개 질환이지만 임신한 여성이 매독균을 지니고 있으면 태아에게 전달되어 아기가 매독에 걸려 선천적 장애를 갖고 태어날 수 있다.

김동인이 이런 질병의 전개 상황을 명확히 파악하고서 소설을 썼을 것 같지는 않지만, M의 경우엔 오랫동안 매독을 앓았을 것으로 보여 충분히 불임일 수 있지 않았을까 싶다. 그런데 궁금한 것은 어떻게 M의 아내는 매독에 걸리지 않았을까? 걸렸는데 아직 자각을 하지 못한 것일까? 걸렸다면 태어난 아들, M과 발가락이 닮은 아들은 매독에 걸리지 않았을까?

매독, 개인과 사회의 타락

김동인의 〈발가락이 닮았다〉가 하나의 일화라면, 채만식의 《탁류》는
입체적인 작품이다. 특히 군산을 중심으로 초봉이라는 한 여인의 비
극적 일생을 통해 식민지 조선의 타락을 보여주고 있는 《탁류》에서
는 성 매개 질환인 매독의 전파 고리를 명확하게 보여준다. 기생첩에
서 한참봉으로, 한참봉의 아내 김씨 부인으로, 고태수로, 초봉으로,
그리고 제호로 매독 감염이 이어지는데, 이 경로는 돈과 육체에 대한
탐욕이 이어지는 경로와 일치한다.

> 그 동안 김씨는 남편이 어느 첩한테서 긴치 않게 전염을 받은 ××을 나누
> 어 가졌다가, 그놈을 다시 태수한테 모종을 해주었다.
> 그 덕에 태수는 단단히 고생을 했고, 치료는 했어도 뿌리는 빠지지 않고
> 만성이 되어, 요새도 술을 과히 먹거나 실섭을 하면 도로 도져서 병원 출
> 입을 해야 했었다.

> 이렇게까지 말을 해도, 초봉이는 충분히 그 뜻을 알아듣지 못했다. 제호
> 가 그래서 ××이라는 것에 대해 한바탕 기다랗게 강의를 하니까, 그제야
> 초봉이는 고개를 숙이고 들지 못했다.
> 태수와 처음 결혼을 하고 나서 며칠 지나니까, 확실히 시방 제호가 말한
> 대로 그런 증세가 나타났던 것을 기억할 수가 있었다.

소설에서는 '매독'이나 '성병' 같은 단어를 바로 쓰지 못하고 '××'로 처리하고 있지만 그게 무엇을 의미하는지는 독자들도 다 알고 있었으리라. 특히 채만식은 의사인 승재(그는 매독이 무서워 색주가집에 가서도 술은커녕 안주에도 손을 대지 않는다)를 통해 매독과 매독균에 관해서 의학적, 과학적인 시각을 보여준다. 승재는 태수에게 매독균을 현미경으로 보여주고, 매독에 관한 간단한 강의까지 해준다.

그런데 승재의 현미경으로 매독균을 제대로 관찰할 수 있었을지는 의문이다. 앞에서 얘기한 대로 일반적인 광학 현미경으로는 매독균을 관찰하기가 정말 쉽지 않다. 그리고 실제로도 그들이 관찰한 세균은 나선 모양이 아니라 '신장형의 반점'으로 '콩팥'같이 생겼다.

> 승재는 농을 받은 유리 조각을 알콜불에 구워서 메틸렌 브라운으로 착색을 해가지고 현미경을 구백 배(倍)로 맞추어 들여다본다. 초점을 맞추어 가는 대로 파스르름하게 나타나는 신장형(腎臟型)의 반점은 갈데없이 ×균(菌)이다. 승재는 오도카니 앉았는 태수를 손짓해서 현미경을 들여다보게 하고 옆으로 비켜 선다.
>
> "보입니까? 콩팥같이 생기구, 파르스름한 거……."
>
> "안 보이는데요?…… 아니 무엇이 보이는 것 같은데……."
>
> "이러면?"
>
> 승재는 초점을 다시 조절해 준다.
>
> "응응, 네네, 보입니다. 똑똑하게 보입니다. 하하! 그러니깐 이게 빠꾸데리안가요?"

태수는 신기해하면서 박테리아냐고 묻는 것이나, 승재는 실소하려다 말고,

"그렇지요, 박테리안 박테리아죠. 그게 ××균입니다."

또한 태수를 치료하기 위해서 "노랗게 마노빛으로 맑은 트리파블라빈 주사액"을 놓는다. 그런데 당시까지 매독 치료를 위한 약제는 파울 에를리히가 개발한 살바르산 또는 네오살바르산이었다. 승재가 태수에게 사용한 트리파블라빈(아크리블라빈이라고도 한다)은 임질 치료에 주로 쓴 약물이었다. 콜타르의 부산물로 애초에는 체체파리의 기생충이 유발하는 수면병을 치료하기 위해 도입되었다. 임질은 나이세리아 고노레아라는 세균이 일으키는 질병으로 역시 성 매개 질환이지만 매독과는 다른 세균에 의한 것이고 병의 진행 양상 또한 다르다. 승재가 태수에게 세균을 현미경으로 보여주고, 트리파블라빈을 주사했다는 것을 보면 《탁류》에서 얘기하는 질병이 매독이 아니라 임질이 아니었을까 하는 의심도 든다. 실제 나이세리아 고노레아, 즉 임균은 콩팥처럼 생겼다.

《탁류》에서 매독(그게 실제로는 임질이라 하더라도)은 식민지에 사는 사람들의 육체와 정신, 사회적 관계 모두를 파괴했다. 매독은 실제로 그랬다. 한센병만큼은 아니었지만, 육체적 욕망에서 비롯된 질병이라는 인식과 정신에까지 영향을 미치는 질병의 특성은 환자를 사회적으로 낙인찍었고 고립시켰다. 채만식은 매독에 관한 해박한 지식을 바탕으로, 실제 만연했던 매독이라는 질병이 개인과 사회의 타락

미생물로 쓴 소설들

을 어떻게 이끌었는지 탁월하게 보여주었다.

자신을 은폐하는 질병

매독은 성 매개 질환이라는 특성 때문에 드러내기 가장 꺼리는 질병 중 하나다. 그래서 방치하다가 병이 상당히 진행되어 곤란을 겪는 경우도 많았다. 하지만 이제 매독은 치료가 그리 어렵지 않은 질병이다. 초기, 그러니까 1기나 2기 매독의 경우는 페니실린 근육주사를 한 번 맞는 것으로도 치료가 된다. 2기 이후 잠복매독의 경우에도 중추신경계까지 매독균이 침범하지 않았다면 일주일에 한 번씩 3주 동안 페니실린을 주사하는 것이 표준 치료법이다. 페니실린에 부작용을 보이는 환자는 독시사이클린이라는 항생제를 쓴다. 중추신경계까지 감염된 경우, 즉 신경매독의 경우에도 페니실린을 정맥주사하면 된다. 페니실린이 처음 개발되었을 때, 가장 먼저 환호했던 환자들이 바로 제2차 세계 대전으로 전장 곳곳에 나가 있던 병사들이었다. 많은 병사가 매독균에 감염되어 있었다. 페니실린은 지금도 여전히 매독균에 특효약이다.

매독은 악명 높은 생체 실험의 대상이 되었던 점에서도 주목받는다. 대표적인 것이 미국의 앨라배마주 터스키기에서 흑인들을 대상으로 자행한 매독 생체 실험이다. 특히 1932년부터 미국 공중보건국이 중심이 되어 수행한 터스키기 생체 실험에서는 수백 명을 대상으로 매독 감염자를 (어느 시점 이후에는 페니실린이 나와 있음에도) 치료하지 않고 관찰하였는가 하면 비감염자가 감염되는 상황도 방치했다. 1973년 중단될 때까지 무려 40년 이상 지속된 생체 실험 결과 200명 이상이 매독 혹은 합병증으로 사망했다. 매독 생체 실험은 여기에 그치지 않았다. 터스키기 생체 실험을 주도한 미국 공중보건국의 존 커틀러의 주도하에 페니실린의 치료 효과를 확인한다는 명분으로 과테말라 교도소의 수감자와 매춘부를 고의로 매독에 감염시키기까지 했다.

최근 일본에서 매독 환자가 급증했다는 뉴스가 있었다. 2024년 한 해 동안 도쿄에서만 2748명의 환자가 발생했고, 전국적으로는 1만 3000건이 넘는 매독 환자가 보고되었다. 일본 언론에서는 매독 확산의 원인으로 코로나19 팬데믹 이후 사람들의 행동이 활발해지고 활동 반경이 넓어지면서 소셜미디어와 소개팅 앱 등을 통해 만난 상대와 하룻밤 성관계를 맺는 경우가 증가해 벌어진 일이라고 보고 있다.

질병관리청에 따르면 2024년 우리나라의 매독 환자 수는 2786명이었다. 일본과 비교하면 적은 편이지만 10년 전에 비하면 3배 가까이 늘어난 것으로 매독 신고 체계가 가동된 이후 가장 많은 숫자이기도 하다. 이 중 해외에서 감염된 환자는 93명으로 3.3퍼센트인데, 일본 여행이 급격하게 늘어나는 등 국제 교류가 증가하고 있어 매독은 언제라도 급증할 수 있는 상황이다. 매독은 은밀한 질병이다. 퍼지는 것을 쉽게 알아차릴 수 없다. 수전 손택이 매독에 대해 "가장 뛰어나게 자신을 은폐하는 질병"이라고 한 이유다. 이제 와 매독을 다시 사회의 타락과 관련짓자는 것은 아니지만 그래도 사라져가던 질병이 늘어나는 까닭만은 분명히 고민해 봐야 할 것이다.

06

그렇게 봄은
떠나갔다

성홍열

—

화농성 연쇄상구균 *Streptococcus pyogenes*

루이자 메이 올컷 《작은 아씨들》 1868
카렐 차페크 〈우표 수집〉 1929
프리모 레비 《이것이 인간인가》 1947

에곤 실레 〈발리의 초상〉1912

1911년 스물한 살의 화가 에곤 실레Egon Schiele, 1890~1918는 열일곱 살의 발리 노이
칠Wally Neuzil을 만난다. 발리는 실레가 롤 모델로 생각하며 존경했던 구스타프 클림트
의 모델이었다. 실레는 발리를 사랑했고, 4년 동안 발리를 그렸다. 성에 관한 기존 관념
을 무시하는 그림을 그리는 실레를 위해 발리는 불편한 포즈도 기꺼이 취했다. 실레는
1912년에는 미성년자 유혹과 강간 혐의로 체포되기도 했다. 발리를 그린 '외설적인'
그림도 압수되었다. 3주 간 수감되었지만, 실레에게는 커다란 충격이었다. 실레는 그
후로 조금씩 인정받았다. 하지만 안정적인 생활과 성공을 위해 발리 대신 다른 여인, 에
디트를 선택했다. 발리에게는 결혼 후에도 연인 관계를 맺을 수 있다 했지만, 발리는 매
달리지 않았고 실레를 떠났다. 발리는 모델 생활을 그만두고 간호사 교육을 받은 후 제
1차 세계 대전에 간호병으로 지원했다. 그리고 1917년 발칸반도의 야전병원에서 스
물세 살의 짧은 생을 마쳤다. 그녀의 사인은 성홍열이었다. 성홍열은 당시만 해도 목숨
과 직결된 무서운 감염질환이었다.

미생물로 쓴 소설들

PATHOGEN IN LITERATURE

붉은 피부의 감염병

———

어릴 때는 만화 영화로 봤고, 실사 영화로도 여러 차례 제작된《작은 아씨들》은 루이자 메이 올컷 Louisa May Alcott, 1832~1888이 자신의 가족 얘기를 바탕으로 쓴 소설이다. 별로 알려지지 않았던 작가였던 올컷 은 동화를 한번 써보라는 제안을 받아 이 소설을 썼고,《작은 아씨들》 은 올컷의 대표작이 되었다.

평범하지만 올곧게 사는 목사 아버지와 온화하면서 현명한 어머니 가 이룬 집에 네 자매가 살아간다. 장녀 메그, 둘째 조(올컷 자신이 모델 이다), 셋째 베스, 막내 에이미. 여기에 여러 이웃이 그들의 생활 속으 로 들어온다. 이들이 겪는 다양한 일화는 1800년대 중반 미국의 작 은 마을에서 벌어지는 일이지만, 잘 쓰인 소설이 그렇듯 시대와 나라 를 초월해 많은 사람들에게 공감을 불러일으켰고, 독자들은 이들 자매를 마치 자신의 가족인 양 오래도록 함께 했다.

위기와 갈등을 겪으면서 가족 사이의 유대는 더욱 끈끈해지는데, 그 가운데 가장 비극적인 사건이 바로 음악을 좋아하고 다른 사람 돌보기를 좋아하던 셋째 베스의 죽음이다. 베스는 성홍열로 죽는데, 실제 올컷의 동생도 22살의 나이에 성홍열로 죽었다. 바로 그때의 아픔과 안타까움이 소설에 그대로 투영되어 있다.

성홍열을 한자로 쓰면, 猩紅熱이다. 여기서 '성猩'자는 성성이, 즉 오랑우탄을 의미한다. 온몸에 붉은 반점이 생겨 몸이 붉게 변하는 것이 오랑우탄의 몸 색깔과 유사하다고 해서 붙여진 병명이다. Scarlet fever라는 영어 명칭도 피부색이 진홍색으로 변한다는 데서 온 것이다. 이런 성홍열의 전형적인 증상인 붉은색 발진은, 목의 통증, 갑작스러운 발열, 두통, 복통, 오한이 시작되고 하루 이틀 후에 나타난다. 또 다른 병의 특징은 혀에 나타나는데, 질병 초기에는 혀가 회백색으로 코팅된 것처럼 보이다가 병이 진행되면 혀를 덮고 있던 것이 벗겨지며 붉고 울퉁불퉁한 모양이 된다. 이것을 '딸기혀strawberry tongue'라고도 부른다.

성홍열은 성인도 걸리지만, 아이들이 주로 걸리는 감염병이다. 요새는 항생제로 치료하면 이삼일 내에 증상이 사라지기 때문에 크게 두려워할 만한 질병은 아니다. 하지만 대부분의 감염질환이 그랬듯이 항생제가 개발되기 전에는 사람의 목숨을 위협하는 무서운 질병이었다. 특히, 어린아이에겐 그랬다.

미생물로 쓴 소설들

아기에게서 옮은 지 3년 만에 죽다

올컷의 《작은 아씨들》에서도 베스의 성홍열은 어린아이로부터 시작된다. 마음이 여린 셋째 베스는 이웃의 가여운 아기를 돌보고 있었다. 그러던 어느 날 둘째 조는 이웃집에서 돌아온 베스가 어머니 방에서 뭔가를 찾는 것을 보게 된다. 베스의 눈에는 핏발이 서 있고, 손에는 벽장에서 꺼낸 장녀 약병이 들려 있었다. 베스는 조에게 다가오지 말라고 소리친다.

"아, 조 언니, 아기가 죽었어!"
"홈멜 씨네 아기. 홈멜 부인이 집으로 오기도 전에 내 품에서 숨을 거뒀어."
"무섭지는 않았는데 너무 슬펐어! 아기 상태가 점점 나빠지는 게 확연하게 보여서, 로첸이 어머니가 의사를 부르러 갔다기에 로첸에게 쉬라고 하고 대신 아기를 안고 있었어. 아기가 잠든 줄 알았는데, 갑자기 조그맣게 울면서 몸을 바들바들 떨다가 축 늘어지더라고. 나는 아기 발을 따뜻하게 해주려고 애를 썼고, 로첸은 아기에게 우유를 먹이려고 했는데, 아기는 움직이지 않았어. 그렇게 죽은 거야."

나중에 찾아온 의사가 아기를 안고 있던 베스도 성홍열에 걸릴 거라며 집으로 돌아가 당장 벨라도나를 먹으라고 했다고 말한다.

그렇게 베스는 어머니 방 약장에서 약을 꺼내 먹었지만 성홍열에 걸리고 만다. 증세는 심해졌다. 워낙에 노래를 좋아하던 베스였기에

잔뜩 부은 목으로도 노래를 부르려 했지만, 음정도 맞출 수 없었고 작은 소리로 부르다 그만둘 수밖에 없었다. 갈라진 목소리로 헛소리를 할 지경에 이르렀다. 주변 사람들 얼굴도 몰라보고 엉뚱한 이름을 부르며 어머니를 찾았다.

결국 베스는 3년 동안 앓다 죽는다. 올컷은 이 장면을 다음과 같이 애처로이 쓰고 있다.

그렇게 봄은 떠나갔다. 하늘은 더욱 맑아지고 지상은 초록빛으로 물들었으며 꽃들은 일찌감치 만개했고 철새들은 제때 돌아와 베스에게 작별 인사를 건넸다. 베스는 많이 지쳤지만 믿음 깊은 소녀답게 자신을 이 세상으로 데려와준 부모님의 손을 꼭 잡았다. 부모님은 베스의 손을 이끌어 죽음이 골짜기 너머 하느님의 품으로 인도했다.

벨라도나, 동종요법

———

그런데 이때 낯선 약(?)이 하나 등장한다. 바로 성홍열에 걸린 아기를 돌봤던 베스에게 의사가 빨리 집에 가서 먹으라고 한 벨라도나가 그것이다.

원래 벨라도나 belladonna, deadly nightshade는 학명이 아트로파 벨라도나 *Atropa belladonna*인 가짓과 식물이다. 꽃말이 '너를 저주한다'로, 성인이라도 벨라도나의 까만 열매를 3알 이상 먹으면 죽을 수 있는 독초다.

유럽에서는 맨드레이크와 더불어 대표적인 환각물질로 여겨지고 있으며, 여러 종류의 알칼로이드 성분을 함유하고 있어 오래전부터 독약과 함께 약으로도 쓰였다.

벨라도나에는 스코폴라민이나 히오시아민 같은 성분이 들어 있는데, 이 물질은 신경전달물질인 아세틸콜린이 결합해야 하는 무스카린 수용체에 아세틸콜린 대신 결합해 아세틸콜린의 작용을 막는다. 즉, 부교감신경을 억제해 신경을 마비시키는 것이다. 이 작용이 지나치지 않으면 교감신경계의 흥분을 적당히 유도해 소화와 배뇨, 배변 작용을 멈추고, 심장 박동과 호흡이 증가하는 효과가 나타난다. 그래서 소량이라면 진통 작용을 통해 생리통을 완화하고, 과민성 대장염, 소화성 궤양, 위경련, 멀미, 기침, 인후통을 치료하는 데 효과를 볼 수 있다. 또한 동공을 확대하는 효과가 있어 눈동자가 크게 보이게 해 과거에는 화장용으로도 이용되었다.

《작은 아씨들》에 잠깐 나오듯이 과거에는 성홍열 치료에 벨라도나를 이용했다. 이는 동종요법同種療法, homeopathy에 근거한 것이었다. 동종요법이란 '유사한 것이 유사한 것을 치료한다Similia similibus curantur'는 기본 원리에 바탕을 두고 질병 증상과 유사한 반응을 나타내는 자연물을 이용해 질병을 치료하는 방법이다. 과거 항생제가 도입되기 전에는 동종요법에 의거해 성홍열의 증상과 벨라도나를 먹었을 때의 증상이 유사한 데 착안해 벨라도나가 성홍열 치료에 효과가 있을 거라고 여겼던 것이다. 동종요법의 창시자인 사무엘 하네만Samuel Hahnemann은 성홍열을 예방하고 치료하는 데 벨라도나가 효과적이라고 주장했고, 실제 이에 관한 연구 논문이 보고되기도 했다. 19세기에는 유럽을 비롯해서 많은 지역에서 널리 사용되었다.

그럼 벨라도나는 정말로 성홍열 치료에 효과가 있었을까? 《작은 아씨들》에서 벨라도나를 먹은 베스는 기분도 좋아지고 일시적으로 회복하는 듯 보였다. 이것을 보면 벨라도나가 특정 증상을 완화하는 데는 어느 정도 효과가 있었을 것으로 보인다. 항생제가 없었으니 사실 그것만이 유일한 치료제였을 수도 있다. 하지만 감염질환인 성홍열을 근본적으로 치료하는 데는 한계가 있다. 베스는 계속 성홍열에 시달리면서 몸이 약해지다가 결국에는 사망했다. 의사 유수연은 《이상한 나라의 모자장수는 왜 미쳤을까》에서 아마도 근본적인 치료가 되지 않은 상태로 오랜 투병 생활 끝에 쇠약해지면서 류머티스성 심장 질환이라는 후유증이 생겨 죽은 것일지도 모른다고 추측한다.

L 여사의 분류

성홍열은 흔히 A군 베타-용혈성 연쇄상구균Group A β-hemolytic Streptococci이라 불리는 세균에 의한 감염질환이다. 여기서 용혈성 hemolysis은 혈액 속의 적혈구를 파괴한다는 말이다. 연쇄상구균에 속하는 세균은 용혈성의 정도에 따라 크게 세 종류로 구분한다. 즉, 적혈구를 완전히 용혈하는 것을 베타(β)-용혈성, 부분적으로 용혈하는 것을 알파(α)-용혈성, 전혀 용혈이 일어나지 않는 것을 감마(γ)-용혈성이라고 한다. 성홍열을 일으키는 베타-용혈성의 세균은 혈액한 천배지에 배양하면 콜로니 주변의 혈액세포를 파괴해서 배지가 투명하게 된다.

베타-용혈성 연쇄상구균은 세포 표면에 존재하는 항원이 어떤 탄수화물로 구성되어 있는지에 따라 추가로 나눌 수 있다. 이것은 'L 여사Mrs. L'라고도 불렸던 레베카 랜스필드Rebecca Craighill Lancefield가 20세기 초반에 개발한 방법으로, 그래서 랜스필드 분류법Lancefield grouping이라고 불린다. 혈청형 검사 방법에 의해 베타-용혈성 연쇄상구균은 알파벳 A부터 W까지 중에서 I와 J를 제외한 21개의 알파벳 그룹으로 구분했는데, 지금은 A, B, C, F, G 정도만 사용된다. 성홍열을 일으키는 세균은 이 가운데 A형에 속하기 때문에 'A군 베타-용혈성 연쇄상구균'이라고 하는 것이다. 이를 약자로 줄여 GAS라고도 한다.

그런데 이 분류법은 세균 종species을 동정하는 빠른 방법이 개발되기 전에 혈청학적으로 세균 종을 빠르게 확인하기 위해 사용되던 방법이다. 관습적으로는 여전히 이 용어를 쓰고는 있지만, 지금은 A군 베타-용혈성 연쇄상구균, 즉 GAS가 대부분 화농성연쇄상구균Streptococcus pyogenes이라는 것을 알고 있다. 이 세균 학명의 종소명에서 'pyo-'는 '고름'을 의미하고, '-genes'는 무엇을 만든다는 의미다. 이름에서 이 세균의 가장 큰 특징이 무엇인지 드러나는 것이다. 그래서 '화농성化膿性(고름이 생기는 특성)'이라는 우리말 이름이 붙었고, 요새는 '고름사슬알균'이라고도 부른다.

화농성연쇄상구균은 폐렴구균과 함께 연쇄상구균속屬에서 질병과 가장 관련이 많은 세균이다. 성홍열 외에도 패혈성 인후염의 원인 균이기도 하고, 류머티스열, 괴사성 근막염을 일으키기도 한다. 괴사성 근막염은 피하조직에 세균이 침범해서 피부와 근육세포를 괴사 시키기 때문에, 이때의 화농성연쇄상구균을 무시무시하게 '식육flesh-eating(살을 파먹는) 세균'이라고도 한다.

    2024년 봄에는 일본에 화농성연쇄상구균에 의한 독성쇼크증후군 Streptococcal Toxic Shock Syndrome, STSS이 퍼진다는 뉴스가 전해지면서 일본 여행에 대한 공포가 잠깐 일기도 했다. 당시의 보도를 보면 치명률이 30퍼센트에 이른다고 해서 공포감을 불러일으키기도 했는데, 이는 화농성연쇄상구균 감염 자체의 치명률이 아니라, 정확하게는 이 세균에 의한 독성쇼크증후군의 경우다. 일본에서는 매년 수백 명의 독성쇼크증후군 환자가 발생하는 것으로 알려졌는데, 우리나라에서는 발생률이 매우 낮은 것으로 파악되고 있다. 성홍열은 2급 법정전염병으로 지정되어 있어 발생하면 의료기관에서 반드시 신고하게 되어 있어 누락되는 경우는 거의 없다.

성홍열로 잃은 것

《작은 아씨들》에서는 성홍열이 가족에게 커다란 슬픔의 배경이었지만, 인생에서 결정적인 변곡점이 되었다고 고백하는 작품도 있다. 바로 로봇robot이라는 용어를 처음 쓴 것으로 유명한 체코 소설가 카렐 차페크Karel Čapek, 1890~1938의 〈우표 수집〉이다.

열 살 무렵, 친구 로이지크와 함께 우표 수집에 열광하는 카라스는 낯선 우표를 만날 때마다 멀리 떨어진 나라를 만나는 가슴 벅찬 모험을 하는 듯했다. 변호사였던 아버지가 공부에 방해될까봐 우표 수집을 탐탁지 않아 하자, 카라스는 우표를 아버지 몰래 다락방에 숨겨놓았다. 그러다 카라스가 성홍열에 걸렸고, 가족들은 그가 로이지크와 만나지 못하게 막았다.

언젠가 한번은 그들이 저를 소홀히 할 때 저는 침대에서 도망쳐서 저의 우표를 보기 위하여 고미다락으로 직행했습니다. 저는 너무나 몸이 쇠약해서 그 궤짝의 문을 간신히 열었습니다. 하지만 궤짝은 텅 비어 있었습니다. 우표가 들어 있었던 상자는 사라졌습니다.

카라스는 로이지크를 의심했다. 배신이라 여겼고, 평생의 상처로 남았다. 누구의 말도 믿지 못하게 되었고, 인간관계에 대한 회의 속에 가족과 친구도 멀리하게 되었다. 사랑도 없이 결혼했고, 자식들에게도 엄했다. 일만 열심히 했고, 그래서 높은 지위까지 올라갔다. 하지만 삶 이면에는 짙은 고독과 불신이 드리워졌다. 그런데 아내가 죽은 후 이미 오래전에 돌아가신 아버지의 유품을 뒤적거리다가 아버지가 보관하던 상자에서 어린 시절 로이지크가 훔쳐갔다고 생각했던 우표 뭉치를 발견했다.

이 소설은 우리는 살아가는 동안 얼마나 많은 오해를 하는지, 아니

오해를 하는지도 모르면서 살아가는지를 보여준다. 그런 오해 때문에 인생에서 얼마나 많은 것을 잃어버리고 살아가는지, 그리고 그것을 깨달았을 때 어떻게 해야 하는지에 대해서도 생각하게 한다. 성홍열은 이 작품에서 인간관계의 단절을 가져오게 한 단초였으며, 단절 그 자체이기도 하다. 성홍열이 당시에는 흔한 질병이었으며, 또 다른 사람과의 접촉을 막아야 한다는 것도 잘 알려져 있었다.

화농성연쇄상구균이 살아남는 법

그럼 이렇게 한 집안에 가둘 수 없는 슬픔을 가져오고, 친구 사이를 평생에 걸친 오해로 가로막은 성홍열의 원인균 화농성연쇄상구균은 어떤 세균일까?

화농성연쇄상구균은 이름 그대로 공 모양의 세균이 사슬을 이루고 있다. 임상 검체에서 직접 관찰하면 사슬이 짧지만, 액체배지에서 배양하면 긴 사슬을 관찰할 수 있다. 세포벽에는 이 세균을 다른 연쇄상구균과 구분하는 데 이용되는 항원(즉, A군 항원)으로, N-아세틸글루코사민N-acetylglucosamine과 람노스rhamnose가 결합되어 있는 이량체dimer가 반복해서 이어져 있다.

이 세균의 병을 일으키는 성질, 즉 독성과 관련해서 가장 중요한 물질은 M 단백질M protein로 알려져 있다. 폴리펩타이드 사슬 2개가 알파 나선 구조로 꼬여 있는 이 단백질은 세포막에 고정된 상태로 세포벽을 통과해서 세포 표면 밖으로 돌출되어 있다. 마치 성긴 머리카락 모양이다. 세포 표면 밖으로 나와 있는 M 단백질의 아미노산 말단은 변이가 심하다. 이 변이 때문에 세균의 항원성이 변하는데, 항원성에 따라 화농성연쇄상구균은 제1형과 제2형 혈청형으로 나뉜다.

M 단백질이 제1형이냐 제2형이냐는 세균이 일으킬 수 있는 질병의 종류는 물론 면역과 역학 연구와도 관계가 있기 때문에 중요하다. 화농성 감염, 토리콩팥염은 제1형과 제2형 M 단백질을 갖는 균주들 모두 일으킬 수 있지만, 류머티스열은 제1형 M 단백질을 갖는 균주만이 유발할 수 있다. 화농성연쇄상구균에 감염되었던 사람은 M 단백질에 대한 항체를 갖게 되는데, 이는 각 혈청형에 특이한 항체로서 같은 M 단백질 혈청형에 대해서만 재감염으로부터 보호받을 수 있다. M 단백질은 *emm* 유전자에 의해 만들어지는데, 화농성연쇄상구균을 역학적으로 분석하고 연구할 때 이 *emm* 유전자 염기서열의 변이를 이용해 왔다.

화농성연쇄상구균이 독성을 나타내는 메커니즘은 다양하지만, 독성에 가장 중요한 M 단백질에 한정해 이야기하면, M 단백질이 면역세포의 포식 작용을 방해하면서 시작된다. 포식 작용의 보체 경로 complementation pathway에서 M 단백질은 C3b의 결합을 차단해 포식 작용을 방해한다. 또한 세균 표면에 있는 C5a 펩티드분해효소가 중성구neutrophil와 단핵구monocyte를 유도하는 화학주성물질인 C5a를 불활성화해 감염 부위에 중성구나 단핵구와 같은 면역세포가 몰려드는 것을 막아 초기에 세균이 제거되지 못하고 감염이 지속될 수 있게 한다.

이후의 작용에서 중요한 독성 인자에는 연쇄상구균용혈소streptolysin S와 O가 있다. 이 중 앞서 이야기한 베타-용혈을 일으키는 물질이 바로 연쇄상구균용혈소 S다. 이 물질은 산소에 안정성이 있으며, 혈청이 있을 때 생성된다. 면역 반응을 하지 않고 세균 표면에 존재하면서 적혈구, 백혈구, 혈소판을 용해한다. 면역세포에 포식된 후에는 용해소체 내의 물질을 방출하도록 자극해서 포식세포를 죽일 수도 있다. 반대로 연쇄상구균용혈소 O는 산소에 민감한 물질인데, 폐렴구균이나 파상풍균, 가스괴저균, 리스테리아균과 같은 세균에서 만들어지는 산소민감성 독소와 유사하다. 이 용혈소 O는 항체가 쉽게 만들어지기 때문에, 화농성연쇄상구균 감염 여부를 확인하는 데 이용된다.

성홍열 때문에 살아남다

이렇게 우리 몸의 면역 반응을 뚫고 감염되는 화농성연쇄상구균이 원인이 되어 생기는 성홍열 덕분에 살아남은 아이러니한 이야기도 있다. 아우슈비츠 수용소의 생존자로서 죽음보다 못한 비인간적인 강제수용소 경험을 고발한 이탈리아의 프리모 레비Primo Levi, 1919~1987의 이야기다. 베스에게는 죽음의 전령이었던 성홍열이 레비에게는 오히려 구원자였다.

화학자였던 레비는 유격대에 참여해 파시즘과 싸우다 1943년 12

월 3일 포로로 잡혔다. 다음 해 1월 아우슈비츠 수용소(아우슈비츠 수용소는 여러 수용소를 통틀어 일컫는 말로, 레비가 갇힌 수용소의 정확한 명칭은 부나-모노비치 수용소였다)로 보내진다. 그곳에서 '74517'이라는 수인번호를 왼쪽 팔뚝에 새기고 이름 대신 불리면서 삶과 죽음의 경계에서 인간으로서의 존엄성이 상실되는 경험을 한다.

그는 이곳 '절멸 수용소'에서 살아남아 《이것이 인간인가》,《휴전》, 《주기율표》와 같은 작품을 통해 나치의 만행을 생생하게 고발했고, 나아가 인간이 인간으로서 살아갈 수 있는 조건에 대해 성찰했다.

그럼 레비는 아우슈비츠에서 어떻게 살아남았을까? 우선 그는 화학자라 수용소에 있던 화학 회사의 실험실에서 화학자로 일할 수 있었다. 그 덕분에 힘든 육체노동을 하지 않을 수 있었다. 결정적인 것은 그가 병에 걸렸기 때문이었다. 독일군이 패전을 거듭하면서 수용소에서 철수할 때 수용자 대부분을 끌고 갔지만, 병에 걸린 수용자는 걸리적거린다고 내팽개치고 갔다. 레비는 성홍열에 걸려 강제수용소에 남겨지게 된 것이었다. 독일군이 끌고 간 수용자는 대부분 가는 도중에 사망했기에 레비의 성홍열이 오히려 그를 살린 셈이다.

이미 여러 달 전부터 간헐적으로 러시아군의 대포 소리가 들려오고 있던 1945년 1월 11일, 나는 성홍열에 걸려 다시 카베에, '인펙치온스압타일룽(감염병동)'에 들어가게 되었다. '인펙치온스압타일룽'은 2층 침대 열 개가 놓인 아주 깨끗한 방이다. 옷장, 의자 세 개, 생리적 욕구를 해결할 양동이가 딸린 실내 변기가 있다.

(……)

그 방에 들어갔을 때 나는 열세 번째 환자였다. 다른 열두 명의 환자들 중 네 명이 성홍열을 앓고 있었다. 프랑스인 '정치범' 두 명과 헝가리 유대인 청년 두 명이었다. 그리고 디프테리아 환자 세 명, 발진티푸스 환자 두 명, 얼굴에 소름끼치는 단독丹毒이 생긴 환자 한 명이 있었다.

물론 쇠약해진 환자가 살아남는 데는 극한의 고비가 여럿 있었고, 실제로 적지 않은 동료가 죽었다. 하지만 레비는 결국 살아남았고, 지난한 과정을 거쳐 이탈리아로 돌아갔다. 이렇게 보면 성홍열은 레비의 목숨을 살리는 데 결정적인 역할을 한 것으로 볼 수 있다. 물론 결과론적인 얘기다. 감염질환이 반갑거나 고마운 것일 수는 없다.

아우슈비츠 수용소에서 살아남아 왕성한 작품 활동을 하며 세계적인 작가가 된 프리모 레비는 1987년 4월 11일 토리노의 3층 자택에서 떨어져 죽었다. 그의 죽음이 자살인지, 아니면 단순한 추락사인지에 대해서는 논란이 있다. 말년에 우울증을 앓았던 레비의 죽음에 대해 역시 아우슈비츠의 생존자이자 노벨 평화상 수상자인 엘리 위젤은 프리모 레비가 "40년 후에 아우슈비츠에서 죽었다"고 했다.

2017년 2만 명이 넘던 우리나라의 성홍열 환자 수는 코로나19 팬데믹 시기인 2021년부터 2023년까지 2년간 1000명 미만으로 크게 감소했다. 그러다 2024년에는 6000명가량으로 증가했다. 이는 대부분의 감염병과 비슷한 양상으로 개인 위생과 공공 위생에 신경을 덜 쓰게 되면서 벌어진 현상이다.

　　　　　　　　　　　　　　　　　　미생물로 쓴 소설들

07

머릿속에는 연기가
뿌옇게 차 있었다

발진티푸스
—

리케차 프로바제키*Rickettsia prowazekii*

아돌프 노르텐 〈모스크바에서 퇴각하는 나폴레옹〉[1851]

영국을 제외한 유럽 전역을 손아귀에 놓은 나폴레옹 보나파르트는 영국을 굴복시키기 위해 '대륙 봉쇄령'을 내렸다. 러시아가 이를 어기고 영국과 무역을 재개했고, 화가 난 나폴레옹은 러시아 정벌에 나섰다. 1812년 60만 대군을 이끌고 러시아 국경을 넘었지만 나폴레옹의 러시아 침공은 처참한 실패로 끝났고 몰락의 변곡점이 되었다.

시베리아의 혹독한 추위와 러시아군의 청야淸野 전술(후퇴하면서 적에게 유용한 모든 것을 파괴해버리는 전술)로 인한 극심한 물자 부족 때문이기도 했지만, 프랑스 군대를 괴롭힌 감염병도 그에 못지않은 중요한 요인이었다. 프랑스군을 괴멸시킨 주역에는 러시아군과 동冬장군 말고도 티푸스 장군General Typhus도 있었다. 독일의 화가 아돌프 노르텐 Adolph Northen, 1828~1876의 그림에는 추위와 감염병에 쓰러진 프랑스 병사들과 이들 사이로 비쩍 마른 백마를 탄 나폴레옹의 웅크린 모습이 잘 나와 있다.

미생물로 쓴 소설들

전쟁과 감염병

러시아 원정에 나선 나폴레옹의 프랑스군을 공격한 병원체 가운데 가장 맹렬했던 것은 리케차 프로바제키*Rickettsia prowazekii*였다. 이蝨, louse 에 기생하며 이의 배설물에 섞여 나와 사람의 몸에 전달되어 병을 일으키는 세균이다. 이는 보통 동물의 털 사이나 낡은 건물의 갈라진 틈, 불결한 사람의 몸, 더러운 옷의 솔기 같은 데서 발견된다. 병은 이가 물어서 옮는 게 아니라, 이를 갖고 있던 사람이 가려워 긁어서 생긴 상처에 이의 배설물이나 부서진 몸체가 닿아 옮는다. 이의 기생세균이 옮기는 질병을 티푸스typhus라고 하고, 우리말로는 장腸티푸스와 구분해 발진티푸스라고 한다.

발진티푸스는 지저분한 환경과 밀접한 연관이 있다. '감옥열', '전쟁열', '캠프열', '선박열', '병원열', '기근열' '아일랜드열' 등과 같이 다양한 이름으로 불리기도 했는데, 대체로 밀집되고 위생 상태가 좋지 못한 환경이 이 질병의 이름에 붙은 것을 알 수 있다. 기근열과 아일랜드열이라는 이름 역시 1840년대 아일랜드에서 감자역병균 *Phytophthora infestans*이라는 곰팡이에 의한 감자대기근으로 수많은 사람이 죽어갈 당시 이 질병이 함께 창궐했던 데서 비롯되었다.

전쟁 역시 이 질병의 온상이 될 수밖에 없었다. 역사적으로 보면, 1528년 나폴리 왕국을 포위하여 공격하던 프랑스군에서, 1566년 투르크군과 전쟁을 벌이던 신성로마제국의 막시밀리안 2세의 병사들에서, 그리고 1618~1648년까지 유럽을 초토화했던 30년 전쟁, 1642~1651년의 잉글랜드 내전에도 발진티푸스가 창궐하여 수많은 병사와 민간인의 목숨을 앗아갔다. 1812년에는 나폴레옹의 러시아 원정을 막았던 발진티푸스였지만, 1741년 프랑스가 프라하를 점령할 수 있었던 데에는 오스트리아 수비대 3만 명이 발진티푸스로 죽었기 때문이기도 했다. 발진티푸스는 오랫동안 전쟁과 밀접한 연관을 맺으며 유럽에 뿌리내리고 있던 터였다.

제1차 세계 대전도 예외는 아니었다. 이 전쟁을 배경으로 한 에리히 레마르크Erich Maria Remarque, 1898~1970의 소설《서부 전선 이상 없다》를 보면 발진티푸스를 일으키는 이를 잡는 병사들의 모습이 생생하게 그려지고 있다.

이라는 것도 수없이 많고 보면 한 마리씩 잡아 죽이기가 실로 어려운 일이다. 이놈은 약간 단단해서 손톱으로 잘 비벼 눌러 죽이려면 시간이 얼마나 걸릴지 모른다. 그래서 차덴은 불붙은 양초 심지 위에 구두약통의 뚜껑을 철사로 잘 묶어서 올려놓았다. 그리고 이 작은 냄비 속에 이를 집어넣는다. 그러면 이는 불 위에서 탁 하고 튀며 그것으로 끝장이 났다.

레마르크는 열여덟 살에 독일군에 입대해 제1차 세계 대전에 참전했다. 어떻게 그런 어린 나이에 입대하게 되었을까? 사실 제1차 세계 대전에 관한 사진을 보다 보면 가장 이해가 되지 않는 것이 전쟁 초기 전장으로 떠나는 청년들의 표정이다. 그들은 의기양양할 뿐 아니라 환하게 웃고 있다. 그들에게 전쟁은 죽음으로의 초대장이 아니라 영웅이 될 수 있는 무대였다. 다들 여름에 시작된 전쟁이 크리스마스 전에 끝날 거라고 믿었다. 크리스마스가 되면 독일군은 파리에서, 프랑스군은 베를린에서 축하 파티를 연다고 자신했다. 하지만 레마르크가 참전했을 때 전쟁은 이미 교착 상태였다. 수많은 병사들이 참호에서 포탄에 맞거나 기관총 세례를 받으며 죽고 있었다. 발진티푸스를 비롯한 감염병도 한몫하고 있었음은 물론이다.

참전한 레마르크는 다섯 차례나 죽음의 고비를 넘기고 살아남았다. 전쟁에서의 경험은 약 10년 후 첫 작품으로 발표한 《서부 전선 이상 없다》에 고스란히 담겼다. 전쟁의 참혹함과 역겨움, 그리고 청년의 고뇌가 소설에 엉켜 있다. 십대 후반의 주인공 파울 보이머를 통해 전쟁의 비극성과 비인간성을 극적으로 보여주었다. 독일의 작가 플로리안 일리스는 《증오의 시대, 광기의 사랑》에서 레마르크가 소설이라는 형식으로나마 전쟁의 고통을 말할 수 있게 되는 데 10년이 걸렸다며, "긴 침묵으로, 표현 가능성에 대한 탐색으로, 아물지 않는 몸과 마음의 상처로 한 세대 전체의 마음을 표현했다"고 이 책을 평가했다.

이가 옮기는 질병

레마르크 혹은 파울 보이머와 그의 동료들이 알고 있었는지는 모르지만 발진티푸스는 이와 밀접한 관련이 있다. 발진티푸스가 이를 통해 매개된다는 것은 프랑스의 샤를 니콜Charles Jules Henri Nicolle, 1866~1936 이 1911년에 와서야 밝혔다. 1914년에서 1918년까지 이어진 제1차 세계 대전 중에는 이와 같은 발견이 전장의 병사에게까지 알려지기는 힘들었을 것이다. 병사들이 안간힘을 쓰며 이를 잡은 것은 특별히 어떤 질병(즉, 발진티푸스)을 예방한다기보다 그냥 개인 위생 차원에서 이뤄진 일일 것이다.

니콜은 1902년 서른여섯의 나이에 당시 프랑스의 식민지였던 튀니지의 수도 튀니스에 있는 파스퇴르 연구소 분원의 소장에 부임했다. 그는 북아프리카에서 유행하는 질병 중에서 가장 절박하면서도 가장 준비가 안 된 것이 발진티푸스라고 생각했다. 발진티푸스를 연구하는 것이 반드시 필요하다고 여긴 그는 저소득층을 위한 병원에서 환자를 면밀하게 관찰하는 것으로 조사를 시작했다. 자세히 관찰한 결과, 발진티푸스 환자의 옷만으로도 다른 환자에게 질병이 전파되는 것 같았다. 뜨거운 물로 목욕을 하거나 옷을 갈아입으면 더 이상 전염이 일어나지 않았다. 오히려 티푸스 환자의 지저분한 옷을 처리한 병원 직원들이 병에 걸렸다.

이를 통해 니콜은 옷에 붙어 있는 이가 발진티푸스를 매개한다고 생각했다. 니콜은 사람을 직접 감염시키는 실험은 할 수 없어 대신 프랑스 파스퇴르 연구소 본원의 소장이던 에밀 루에게 요청하여 얻은 침팬지를 이용해 이를 증명해 냈다. 침팬지에게 발진티푸스를 감염시키고, 이를 회수한 후 다시 건강한 침팬지에게 이를 옮겼다. 건강했던 침팬지가 채 열흘이 되지 않아 발진티푸스를 앓았다. 침팬지보다 저렴하게 얻을 수 있는 스리랑카산 토크 원숭이와 기니피그를 이용한 실험에서도 마찬가지였다.

그의 발견은 발진티푸스의 발병과 전파를 억제하는 데 큰 의미가 있었다. 발진티푸스가 전파되는 것을 막기 위해서는《서부 전선 이상 없다》의 병사들처럼 이를 잡으면 됐기 때문이었다. 면도를 하고 의복을 소각하는 위생 기준도 정할 수 있었고, 결과적으로 수많은 목숨을 살릴 수 있었다. 니콜은 이 업적으로 1928년 노벨 생리의학상을 수상했다.

안네의 죽음

소설마다 감염병을 소재로 많이 다룬 토마스 만 역시《파우스트 박사》에서 발진티푸스를 언급한다. 천재적인 작곡가 아드리안 레버퀸의 삶을 회고하는 화자인 제레누스 차이트블롬은 제1차 세계 대전에 징집되는데, 1년 후에 집으로 후송된다. 발진티푸스에 감염되었기 때문이다.

> "나는 1915년 아르곤 산맥 전투 때까지 일 년 가까이 전장에 있다가 후에는 십자훈장을 받고 집으로 후송되었는데, 그 훈장은 사실 내가 단지 여러 불편함을 감수했던 점과 또 티푸스에 감염된 덕분에 받게 된 것이었다."

《파우스트 박사》를 보면 발진티푸스가 이가 옮기는 질병이란 걸 분명하게 인식하고 있다. 차이트블롬이 레버퀸을 회고하는 시점은 제2차 세계 대전 때인데, 그때라면 충분히 그가 알고 있었을 것이다.

> "어쩌면 나를 곧 다시 집으로, 그의 곁으로 데려온 것은 이가 전염시킨 티푸스가 아니라 사실은 바로 예의 저 시선이었는지도 모른다."

아우슈비츠 수용소에서 성홍열에 걸린 덕분에(?) 살아남은 프리모 레비는 수용소에서 해방된 후에도 고국에 바로 돌아가지 못했다. 아우슈비츠에서 살아남기까지의 이야기를 《이것이 인간인가》에 담았다면, 수용소에서 풀려나 고향인 이탈리아의 토리노에 돌아가기까지의 여정은 《휴전》이란 작품에서 이야기하고 있다. 카토비체의 소련

군 주둔지에 머물다 동쪽으로 이동해서 즈메린카로, 다시 얼토당토
않게 북쪽으로 이동하여 스타리예 도로기로, 또 거기서 몇 달을 보낸
후에야 남쪽으로, 다시 서쪽으로 이동해서 겨우 고향에 다다르게 된
다(책에 실린 이동 과정을 나타낸 지도를 보면 정말 터무니없단 생각이 든다).
프리모 레비는 그 지난한 과정에서 벌어진 갖가지 에피소드를 놀라
울 정도로 담담하게, 때로는 유머까지 곁들이며 전하고 있는데, 함께
한 사람들에 대한 이야기를 통해 인간성과 인간 사회에 대한 깊은 성
찰을 보여준다.

많은 사람이 열악한 환경에서 함께 엉켜 생활해야 하는 여정에서
빠질 수 없는 것이 역시 감염병이었고, 그중에서도 발진티푸스는 그
들을 괴롭힌 대표적인 질병이었다. 그들 무리에서 간호사 역할을 한
레비에게 이 감염병이 돌지 않도록 할 의무가 있었다.

이 검사는 발진티푸스가 치명적인 풍토병으로 급속히 확산되던 그 시절,
그 나라들에서는 꼭 필요한 일이었다. 그다지 매력적이지는 않은 업무였
다. 우리는 모든 막사들을 돌면서 한 사람씩 셔츠를 벗고 우리에게 상체
를 내밀게 했다. 이가 보통은 셔츠의 주름 잡힌 부분과 재봉선 속에 집을
짓고 알을 매달아놓기 때문이다. 이런 유의 이는 등에 빨간 점이 있다. 우
리 환자들이 지칠 줄 모르고 반복하는 우스갯소리를 들어보면, 이 빨간
점을 적당히 확대해서 관찰하면 조그만 낫과 망치가 보인다는 것이었다.
벼룩은 포병, 모기는 공군, 빈대는 낙하산 부대, 진딧물은 공병이라고 부
르는 반면, 이는 '보병'이라고 부른다."

이처럼 프리모 레비를 비롯한 동료들은 막막한 상황에서도 유머를 잃지 않았다. 언젠가는 고향으로 돌아갈 수 있으리란 희망이 있기 때문이었을 것이다. 하지만 고향으로 돌아가지 못한 이들이 훨씬 많았다. 나치를 피해 네덜란드 암스테르담의 은신처에서 숨어 살다 결국은 강제수용소로 붙잡혀간 한 유대계 독일(사실, 독일 국적도 박탈된 상황이었지만) 소녀는 그 많은 사람 중 한 명이었다.

안네 프랑크라는 소녀가 나치를 피해 25개월 동안 숨어 지내며 '키티Kitty'라고 이름 붙인 분홍 줄무늬 공책에 쓴 《안네의 일기》는 1944년 8월 1일 화요일로 끝난다. 나치의 비밀경찰이 익명의 밀고를 받고 안네 프랑크의 가족을 급습한 날짜는 1944년 8월 4일 밤이었다. 안네를 비롯한 가족 전원과 함께 숨어 있던 유대인 모두 아우슈비츠 수용소로 끌려갔다. 노동에 적합하지 않다고 판정 난 열다섯 살 이하의 어린이와 노약자는 도착하자마자 가스실로 끌려갔지만, 막 열다섯 살이 지난 안네는 엄마, 언니와 함께 여자 수용소에 가둬졌다. 아버지는 남자 수용소에 따로 수용되었지만, 안네는 그래도 엄마, 언니와 함께라서 다행이라 여기며 서로 의지하며 버텼다. 그러나 수용소는 계속 들어오는 사람으로 넘쳐났고, 안네는 언니와 함께 11월에 베르겐벨젠 수용소로 이송된다. 두 딸과 헤어진 엄마는 절망에 빠져 두 달 만에 숨지고 말았다.

베르겐벨젠 수용소로 이송된 자매의 운명도 다를 바 없었다. 1945년 2월에서 3월 사이 언니에 이어 안네도 발진티푸스로 사망했다. 열여섯 살. 독일의 항복이 한 달 밖에 남지 않은 시점이었다. 당시 수용소에서는 1만 7000명이 발진티푸스로 사망했다.

안네의 아버지 오토만은 수용소에서 살아남았다. 네덜란드로 돌아온 아버지는 안네가 아끼며 기록한 일기장 '키티'를 받아들었고, 다시는 이런 비극이 되풀이되지 말아야 한다며 딸의 일기를 출판했다. 안네의 사인을 공식적으로 기록한다면 물론 발진티푸스라는 세균에 의한 감염병이라고 할 수밖에 없겠지만, 정말 세균이 그녀를 죽음으로 몰고 갔다고 말하는 게 맞는 걸까?

뿌연 안개와도 같은

———

전쟁 말고도 발진티푸스가 창궐할 수 있는 조건은 많다. 앞서 얘기한 대로 감옥이나 대양을 횡단하는 배 같은 데서도 집단 발병이 흔했다. 과거 기숙학교도 그중 하나였다. 샬럿 브론테의 《제인 에어》에서 제인 에어는 로우드 학교에서 가장 절친했던 친구로 정신적으로 많이 의지했던 헬렌 번스를 결핵으로 떠나보냈다. 당시 발진티푸스는 학교를 뒤덮고 있었다.

로우드가 자리 잡고 있는 그 숲 골짜기는 안개와 안개가 만들어 낸 질병의 요람이었다. 소생하는 봄과 더불어 소생한 질병이 고아원으로 살금살금 기어 들어와서 바글거리는 교실과 기숙사 안으로 티푸스를 불어넣었다. 그리고 5월이 오기 전에 학교를 병원으로 바꿔 놓았다.

발진티푸스에 걸린 여학생은 집으로 보내졌는데, 그건 그저 죽으러 가는 것과 다를 바 없었다. 집으로 보내지기 전에 학교에서 죽은 학생은 지체 없이 매장되었다. 재앙이 벌어진 학교에 대한 조사가 이루어졌다. "건강에 좋지 않은 학교의 위치와 원아들에게 공급된 음식의 양과 질, 음식 준비에 사용된 불쾌하고 악취 나는 식수, 학생들의 비참한 옷과 시설들"이 폭로되었다. 18세기 중반에는 치료법은커녕 무엇이 병을 일으키는지도 몰랐지만, 깨끗한 옷과 식수, 음식이 병을 예방할 수 있다는 것쯤은 알고 있었다.

발진티푸스의 잠복기는 보통 1~2주 정도다. 증상은 발열로 시작된다. 가슴, 등, 배에 붉은 발진이 생기고, 설사와 변비가 이어지며, 오랜 고열로 인한 우울감과 발진티푸스 특유의 무기력증이 나타난다. 바로 이런 무기력증 때문에 이 병에 '희미한', '흐릿한'이라는 뜻의 그리스어 'typhos'에서 유래한 병명이 붙었다. 심해지면 의식 장애와 난청이 생기기도 한다.

이처럼 안개 속을 헤매는 것과도 같이 뿌연 느낌에 무기력증이 나타나는 것이 발진티푸스인데, 이와 같은 증상을 잘 표현한 작품이 톨스토이, 도스토예프스키와 더불어 19세기 러시아의 대표적인 작가로 꼽히는 안톤 체호프Anton Chekhov, 1860~1904의 단편소설 〈티푸스〉다. 의사이기도 했던 체호프는 클리모프라는 젊은 장교의 입을 빌어 발진티푸스에 걸렸을 때의 느낌을 다음과 같이 생생하게 묘사하고 있다.

장교는 자신이 도무지 정상이 아니라는 걸 느꼈다. 좌석이 그를 충실히 떠받쳐 주고 있음에도 불구하고 그의 팔다리는 어쩐지 좌석 위에 놓여 있지 않은 느낌이었다. 입 안은 바짝바짝 마르고 끈적거렸으며 머릿속에는 연기가 뿌옇게 차 있었다. 그의 사고는 머릿속을 벗어난 채 두개골 바깥에서, 밤안개 속에 뒤덮인 좌석들과 사람들 사이를 배회하고 있는 것 같았다. 머릿속의 안개를 통해서 두런거리는 목소리들과 바퀴 고르는 소리, 문이 쾅쾅 닫히는 소리들이 들려왔다.

그런 상태에서 집에 돌아온 클리모프는 바로 쓰러지고 만다. 며칠이 지난 줄도 모르는 혼수 상태에서 헤매다 깬 그는 마치 새로 태어난 것처럼 행복감과 생명의 환희가 자신을 채우는 것을 느낀다. 하지만 사촌누이 카차가 그를 간호하다 발진티푸스에 걸려 죽었고 장례를 치른 지 이미 사흘이나 지났다는 것을 숙모에게 듣는다. 행복과 절망은 그렇게나 가까웠다.

정체가 밝혀지다

이가 발진티푸스를 옮긴다는 것을 발견한 니콜은 발진티푸스를 일으키는 병원체가 이의 내장에서 번식하고 배설물이 숙주를 감염시킨다는 사실도 밝혀냈다. 하지만 병원체가 최종적으로 어떤 것인지에 대해서는 밝혀내지 못했다.

리케차 프로바제키라는 세균이 발진티푸스의 병원체라는 것을 밝힌 것은 브라질 출신의 의사이자 병리학자 엔히키 다 로샤 리마 Henrique da Rocha Lima였다. 1916년 제1차 세계 대전으로 온 유럽이 초토화되고 있던 상황에서 스타니슬라우스 폰 프로바제크Stanislaus von Prowazek와 함께 연구하여 얻은 성과였다. 연구 도중 로샤 리마와 프로바제크는 둘 다 발진티푸스에 걸렸다. 로샤 리마는 살아남아 연구 결과를 발표할 수 있었지만 프로바제크는 결국 죽고 말았다. 이렇게 발견한 세균에, 역시 발진티푸스를 연구하다 죽은 미국의 미생물학자 하워드 리케츠Howard Taylor Ricketts와 프로바제크의 이름이 붙여졌다. 리케차 프로바제키Rickettsia prowazekii라는 학명은 그렇게 나온 것이다. 드디어 나폴레옹의 군대를 전멸 직전까지 몰고 가고, 유럽의 질서를 뒤바꿔 놓았던 티푸스 장군의 정체가, 제인 에어의 학교 친구를 떼죽음으로 몰고 갔던 살인마의 정체가 밝혀진 것이다.

발진티푸스가 발병하는 구체적인 경로는 이렇다. 우선 이가 리케차 프로바제키에 감염된 혈액을 섭취해서 감염된다. 5~7일 정도 지나면 이가 세균을 배출한다. 이는 혈액을 섭취하면 그 자리에 배설하는 습성이 있는데, 이가 문 자리가 가려워 사람이 긁어 상처가 생기면 그 상처를 통해 세균이 인체 내로 침입한다. 이는 보통 서늘한 상태(보통 섭씨 20도 정도)를 좋아하고, 습기를 싫어한다. 그런데 감염으로 체온이 40도가 넘어가거나, 혹은 환자가 죽어 체온이 떨어지면 이는 적당한 체온이 있는 새로운 숙주를 찾아 나서고, 이 과정에서 주변으로 질병을 전파한다. 그래서 앞의 소설에서 볼 수 있듯이 불결한 환경에 모여 지낼 수밖에 없는 조건, 즉 감옥이나, 수용소, 군대에서 널리 퍼지게 되는 것이다. 이 세균에 감염되는 것이 개인 위생의 차원을 넘어서는 문제라는 게 바로 이런 이의 생활사 때문이다.

리케차는 작다고 알고 있는 세균 중에서도 정말 작은 생명체다. 그람음성균에 속하지만, 실제로는 그람 염색에 의해서는 염색이 잘 되지 않아서 김사Giemsa 염색이나 기메네즈Gimenez 염색으로 염색한다. 진핵세포 내에서 살 수 있는 세포내intracellular 병원체다. 특히 혈관 내 피세포endothelial cell에 사는 걸 좋아한다. 진핵세포의 세포질에 있는 공포vacuole에서만 증식하는 에를리키아Ehrlichia나 볼바키아Wolbachia와 같은 세균과 달리, 리케차는 진핵세포의 세포질 자체에서 증식한다. 세균을 거르는 여과지를 통과할 정도로 크기가 작을 뿐 아니라(0.3 × 1~2 마이크로미터) 세포 내에서만 증식하는 절대 기생성의 특징을 갖고 있기 때문에 처음에는 바이러스로 오인되기도 했다. 하지만 유전물질과 함께 세포 구조를 갖고 있으면서 스스로 물질대사를 할 뿐 아니라 이분법으로 분열하는, 분명한 세균이다. 보통은 둥그런 모양이나 막대 모양이지만 세포분열하기에 불리한 조건에서는 길이가 10 마이크로미터까지 길어져 필라멘트 모양이 되기도 한다.

이 세균은 숙주세포 안으로 침입하기 위해 식세포 작용을 유도한다. 숙주세포의 세포질 안에서 번식하고, 충분히 번식한 후에는 숙주세포를 용해하여 밖으로 빠져나오고 또다시 새로운 숙주세포를 찾아들어가는 생활사를 반복한다.

리케차 프로바제키는 세균의 크기도 작을 뿐 아니라 유전체도 축소되어 약 1.1 Mb megabase pair, 즉 100만 개 정도의 염기쌍에 800여 개의 유전자를 갖고 있다. 대장균의 유전체가 4.6 Mb이며, 4300개 정도의 유전자가 있는 것과 비교하면 정말 작은 편이다. 생존에 필요한 단백질을 만드는 유전자 중 없는 것도 있는데, 이는 기생 생활을 하는 세균의 특징이기도 하다. 생장에 필요하지만 가지고 있지 않은 단백질은 숙주의 것을 이용한다. 그래서 한동안 리케차가 세포내 공생설endosymbiosis에서 얘기하는 미토콘드리아의 기원일 가능성이 높다고 여겨왔다(지금도 리케차가 포함된 알파프로테오박테리아Alphaproteobacteria가 미토콘드리아의 조상과 가장 가깝다고 보고 있다).

리케차 프로바제키에 의한 발진티푸스는 현재 우리나라에서는 드물게 발생하는 감염병이다. 위생이 좋아졌기 때문일 것이다. 하지만 해외 여행이나 감염된 가축과의 접촉 등으로 감염되는 경우가 있는데, 이런 경우 독시사이클린이나 아지스로마이신과 같은 항생제로 치료할 수 있다. 백신도 개발되어 있다. 포르말린을 이용해서 세균을 불활성화한 백신으로, 면역 효과가 평생 지속되지는 않고 1년 정도 효과가 있다.

나폴레옹의 야심을 꺾고, 제1차 세계 대전 참호 속 병사들을, 유대인 강제수용소에서 소녀의 꽃다운 청춘을, 학교 기숙사에서 발랄한 여학생들의 웃음을, 병에 걸린 사촌 오빠를 간호하던 교사 지망생 누이의 희망을 앗아간 것은 작디작은 세균이었다. 세균을 옮긴 것은 '이'였지만, 전쟁을 일으키고, 전쟁터를 비롯하여 감옥과 같은 밀집되

미생물로 쓴 소설들

고 위생이 열악한 시설을 만들고 방치하여 세균과 이가 마음껏 활약하며 숙주를 탐할 수 있도록 한 것은 다른 아닌 우리, 인간이었다.

08

열로 몸이 활활
타오르고 있었다

장티푸스
—

살모넬라 *Salmonella* Typhi

코난 도일 《주홍색 연구》[1887]
김정한 〈제3병동〉[1969]
조지 손더스 《바르도의 링컨》[2017]

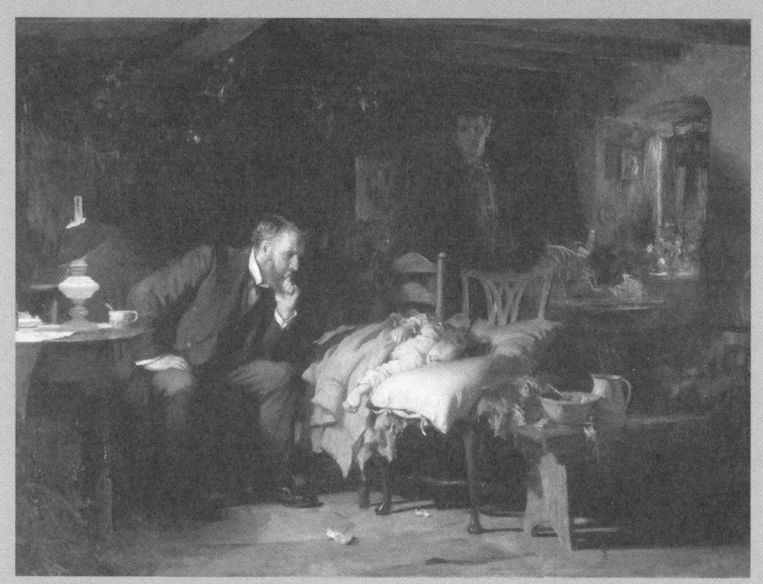

새뮤얼 필즈 〈의사〉[1891]

잘 차려입은 의사가 걱정 어린 시선으로 침대에 누운 아이를 보고 있다. 아이의 상태는
알 수 없으나 뒤쪽에 서 있는 (아마도 아버지) 이의 표정을 보면 심각한 상황이라는 것을
짐작할 수 있다. 그림은 영국의 화가 새뮤얼 필즈Samuel Luke Fildes, 1843~1927가 그렸
다. 그에게는 태어난 지 1년 만에 장티푸스로 죽은 아들이 있었다. 화가는 의사를 그림
의 중심에 놓았다. 그는 아픈 어린 아이를 돌보는 의사가 보여준 연민과 헌신에 큰 감동
을 받았다고 한다. 그렇지만 화가는 아들이 죽고 나서 13년이 지나서야 이 그림을 그릴
수 있었다.

미생물로 쓴 소설들

명탐정 조수의 병명

《주홍색 연구》는 아서 코난 도일Arthur Conan Doyle, 1859~1930이 1887년에 발표한 소설로, 탐정 셜록 홈즈를 세상에 처음으로 선보인 작품이다. 셜록 홈즈 시리즈는《주홍색 연구》를 비롯해 모든 작품이 홈즈의 동료이자 조수격인 존 H. 왓슨의 기록 형식으로 쓰였다. 첫 작품인《주홍색 연구》의 초반에 왓슨이 홈즈와 만나는 장면이 나온다. 이 장면부터 홈즈의 추리력이 인상 깊게 반짝인다. 왓슨은 하숙집을 구하다 지인의 소개로 홈즈를 만나게 되는데, 첫 만남에서 아무런 사전 정보도 없이 홈즈는 "아프가니스탄에서 오셨나 보군요"라며 왓슨의 행적을 정확히 알아맞힌다. 왓슨이 부상을 입었고, 그래서 송환되었을 것이라는 말까지 덧붙인다. 실제로 왓슨은 군의관으로 아프가니스탄의 전장으로 가는 중에 왼쪽 어깨에 부상을 입어 영국으로 송환된 상태였다. 홈즈는 왓슨에게 보이는 몇 가지 증거로 추리를 했고, 왓슨은 그런 홈즈에 경탄해 마지않는다. 이후로 홈즈와 왓슨은 런던 베이커가 221B번지에서 함께 하숙하며 수많은 사건을 해결한다.

왓슨은 홈즈와 만나는 첫 장면에서 부상을 입고 송환되는 과정을 다음과 같이 회상한다.

나는 통증에 기진맥진하고 계속되는 고난에 쇠약해진 채로, 부상자로 꽉 찬 기차를 타고 페샤와르에 있는 주둔지 병원까지 옮겨졌다. 이곳에서 기력을 회복해 병원 안을 돌아다니고 베란다로 나가 볕을 쬘 정도로 나아졌지만, 곧 영국이 인도를 점령해 받은 저주라고 할 수 있는 장티푸스에 걸리고 말았다.

'인도를 점령해 받은 저주'라고 하면 콜레라를 떠올릴 것 같은데, 여기서는 분명하게 장티푸스를 지목하고 있다. 소설 속의 왓슨도 의사이지만, 소설을 쓴 코난 도일도 의사 출신이니 이를 혼동해 썼을 것 같지는 않다. 실제로 인도는 장티푸스 유행 지역이기도 했다. 홈즈와 왓슨이 처음으로 함께 출동한 살인 사건 현장에서도 장티푸스란 병명이 나온다. 살인 현장을 처음 발견한 순경이 한 말이다.

"저승 반대편 이승에서는 무서운 게 없지만, 장티푸스로 죽은 그치가 자기를 죽인 배수로를 살펴보고 있는 건 아닐까 하는 생각이 들었거든요."

미생물로 쓴 소설들

항생제가 개발되는 1900년대 중반까지 장티푸스는 매우 위험한 질병이었다. 1861년 영국 빅토리아 여왕의 남편 앨버트 공이 장티푸스로 죽을 정도로, 한 번 걸리면 도저히 손을 쓸 수가 없었다. 소설에 의하면 1881년에 홈즈를 만난 왓슨도 병원에서 장티푸스에 걸려 고열로 고생하고 수개월이나 휴양을 해야 했다. 지금도 장티푸스를 치료하지 않으면 치명률이 15퍼센트에 달한다고 하니 왓슨이 장티푸스에서 회복된 것은 천만다행인 셈이다. 이승에서 무서울 게 없는 순경도 장티푸스만큼은 두려워하는 걸 보면 당시 이 질병에 대한 두려움이 어떠했는지를 짐작할 수 있다. 이에 대해 의사였던 코난 도일은 더욱 잘 알고 있었을 것이다.

앨버트 공과 같은 영국 왕실의 가족도 어쩔 수 없었던 것이 장티푸스였는데, 그건 대서양 건너에서도 마찬가지였다.

대통령의 아들

대통령과 대통령 부인은 백악관 연회를 이끌었다. 내전 중이었기에 반대파는 연회를 비판했지만, 내전 중이었기에 지지 세력을 모으는 연회가 더욱 필요했다. 연회에는 정부와 의회의 주요 인사는 물론 외교관과 장군 거의 모두가 참석했다. 화려하고 시끌벅적하게 연회가 열리는 백악관 1층 이스트룸의 위층에서는 한 소년이 마지막 숨을 쉬고 있었다.

윌리는 5일 밤, 어머니가 파티에 나가려고 옷을 입는 동안 열로 몸이 활활 타오르고 있었다. 숨 한 번 쉬는 것도 힘겨워했다. 어머니는 아이의 허파에 울혈이 생겼다는 것을 알 수 있었고, 겁에 질렸다.

미국의 작가 조지 손더스^{George Saunders, 1958~}는 에이브러햄 링컨의 셋째 아들 윌리의 죽음을 소재로 삼아 《바르도의 링컨》이라는 독특한 형식의 소설을 썼다. 윌리 링컨은 남북전쟁 중인 1862년 2월에 열한 살의 나이로 죽었다. 그의 사인은 장티푸스였다.

《바르도의 링컨》은 많은 부분이 당시 실제 기록된 문장으로 엮여 있고, 나머지 부분은 '바르도^{Bardo}'에 있는 인물들의 목소리로 들려주고 있다. 바르도란 티베트 불교 용어로, 사람이 죽고 나서 다음 생을 받기 전까지를 말한다. 죽음에서 재탄생까지 머무는 일종의 '중간계'다. 기록으로 엮인 문장은 생生 이쪽의 목소리이고, 나머지는 그 건너편의 목소리다. 죽음을 사이에 두고 여러 목소리가 서로 엇갈리기도 하고, 교감하기도 하는 것이 이 소설의 형식적 특징이자 주제이기도 하다.

남북전쟁은 미합중국의 운명을 가르는 전쟁이었고, 대통령은 전쟁의 최고 책임자였다. 또한 대통령은 한 소년의 아버지이기도 했다. 대통령의 아들이 연회가 펼쳐지는 '하얀 돌집'의 위층에서 죽어가고 있다.

감기로 진단되었던 열은 티푸스로 발전했다.

티푸스는 몇 주의 기간에 걸쳐 천천히 잔인하게 영향을 미쳐, 환자에게서 소화 기능을 앗아가고, 장에 구멍을 내고, 출혈과 복막염을 일으킨다.

아이의 몸이 매우 쇠약해지면서 병으로 인한 증상들이 나타났다. 고열, 설사, 고통스러운 경련, 내출혈, 구토, 심한 피로, 정신착란.

진통제는 심각한 복통을 완화할 수도 있다. 정신착란은 아이를 달콤한 꿈이라는 피난처로 데려갈 수도 있고, 악몽의 미로로 데리고 들어갈 수도 있다.

환자는 정신이 착란하여, 자신을 향해 허리를 굽히고 있는 키가 큰 남자의 괴로움에 사로잡힌 다정한 얼굴을 알아보지 못했다.[*]

그리고 소년은 결국 죽는다. "대통령은 아들을 빌린 묘에 남겨 두고 나라를 위해 일하러 돌아갔다." 워싱턴 DC에 있는 링컨기념관의 위엄 있는 링컨 상에는 그런 아버지의 비통함이 가려져 있다.

소설은 한 소년의 목숨을 다루고 있다. 대통령은 자식의 죽음이 애통할 수밖에 없었고, 그것만으로도 생과 사의 경계에서 고통스러웠을 것이다. 하지만 그 시간에도 전장에서는 수천, 수만의 청년이 목숨을 걸고 싸우고 있었다. 그들의 죽음은 그저 숫자로 집계될 뿐이지

[*]이 문장들은 모두 서로 다른 이의 기록에서 가져온 것이다.

만, 그들을 사랑하는 이에게는 대통령 아들의 죽음과 하나도 다르지 않을 것이었다. 이들은 총과 칼에 의해서도 많이 죽었지만, 적지 않은 병사들이 장티푸스와 이질로 목숨을 잃었다. 그들의 '바르도'에는 어떤 목소리가 남아 있을까?

장티푸스

장티푸스는 살모넬라 엔테리카*Salmonella enterica*라는 장내 세균에 의한 감염병이다. 이 종에 속하는 모든 세균이 장티푸스를 일으키는 것은 아니다. 살모넬라 엔테리카에는 여섯 개의 아종^{亞種, subspecies}이 있고, 이들은 다시 2600개 이상의 혈청형^{serovar}으로 구분된다. 이 중에서도 장티푸스는 대부분 티피^{Typhi}라는 혈청형에 의해 발생한다.* 그래서 장티푸스 원인균의 학술적 명칭을 정식으로 쓰면 *Salmonella enterica* subspecies *enterica* serovar Typhi라고 써야 한다(보통은 논문 앞머리에 이렇게 길게 한 번 쓰고, *Salmonella* Typhi 또는 *S.* Typhi처럼 간단히 쓴다). 이 혈청형은 사람에게만 발견되는 것으로 장티푸스는 사람에게만 나타나는 질병이다.

장티푸스를 영어로는 typhoid fever라고 한다. 여기서 '-oid'는 '~와 비슷한', '~와 닮은'이란 뜻으로 'typhus'와 닮았다는 의미에서 나

---

*Typhi 이외에 Paratyphi라는 혈청형에 의해서도 장티푸스가 발생한다. 하지만 Paratyphi에 의한 장티푸스는 가벼운 증상을 나타낸다.

온 병명이다. Typhus는 앞서 얘기한 리케차 프로바제키에 의한 감염병으로 우리말로는 장티푸스와 구별하기 위해서 발진티푸스라고 하는 것이다(발진티푸스를 영어로 epidemic typhus라고 쓰는 이유도 장티푸스와 구분을 위해서라고 할 수 있다). 고열과 발진을 동반한다는 점에서 발진티푸스와 장티푸스는 비슷하다. 하지만 발진티푸스가 근육통과 발열 직후 발진이 나타나는 반면, 대통령의 아들 윌리의 경우에서 볼 수 있듯이 장티푸스는 열이 오르고 며칠 후에야 발진 등의 다른 증상이 생긴다. 19세기에 와서야 이 두 질병이 다르다는 것이 명확히 밝혀졌으니 상당히 오랫동안 헷갈렸던 질병이고, 지금도 이 둘을 혼동해서 지칭하는 경우가 적지 않다. 조지 손더스의 소설에서도 윌리는 분명 장티푸스로 죽었지만(역사의 기록이 그렇다), '티푸스'라고 하고 있다.

장티푸스는 물을 매개로 옮는다. 이 사실은 1873년 영국의 의사 윌리엄 버드Willam Budd에 의해 밝혀졌다. 그는 콜레라의 전파가 물에 의한 것이라는 것을 밝힌 존 스노의 주장을 받아들였고, 오랜 연구 끝에 장티푸스 역시 물을 매개로 전염된다는 사실을 밝혀냈다. 하지만 그는 장티푸스의 원인균을 알아내지는 못했다. 장티푸스가 세균에 의한 질병이라는 것을 처음 알아낸 이는 독일의 병리학자 카를 요제프 에베르트Karl Joseph Eberth다. 그는 1880년 장티푸스로 죽은 환자의 림프샘에 있는 파이어판Peyer's patch과 지라spleen에서 세균을 발견했다.

3등 인간의 병동에서

———

장티푸스는 인류 역사에 많은 영향을 미쳤다. 대표적으로 기원전 5세기 아테네와 스파르타가 맞붙은 펠로폰네소스 전쟁 때 아테네 시민 상당수를 괴멸시킨 아테네 역병이 장티푸스일 가능성이 매우 높다. 아즈텍 제국과 잉카 제국을 무너뜨리는 데 가장 커다란 영향을 끼친 질병은 천연두지만, 장티푸스 역시 아메리카 대륙의 선주민을 공격해 1000만 명 이상이 죽었다. 17세기에는 북아메리카의 영국 식민지였던 뉴잉글랜드 지역의 정착민 수천 명이 장티푸스로 죽었고, 남북전쟁 때도 이질과 함께 장티푸스는 북군과 남군 모두를 괴롭힌 치명적인 감염병이었다.

우리나라에서도 장티푸스는 오랫동안 사람들을 괴롭혀왔다. 김부식의 《삼국사기》에 기록된 '여역癘疫'이란 돌림병이 장티푸스로 여겨지는데, 고열을 일으킨다는 의미로 온역溫疫이라고도 했다. 하지만 그보다 더 많이 쓰이고 인상 깊은 병명은 '염병染病'이다. '염병할 놈'이란 욕이 의미하는 바대로 장티푸스는 끔찍한 질병이었다. 1970년대까지도 한 해에 수천 명이 장티푸스에 걸려 죽었다. 영국의 앨버트 공이나 미국의 윌리 링컨과 달리 이름도 기록되지 않은 사람들이 대부분이었다. 김정한1908~1996의 단편소설 〈제3병동〉은 그 시절 기록되지도 않은 채 장티푸스를 비롯한 감염병으로 죽어간 많은 가난한 이들에 대한 음울한 스케치다.

〈제3병동〉은 지방 국립대학 부속병원의 제3병동에서 일어난 이야

미생물로 쓴 소설들

기다. 제3병동은 새로 들어선 현대식 건물인 1, 2병동의 뒤쪽 구석에 버릴 수 없어 남아 있는 듯한 낡은 구식 건물로 의사는 물론 간호사도 꺼리는 병동이다. 그들이 더더욱 꺼리는 이유는 이곳이 전염병 환자만을, 그것도 병원비도 겨우 낼 수 있을까 말까 한 '3등 인간'을 수용하는 곳이기 때문이었다.

이곳 제3병동 5호실에 늘밭골 오롱댁 심작은둘이라는 환자가 "묵은 폐결핵에 장질부사 …… 장천공"까지 겹쳐 입원하고, 그녀를 돌보기 위해 딸 강남옥이 함께 기거하기 시작한다. 이제 막 인턴을 마치고 레지던트 과정에 들어선 젊은 의사 김종우는 이들의 처지를 보며 자신의 직업에 대한 회의가 들어 침통해 마지 않는다.

그러던 어느 날 병간호를 하던 딸도 쓰러지고 김종우는 진찰실로 딸을 올려 보낸다.

김의사는 그 길로 본관 4층에 자리잡고 있는 내과 과장실로 올라갔다.

김의사의 보고를 받고 난 과장은,

"Maybe typhoid fever(아마 역시 장질부사일 테지). ……. 환자와 같은 침대에서 잔다고 들었는데, 왜 그걸 진작부터 말리지 않았지요?"

(……)

강남옥 처녀의 진찰 결과가 나타났다. 역시 장질부사로 볼 수밖에 없었다. 열형熱型 기타의 증세로 미루어 보아도 그랬거니와 특히 현저한 백혈구 감소증이 그것을 뒷받침하기에 우선 충분하였다.

어머니 오롱댁 심작은둘의 장티푸스가 딸 강남옥에게 옮은 것이다. 장티푸스는 감염된 환자에 의해 오염된 식품이나 물을 마셔서 옮는다. 딸 강남옥이 장티푸스에 걸린 것은 말할 나위도 없이 어머니와 한 침대에서 자고 같은 식기를 사용해서 식사를 했기 때문이다.

여기서 장질부사腸窒扶斯는 장티푸스를 일본식으로 음독한 말이다. 콜레라를 의미하는 호열자虎列剌란 말도 일본에서 옮긴 말을 우리식대로 읽은 것이라(그것도 '호열랄虎列剌'을 잘못 읽은 것이다), 장질부사나 호열자를 우리의 옛말이라고 할 수는 없다. 하지만 소설이 발표되던 1960년대만 해도 의사도 장질부사라든가 호열자란 병명을 당연한 듯 썼다.

농민문학 〈사하촌〉이란 소설로 등단한 소설가 김정한은 일제강점기에 교사로서 일제에 항거하는 활동을 하다 탄압이 극심해지자 붓을 꺾고 소설을 쓰지 않았다. 해방 이후에도 한동안 작품 활동을 하지 않았으나 1966년 〈모래톱 이야기〉를 발표하면서 문학 활동을 재개했다. 〈제3병동〉은 재등단 후 1969년에 발표한 작품으로 가난으로 초라한 병동에서 죽어가는 3등 인생을 다루고 있다.

소설에서 오롱댁 심작은둘은 끝내 죽는다. 온갖 고생만 했고, 병원에 입원해서도 집안 일, 농사일만 걱정했다. 딱 한번 동생이 건네 준 돈으로 약간의 치료를 받다 죽은 것이다. 딸은 운다. 죽고 사흘이 지나서야 '누르퉁퉁한 베옷을 미리 상복처럼 입고' 시골에서 올라온 아버지는 "오롱댁아……"하며 울음을 삼킨다. "목쉰 소리로 이렇게 한번 울컥하더니, 강노인은 계속 어깨만 추스렸다. 풀 죽은 두건 끝이 사시나무처럼 떨어댔다."

장티푸스와 이질

———

김정한의 소설에서는 '열형熱型 기타의 증세'와 '현저한 백혈구 감소증' 정도만 언급하고 있지만, 조지 손더스의 《바르도의 링컨》에서는 장티푸스에 걸린 윌리의 증상으로 발열과 함께 설사, 복통, 내출혈, 구토, 피로감, 정신착란을 언급하고 있다(조지 손더스라기보다는 조지 손더스가 인용하고 있는 기록에 나오는 것이지만). 무엇보다 장티푸스의 주요 증상은 발열이고, 복통은 환자의 30~40퍼센트 정도에서 나타난다. 40도 전후의 지속적인 발열과 함께 두통, 오한, 불쾌감, 식욕 감퇴, 어지러움, 기침, 근육통 등이 증상이다. 설사가 나타나기도 하고 변비가 생기기도 하는데, 어릴수록 (윌리처럼) 설사가 많고, 성인에서는 변비가 흔하다. 그런데 이런 증상은 모두 비특이적이라 진단이 쉽지 않다.

〈제3병동〉의 의사는 '현저한 백혈구 감소증'을 언급했지만, 이 역시 15~25퍼센트의 환자에게 나타난다. 심지어 어린 아이는 처음 열흘 동안은 백혈구가 증가하기도 한다. 간 기능 검사나 심전도 검사를 통해서도 장티푸스의 증상을 관찰할 수 있지만 최종적인 진단은 배양을 통하는 것이 가장 정확하다.

그런데 장티푸스 검사로서 많이 언급되는 것이 있다. 바로 위달 테스트Widal test로, 요식업계에서 일하기 위해서는 장티푸스 음성을 확인받아야 하는데 과거에는 보건소에서 간편한 이 테스트를 많이 이용했다. 위달 테스트는 혈청학적 검사의 일종으로 간접 항원응집 검사 방법indirect agglutination test이다. 항체를 이용해서 장티푸스균, 살모넬라 티피가 가지고 있는 O-항원somatic antigen(세균 세포막의 지질다당체 lipopolysaccharide에 존재하는 균체항원)과 H-항원flagella antigen(세균의 편모에 존재하는 편모항원)을 이용해서 세균의 존재 여부를 알아낸다. 슬라이드에 살모넬라 티피 항원과 환자의 혈액 한 방울을 섞어서 응집이 일어나는지만 확인하면 되므로 매우 간편하다. 응집이 일어나면 세균에 대한 항체가 존재한다는 걸 의미하기 때문에 장티푸스 양성으로 판단한다. 그런데 위달 테스트는 민감도와 특이도가 모두 낮아 장티푸스 진단으로 추천되지 않는다. 그래서 건강진단결과서에서도 위달 테스트 결과는 인정하지 않는다. 역시 정확하게 장티푸스를 확인하기 위해서는 혈액이나 대변, 소변, 골수 등에 대한 세균배양검사를 해야 한다.

장티푸스를 일으키는 살모넬라균과 구분해야 하는 것이 있다. 살모넬라처럼 장내세균enteric bacteria이면서 세균성 이질bacillary dysentery을 일으키는 시겔라Shigella sp.라는 세균이다. 세균성 이질은 환자나 보균자가 배출한 대변에 포함된 시겔라균을 입으로 삼켰을 때 감염되는데, 10~100개의 매우 적은 양으로도 질병을 일으킨다. 전 세계적으로 1년에 8000만에서 1억 5000만 명 정도가 이 세균에 감염되고, 이

＊ 김영하의 《검은 꽃》, 에리히 레마르크의 《서부 전선 이상 없다》, 도리스 레싱의 《풀잎은 노래한다》에서 이질은 각각 이민선, 전장, 가난한 동네에서 사람들의 목숨을 앗아가는 질병으로 등장한다.

중 대부분은 아이들이다. 증상은 장티푸스와 비슷하지만 장티푸스와 달리 세균이 몸속으로 들어오면 12시간 만에 증상이 나타난다.* 이 질을 일으키는 시겔라를 처음으로 발견한 사람은 (이름에서도 짐작할 수 있듯) 일제강점기에 경성제국대학 총장을 지낸 의사 시가 기요시志賀潔, 1871~1957다.

시겔라는 대장균과 유전적으로 매우 가깝다. 유전적 분석을 한 결과에 따르면 시겔라는 시가 독소Shiga toxin를 갖고 있는 대장균의 그룹, 그것도 하나의 단일한 그룹이 아니라 여러 개의 분산된 그룹을 통칭하는 것으로 나타난다. 하지만 일반적인 대장균과 달리 심각한 감염 증상을 나타내고, 그래서 역사적으로 대장균과는 구분되는 독립적인 속으로 취급해 왔으며 지금도 그렇다. 그리고 증상은 비슷하지만 원인균은 다른, 그래서 치료법도 달리 해야 하는 장티푸스와도 구분해야 할 필요가 있다.

최근에는 혈청학적 방법이나 분자생물학적 방법 등으로 살모넬라와 시겔라를 동정할 수 있지만, 특수한 배양 배지만으로도 이 둘을 구분할 수 있다. 자일로스-라이신 디옥시콜레이트Xylose-lysin deoxycholate, XLD 배지라고 하는 감별 배지differential media를 이용하는 것이다. 이 배지에는 젖당, 수크로스, 자일로스와 같은 당이 들어 있는데 시겔라는 이런 종류의 당을 이용하지 못하고 페놀레드라는 지시약 때문에 붉은색 콜로니를 형성한다. 반면 살모넬라는 라이신을 분해하면서 알칼리성 물질이 만들어지고, 이로 인해 콜로니가 붉은색을 띤다. 하지만 배지에 포함된 티오황산나트륨으로부터 황화수소가 형성되면서 이 물질이 구연산철암모늄과 반응해서 검은색을 띠게 된다. 이렇게 시겔라는 붉은 색, 살모넬라는 검은 색으로 서로 다른 색깔의 콜로니를 형성하기 때문에 구분할 수 있다.

장티푸스 메리

———

살모넬라 티피에 감염되었다고 모두 장티푸스에 걸리는 것은 아니다. 이 세균에 감염된 사람 중에 2~5퍼센트는 무증상 보균자carrier가 되는 것으로 추정하고 있다. 이런 보균자는 증상은 없으면서 세균은 계속 배출한다. 이런 무증상 보균자 중 역사상 가장 유명한 이가 바로 '장티푸스 메리Typhoid Mary'라고 불리면서 비극적인 삶을 살다간 메리 맬런Mary Mallon, 1869~1938이다.

메리 맬런은 아일랜드에서 태어났다. 그녀가 태어나기 전, 아일랜드는 감자역병과 영국의 잘못된 대처로 '아일랜드 대기근'이라는 엄청난 재난을 겪었다. 기근으로 그리고 함께 덮친 감염병으로 많은 아일랜드인이 죽었다. 이때 유행했던 감염병에는 장티푸스도 있었다. 메리 맬런은 태어날 때 이미 장티푸스균, 즉 살모넬라 티피를 가지고 있었을 것으로 추정되고 있다. 그녀의 어머니가 임신 중에 이미 장티푸스에 감염되어 있었다. 아일랜드 대기근으로 많은 아일랜드인이 미국으로 이민을 떠났고, 맬런은 1884년 열다섯의 나이에 그 행렬에 섞였다. 요리 솜씨가 좋았던 그녀는 미국에서 요리사로 일했다.

메리 맬런에게 불행이 생기기 시작한 것은 1900년대 초반 여러 부유한 집안에서 장티푸스로 사망하는 사람이 잇달아 생기면서부터다. 메리는 그 집들에서 요리사로 일한 적이 있었다. 그녀는 뉴욕시 보건 당국의 담당자와 의사에 의해 추적되었고, 소변과 대변, 혈액 채취를 강요당했다. 검사 결과 그녀는 살모넬라를 가지고 있었다. 그녀의 몸 속에 있는 살모넬라는 그녀에게는 아무런 증상도 나타내지 않으면서 그녀가 장만하는 맛있는 요리 속으로는 꾸준히 들어가고 있던 것이었다. 호흡기로 전파되는 세균이 아닌 살모넬라는 그녀의 손을 거쳐 요리 속으로 들어갔을 것이다. 그리고 많은 사람을 감염하고, 또 목숨까지 앗아갔다.

그녀는 살모넬라가 증식하는 기관으로 알려진 쓸개를 절단하는 수술을 받을 것을 강요받았지만 거부했다. 그 결과로 병원 시설에 강제로 수용되었다. 3년 후 다시는 요리와 관련된 직업을 갖지 않겠다는 서약서를 쓰고 사회로 나왔다. 하지만 생계를 꾸릴 방법은 요리밖에 없던 메리 맬런은 이름을 속이고 병원에 조리사로 몰래 취업했다. 그 사실이 들통 난 것도 병원에서 장티푸스 환자가 나오고 사망자가 생겼기 때문이었다. 다시 체포되어 노스브라더라는 외딴 섬에 수용된 그녀는 죽을 때까지 23년간 섬 밖으로 나오지 못했다.

그녀가 '장티푸스 메리'라는 별명으로 불리면서 '미국에서 가장 위험한 여인'으로 지목된 것은 1908년 《미국의학협회저널》에 의해서였다. 미국에서 장티푸스로 인한 죽음의 책임은 거의 한 여인 때문인 것처럼 비난받았다. 이후로는 질병뿐 아니라 불행을 퍼뜨리는 사악한 사람을 지칭하는 용어로도 자리를 잡았다. 그녀는 대중 매체는 물론 교과서에서도 장티푸스를 비롯한 모든 감염병 보균자의 대명사로, 그리고 보균자의 위험성을 경고하는 사례로도 소개되었다. 메리 맬런은 스스로는 자신이 그런 사람이라는 것을 인정하지 않았지만, 살모넬라 티피 보균자인 그녀에게 감염된 사람은 최소 51명이고, 최대 122명으로 추정된다.

그런데 1907년 미국에서 장티푸스로 사망한 사람은 거의 3만 명에 달했다. 메리 맬런이 가지고 있는 세균으로 적지 않은 사람이 감염되고, 또 죽은 것은 분명하다. 하지만 보균자라는 개념도 잘 알려지지 않았던 시대에 '감염병 마녀'가 되어 손가락질 받은 것은 혹시 결혼도 하지 않은 나이 많고 가난한 이민 여성이라는, 희생양에 딱 맞는 인물이라 더 그런 것은 아니었을까?

메리 맬런을 〈제3병동〉의 심작은둘과 강남옥 모녀에 겹쳐 떠올리게 되는 것은 장티푸스라는 감염병 때문만이 아니라 그녀 역시 그 질병에서 벗어나지 못한 3등 인생이었기 때문일 것이다. 최초로 무증상 보균자로 밝혀진 메리 맬런 이후 100년도 더 지나 장티푸스는 충분히 치료할 수 있는 질병이 되었다. 하지만 2020년부터 우리는 '보균자'란 용어를 아주 흔하게 쓰게 되었고, 그 위험성을 충분히 인지하고, 많은 사람들이 그에 대한 조치를 받아들여야 하는 시대를 겪었다. 이제는 보균자인지 아닌지 여부가 아니라 보균자로 판정되었을 때 당사자와 세상이 어떤 행동을 취하는지가 더욱 중요한 시대가 되었다.

미생물로 쓴 소설들

뜨거울 정도로 펄펄 끓었다,
새벽이면 체온이 급격히 떨어졌고

___

말라리아
—

플라스모디움 팔시파룸 *Plasmodium falciparum*

___

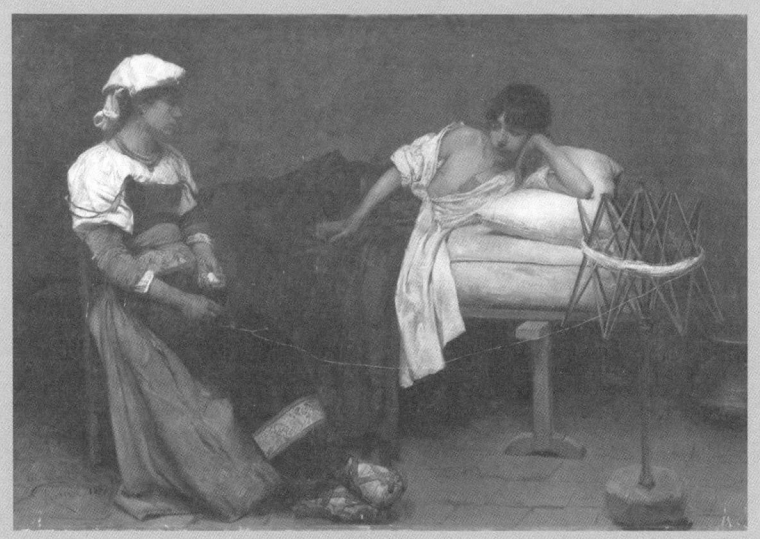

마리아 스티아벨리의 〈말라리아〉[1887]

마리아 스티아벨리Maria Martinetti Stiavelli, 1864~1937는 이탈리아 로마 출신의 화가다. 풍속화를 주로 그렸던 그녀는 23살에 그린 〈말라리아〉로 1889년 파리 박람회에서 은 메달을 수상했다. 바티칸 박물관에 보관되어 있던 이 그림은 복원 작업을 거쳐 2024년 9월 일반인에게 공개되었다. 화가는 이탈리아 지방 특유의 농민 의상을 입고 있는 여성과 낡은 매트리스에 누워 한 팔을 괴고 있는 소년을 그리고 있다. 소년은 말라리아에 걸린 상태다. 이탈리아 로마 동남부에 펼쳐져 있던 넓은 습지대인 폰티노Pontino는 당시 말라리아의 온상이었다.

미생물로 쓴 소설들

로마의 열병

국내에서는 뜻밖이라 생각할지 모르지만 이탈리아 로마는 말라리아malaria가 들끓는 곳이었다. 사실 로마는 초창기 도시 국가 시절부터 늪지대 사이의 언덕에 주거지를 만들어 건설했던 만큼 말라리아에 취약할 수밖에 없었다. 5세기 로마 제국을 멸망시킨 훈족의 군대가 말라리아 때문에 로마에 오래 머물지 못하고 돌아가 버렸다는 얘기가 있을 정도다. 1740년 영국 정치인 호레이스 월풀은 친구에게 보낸 편지에서 로마를 떠난 이유를 "매년 여름 로마에 말라리아가 퍼져 사람을 죽인다"고 썼다. 2016년에는 캐나다 맥마스터대 연구팀이 주도한 연구에서 이탈리아 여러 지역의 무덤에서 찾아낸 기원후 1~2세기의 유골에서 말라리아원충의 유전적 증거를 찾아내 고대부터 말라리아가 존재했다는 것을 밝히기도 했다.

로마의 말라리아는 우선 한 소설의 중요한 모티브로 쓰였다. 미국 출신의 소설가이자 비평가인 헨리 제임스Henry James, 1843~1916의 《데이지 밀러》가 그 작품이다. 1878년에 발표된 《데이지 밀러》는 19세기 이미 벌어지고 있던 미국과 유럽의 문화적 차이를 잘 드러내고 있는 소설이다. 당시 미국인은 유럽에 대한 동경이 있어 부유층은 가족 단위로 오랜 시간 유럽 여행을 즐기곤 했다. 대표적 인물이 바로 헨리 제임스였다. 그런데 유럽의 귀족들은 자유분방한 미국인을 예의 없는 벼락부자라 비웃었고, 미국인은 그들대로 유럽인이 고리타분하다고 여겼다.

미국 출신이지만 유럽 문화에 익숙한 청년 윈터본은 미국에서 이제 막 이탈리아에 도착한 데이지 밀러에게 한눈에 반하고 만다. 데이지 밀러는 유럽인이 봤을 때 남들과 (남자를 포함해서) 스스럼없이 대화하고, 단 둘이서 데이트를 하고, 길가 아무데나 앉아서 떠들었다. 말하자면 경박한 바람둥이 여자로 보였다. 윈터본은 그녀가 다른 이탈리아인과 자주 다니자 질투가 났다. 그리고 그녀에게 조심스럽게 충고하다 결국 감정을 상하게 하고 멀어지게 된다.

헨리 제임스는 미국인으로 유럽 여행을 많이 했고, 나중에는 영국으로 이주해서 살았다. 그는 유럽인이 바라본 미국 사회와 미국인, 미국인이 바라본 유럽 사회와 유럽인에 대해서 소설을 비롯해서 많은 글을 남겼는데, 《데이지 밀러》는 그의 초기 대표작이다. 당시에는 미국과 유럽 사회 모두 소설에서 표현한 차이를 서로 인식하지 못했다고 한다. 이 소설은 유럽과 미국 독자 모두에게 큰 반향을 일으켰다.

미생물로 쓴 소설들

특히 미국에서는 미국 여성을 모욕했다는 이유로 한동안 출판이 거부되기도 했다.

소설은 비극으로 끝난다. 데이지 밀러가 죽는 것이다. 윈터본은 의사로부터 로마의 콜로세움에서 밤을 지새는 일이 몸에 해롭다는 경고를 듣고 주저하지만, 데이지 밀러는 이에 아랑곳 않고 밤늦게까지 이탈리아인과 데이트를 하다 그만 열병에 걸려 끝내 병원에서 죽음을 맞는다.

> 콜로세움에서의 야간 명상은 시인들은 권장하는 바일지 모르지만 의사들은 반대하는 일이라는 기억이 났다. 분명 거기에 역사적인 분위기는 있었다. 그러나 그 역사적인 분위기라는 것은 과학적으로 볼 때 몸에 해로운 독기에 지나지 않았다.
>
> (……)
>
> 이제 윈터본은 단지 위생적인 견지에서, 연약한 젊은 아가씨가 이런 말라리아 소굴에서 저녁 시간을 보내고 있다니 정말 미친 짓이라는 생각만 하기 시작했다. 설사 이 여자가 교활한 어린 바람둥이라고 한들 그게 어떻단 말인가? 그렇다 해도 페르니초사로 죽을 이유는 못 되었다.

'페르니초사pernicoisa'는 이탈리아어로 '치명적인 열병'이란 말이다. 바로 말라리아다. '로마의 열병'!

로마를 비롯한 이탈리아에서 말라리아로 희생당한 인물 중에는 높은 지위에 있던 사람도 무척 많았다. 로마 제국 5현제 중 한 명인 안토니우스 피우스 황제가 말라리아로 죽은 것으로 추정되고,《신곡》을 쓴 단테 알리기에리도 말라리아로 죽었다고 알려져 있다. 10세기 이후 130여 명의 교황 가운데 22명이 열병에 걸려 죽었는데, 말라리아였을 가능성이 농후하다. 그중에는 피렌체의 지배자로 르네상스를 이끌었던 메디치 가문 출신의 교황 레오 10세, 마키아벨리의《군주론》의 모델로 일컬어지는 체사레 보르자의 아버지로, 지독하게 부패했지만 뛰어난 정치가였던 알렉산드르 6세가 있다.

　이런 일도 있었다. 교황이 죽으면 새로운 교황을 선출하기 위해 추기경들이 시스티나 성당의 문을 닫아걸고 만장일치로(지금은 3분의 2 이상) 결정될 때까지 투표를 한다. 이를 콘클라베Conclave라고 한다. 그런데 1623년 교황 선출을 위해 모인 추기경 8명이 집단으로 말라리아에 걸려 죽는 일이 벌어졌다. 이 콘클라베에서 선출된 우르바누스 8세도 감염되었지만 용케 살아남았다고 한다.

말라리아와 모기, 원생생물

———

《데이지 밀러》에서 앞의 인용 대목을 보면 '해로운 독기'라는 표현이 나온다. 소설이 나온 1878년은 아직 말라리아의 병원체가 무엇인지, 어떻게 전파되는 것인지 과학적인 설명이 나오기 전이었다. 사람들은, 심지어 소설에서도 보듯이 의사들까지 습지대의 독한 기운 때문에 병이 생긴다고 여겼다. 말라리아란 말이 바로 그런 의미이기도 했다. 'Malaria'의 'mal'은 '나쁜'이란 의미이고, 'aria'는 '공기'를 뜻한다. 미아즈마miasma(독기)설을 대표하는 질병이 바로 말라리아였다.

말라리아를 일으키는 병원체를 처음 발견해서 기술한 사람은 알제리의 군 병원에 근무하던 프랑스 의사 알퐁스 라브랑Charles Louis Alphonse Laveran, 1845~1922이다. 소설《데이지 밀러》가 출판된 지 2년 후인 1880년 그는 말라리아에 걸린 군인 환자의 적혈구 내부에서 색소를 포함하고 있는 생명체를 발견했다. 이 검은색 소체가 편모를 방출하는 현상을 관찰했고, 이를 통해 이 물체가 기생 미생물이라고 확신했다.

라브랑은 오실라리아 말라리에Oscillaria malariae (Oscillaria라는 속명은 나중에 Plasmodium으로 바뀐다)라고 명명하면서 이 원생생물protist이 말라리아의 병원체라고 제안했다. 그는 (이미 말라리아에 특효약으로 알려져 있던) 퀴닌quinine이 이 기생충을 제거한다는 것을 언급하기도 했는데, 라브랑의 논리는 이랬다. 퀴닌은 말라리아를 치료하는 데 효과가 있다. 퀴닌은 이 기생충을 제거한다. 그러면 이 기생충이 말라리아를 일으키는 범인이다!

당시는 세균이 감염질환의 원인이라는 파스퇴르와 코흐의 세균병인론이 등장하여 세를 넓혀 가던 시기였기 때문에 과학자들은 세균이 말라리아의 원인이라 생각하고 있었다. 그래서 그의 주장은 즉시 받아들여지지 않았다. 하지만 1884년 이후 유침油浸, oil immersion 렌즈가 개발되고, 염색 방법도 개선되면서 그의 관찰과 주장이 인정받았다. 이 발견으로 라브랑은 1907년 노벨 생리의학상을 수상했다.

라브랑의 발견 이후에도 말라리아의 구체적인 생활사는 쉽게 전모를 드러내지 않았다. 1897년에 이르러서야 영국의 의사 로널드 로스Ronald Ross, 1857~1932가 말라리아를 옮기는 주범이 모기라는 것을 밝혀냈다. 그는 인도의 캘커타(지금의 콜카타)에서 의료봉사단의 일원으로 일하면서 말라리아원충, 즉 플라스모디움Plasmodium이 아노펠레스Anopheles(얼룩날개모기)라는 모기에 의해 전파된다는 것을 알아냈다.* 말라리아원충은 모기의 위에서 유성생식 후 침샘으로 옮겨가는데, 모기가 동물의 피를 빨아먹으면 침샘 속에 있던 병원체가 동물(특히, 새)의 혈액으로 들어가 병을 일으키는 것이었다.

로스가 모기를 주목하게 된 데는 인도로 떠나기 전 방문한 패트릭 맨슨Patrick Manson, 1844~1922에게서 들은 조언이 결정적이었다. 맨슨은 라브랑과 함께 필라리아증filariasis(사상충증)이 모기의 위에서 자라는 선충에 의해 발생하고 모기에 의해 전파된다는 것을 발견한 바가 있었다. 그래서 말라리아원충도 모기와 관련이 깊을 것이라 예상하고 있었다. 그는 말라리아에 관한 연구에 열정을 품고 있던 로스에게 말라리아원충의 생활사에 관한 자신의 견해를 설명했다. 로스는 맨슨의 견해를 받아들여 인도로 건너간 후 수많은 모기를 잡아가며 연구한 끝에 증명해냈다(사실은 사람 감염을 발견한 것이 아니라 새 감염을 발견하긴 했지만). 이 발견으로 로스는 1902년 라브랑보다도 먼저 노벨 생리의학상을 수상했다.

* 아노펠레스속에는 480종이 있는데, 이중 약 40종이 말라리아를 옮긴다.

미생물로 쓴 소설들

비슷한 시기 로스와는 독립적으로 이탈리아의 조반니 바티스타 그라시Giovanni Battista Grassi, 1854~1925가 말라리아의 전염 경로를 밝혔고, 어떤 모기가 말라리아를 옮기는지를 알아내는 탁월한 연구 업적을 남겼다. 이탈리아에 만연하던 말라리아를 퇴치하겠다는 애국심에서 비롯된 연구였다. 하지만 맨슨과 함께 그라시는 노벨상 선정위원회가 발표한 수상자 명단에도 들지 않았다.

이로써 로마의 열병은 미아즈마, 즉 독한 공기 때문이 아니라 습지대에 서식하고 있는 모기와 모기를 매개로 한 원생생물, 즉 말라리아원충 때문이라는 것이 밝혀졌다.

사람에서 모기로, 모기에서 사람으로

―

말라리아를 일으키는 말라리아원충의 생활사는 꽤 복잡하다. 세부적으로 보면 7단계의 생활사를 거치지만 크게 인체 내에서의 생활사와 모기 내에서의 생활사로 나뉜다. 인체 내에서는 다시 간과 적혈구에서의 생활사가 구분된다. 말라리아원충은 사람의 간 세포와 적혈구에서 무성생식을 통해 많은 개체를 만들어내고, 모기 내에서는 무성생식과 함께 포자를 만들어내는 유성생식도 함께 일어난다.

모기 내에서 말라리아원충은 암수 생식세포들이 모기의 소화관에서 수정 과정을 거쳐 접합자zygote가 된다. 접합자는 운동성이 있는 개체ookinete(운동접합체)로 성숙한 다음 위의 상피세포와 근육층 사이를 관통한 후 복벽 안쪽에서 구형의 난포낭oocyst이 된다. 이후 핵분열을 거쳐 포자모세포가 되고, 포자모세포는 수백에서 수천 개의 운동성이 있는 포자소체sporozoite를 형성한다.

모기, 특히 암컷 모기가 사람을 물면 모기의 침샘에 모여 있던 포자소체가 혈액 내로 주입된다. 주입된 포자소체는 몇 분에서 한 시간 이내에 표적기관인 간으로 들어간다. 감염된 간 세포 내에서 무성생식에 의해 수만 개의 분열소체merozoite가 만들어지고, 간 세포가 파열되면서 터져 나온 분열소체가 적혈구의 외벽을 뚫고 들어간다.

적혈구로 들어간 분열소체는 반지 모양으로 생장한 다음, 말라리아원충의 종류와 숙주에 따라 24시간에서 72시간에 걸쳐 분열을 거듭한다. 말라리아원충으로 가득 채워진 적혈구는 끝내 파괴되고, 말라리아원충은 적혈구 내에서 두 가지 형태로 발육한다. 한 가지는 앞서 설명한 적혈구를 파괴하고 나와 새로운 적혈구를 감염시키는 형태고, 다른 하나는 생식세포로 발육하여 혈관 속에서 다음 모기로 옮겨갈 준비를 한다. 이렇게 말라리아원충은 사람과 모기를 오가며 생활사를 이어간다.

열대의 질병

말라리아 이야기를 하면서 로마부터 언급했지만, 실제로 말라리아로 더 큰 피해를 입었고, 지금도 문제가 되는 지역은 열대 우림 지역이다. 칠레의 소설가 루이스 세풀베다Luis Sepulveda, 1949~2020가 쓴, 남아메리카의 아마존 정글을 배경으로 한《연애 소설 읽는 노인》에서 주인공 안토니오 호세 볼리바르 프로아뇨의 아내가 죽은 이유가 바로 말라리아였듯이.

둘로레스 엔카르나시온 델 산타시모 사크라멘토 에스투피냔 오타발로는 두 번째 해를 넘기지 못했다. 그녀는 말라리아에 걸려 뼈를 태울 듯한 고열로 신음하다 세상을 떠나고 말았다. 그 순간 안토니오 호세 볼리바르 프로아뇨는 자신이 고향에 돌아갈 수 없음을 알았다.

하지만 그 어느 지역보다 말라리아가 들끓는 지역은 아프리카 대륙이다. 19세기 식민지에 열광한 유럽의 제국주의 국가들이 아프리카 내륙으로 좀처럼 세력을 넓히지 못했던 이유 중 하나가 바로 말라리아였다.

그런데 말라리아가 창궐하는 아프리카 사람들 중에는 말라리아에 저항성을 가진 사람이 적지 않다. 그 이유는 낫형적혈구빈혈증sickle cell anemia을 일으키는 유전자 변이 때문이다. 낫형적혈구빈혈증이란 정상 적혈구가 둥근 모양인 데 반해 낫 모양으로 일그러진 적혈구를 가져서 생기는 유전병이다. 헤모글로빈을 암호화하는 유전자의 뉴클레오타이드 하나가 치환되어서 생긴다. 이 질병은 적혈구가 산소를 제대로 운반하지 못하기 때문에 치명적이다. 유전자를 이루는 두 개의 대립유전자 모두가 이런 돌연변이를 가지고 있으면 성인이 될 때까지 거의 생존하지 못한다. 하지만 대립유전자 하나에만 돌연변이가 있으면 약간의 빈혈증만 나타날 뿐이고 말라리아에도 저항성을 갖게 된다. 말라리아원충이 적혈구 속으로 들어가서 생활사를 이어간다고 했는데, 적혈구 모양이 조금이라도 일그러지면 말라리아원충도 적혈구로 잘 들어가지 못한다. 그래서 자연선택의 원리에 의해 말라리아가 많이 생기는 지역에 오래전부터 살았던 사람들 중에 낫형적혈구빈혈증 돌연변이 대립유전자를 가진 사람이 많고, 이 사람들은 말라리아에 잘 걸리지 않는다. 그런 돌연변이 대립유전자가 없는 유럽인들이라면 하릴없이 말라리아에 취약할 수밖에 없다.

선장으로 콩고에 체류했던 경험을 바탕으로 한 《어둠의 심연》을 쓴 조지프 콘래드Joseph Conrad, 1857~1924도 아프리카에서 말라리아에 걸린 유럽인을 많이 접했을 것이다. 그 자신도 말라리아에 걸렸다 겨우 살아나기도 했다.

《어둠의 심연》은 영국에서 출항을 기다리던 경험 많은 선원 말로가 동료에게 자신이 콩고 강을 거슬러 올라가며 겪었던 일, 그리고 강의 상류에서 커츠라는 전설적인 인물을 만났던 일을 들려주는 형식의 이야기다. 이 소설에서 콘래드는 아프리카의 흑인을 야만인으로 여기는 유럽 제국주의자가 오히려 더 야만적이라는 것을 여실히 보여준다.*

---

*소설의 배경이 되는 콩고는 더욱 그랬다. 콩고는 벨기에의 지배 아래 있었는데, 벨기에라는 국가의 식민지가 아니라, 벨기에의 국왕 레오폴드 2세의 개인 영지였다. 콩고는 아프리카에서도 가장 참혹한 식민 지배를 경험했다.

말로가 콩고에 도착해 본부장과 함께 콩고 강을 거슬러 올라가는 이유는 교역소를 운영하는 커츠라는 상사원을 만나기 위해서다. 커츠는 놀라운 능력으로 엄청난 양의 상아를 조달해 회사에 커다란 이익을 남겼다. 그런데 어느 시점부터 상아를 보내지 않았다. 그를 만나 상아를 되찾아오는 것이 말로와 본부장의 목적이었다. 현재는 상아를 위한 밀렵은 불법이지만(지금도 행해지지만), 당시에는 너무나도 흔하게 잡을 수 있었고 매우 큰 이익을 남기는 장사였다(플라스틱의 발명이 당구공 재료로 쓰이던 상아를 대체해 코끼리의 멸종을 막거나 늦췄다는 평가가 있을 정도다). 콩고 강을 거슬러 올라가는 행로는 그야말로 '어둠의 심연'을 향한 길이었다. 우여곡절 끝에 만난 커츠는 변해 있었다. 유럽의 최고 교육을 받은 문명인 커츠는 밀림에서 야만에 동화되어 있었다. 유럽의 문명을 거부하고, 잔혹하고 이교도적인 지배자로 군림하고 있었다. 하지만 본부장과 동행한 순례자들이 그의 야만성을 비판하는 것은 우스운 일이다. 이미 그들은 커츠보다 더한 야만성을 보여주고 있었다. '어둠의 심연'은 깊은 밀림을 의미하기도 하고, 커츠의 내면을 나타내기도 하지만, 유럽의 제국주의를 뜻하기도 한다(나는 그렇게 읽었다).

천신만고 끝에 만난 커츠는 이미 병에 걸린 상태였고, 기선으로 옮겨졌으나 탈출한 후 죽어간다. 말로는 그의 마지막을 함께 한다. 커츠는 '비열한 호소, 거대하고 역겨운 욕망, 영혼의 야비함, 고통과 격렬한 고뇌'를 남기고, "끔찍하다! 끔찍해"라는 말을 두 번 되풀이하면서 죽어간다.

그분이 두 번째로 병환이 들었습니다. 그 후 저는 그분을 피해야 했지만, 그래도 좋았습니다. 그분은 대부분의 시간을 호숫가 촌락에서 보냈어요. 그분이 강으로 내려올 때, 어떤 때는 호감을 갖고 저를 대하고, 또 어떤 때는 제 쪽에서 조심하는 편이 나았습니다. 그분은 너무 고통 받았습니다. 이 모두를 증오했지만, 어떤 이유에선지 벗어날 수 없었던 겁니다.

(……)

"그분이 꼼짝 못하고 누워 있다는 말을 듣고 제가 갔습니다. 목숨은 운에 맡기고요"라고 러시아 청년이 말했네. "그분의 상태가 안 좋았습니다. 아주 안 좋았어요."

커츠의 병명은 구체적으로 밝히고 있지 않다. 하지만 콘래드 자신이 콩고에서 말라리아에 걸렸다는 점을 감안하면, 그리고 콘래드의 분신인 말로 역시 말라리아에 걸렸다는 것을 암시하고 있는 걸 보면 커츠를 죽음으로 몰고 간 질병 역시 말라리아가 분명하다. 문화적으로 변절했다지만 그는 어쨌든 말라리아에 내성을 갖지 못한 유럽인이다.

콘래드의 콩고 체험에서 나온 또 다른 소설 〈진보의 전초 기지〉에도 말라리아는 '열병'이라는 이름으로 등장한다. 소설의 마지막 대목 "열대의 땅에 피어오르는 아침 안개, 들러붙어서 숨통을 막아 버리는 안개, 백색의 치명적인, 티 하나 없는, 독기 어린 안개"는 불가사의하면서 불합리한 식민 지배의 현실을 암시하고, 아직 말라리아의 정체가 밝혀지기 전 미아즈마설의 흔적을 보여준다.

미생물로 쓴 소설들

주기적으로 반복되는 고열

———

앞서 라브랑이 말라리아가 지금은 플라스모디움 말라리에라고 불리는 원생생물에 의해 생긴다는 것을 밝혔다고 하고는 자세한 이야기는 하지 않았는데, 우선 사람을 감염하는 말라리아원충은 모두 다섯 종이 알려져 있다는 걸 말해야겠다.

다섯 종의 말라리아원충 가운데 가장 치명적인 것은 플라스모디움 팔시파룸*Plasmodium falciparum*이다. 아마도 콘래드의 《어둠의 심연》에서 커츠를 죽음으로 몰고 간 녀석인 것 같다. 주로 아프리카에서 발견되기 때문이다. 열대열원충이라고도 한다.

다음으로 많은 감염을 일으키는 것은 플라스모디움 비박스 *Plasmodium vivax*다. 아프리카를 포함한 전 세계에서 말라리아를 일으키는 것으로 알려져 있는데, 48시간 주기로 발열 증상이 반복되기 때문에 삼일열원충이라고도 한다. 우리나라에서 발견되는 말라리아원충은 거의 플라스모디움 비박스에 속한다. 플라스모디움 말라리에는 72시간 주기로 증상이 나타나기 때문에 사일열원충이라고 불리는데, 플라스모디움 비박스와 플라스모디움 말라리에에 의한 말라리아는 플라스모디움 팔시파룸에 감염되었을 때보다 증상이 가벼운 편이다.

난형열원충이라고 하는 플라스모디움 오발레*Plasmodium ovale*는 아프리카 서부와 남태평양 일부 지역에서 보고된다. 그 밖에 주로 원숭이에게서 발견되어 원숭이열말라리아라고도 하는 플라스모디움 크노우레시*Plasmodium knowlesi* 역시 사람에게도 감염될 수 있다.

말라리아원충 종에 분자계통학 분석 결과는 이들 사람을 감염하는 종이 하나의 가지branch를 이루지 않는 것을 보여준다. 즉, 여러 말라리아원충 종이 독립적으로 인간을 감염하는 능력을 갖게 되었다는 얘기다. 어쩌면 그런 감염 능력이 종 사이에 최근에 전파되었을 수도 있다.

말라리아의 주요 증상으로는 물론 세풀베다가 《연애 소설 읽는 노인》에서 썼듯이 '뼈를 태울 듯한 고열'이다. 고열은 지속되지는 않고, '발열 → 오한 → 발한'의 과정을 주기적으로 반복한다. 이를 열발작malarial paroxysm이라고도 한다.

이런 열발작의 주기는 말라리아원충의 적혈구 생활사 주기와 밀접한 연관이 있다. 말라리아원충의 생활사에서 적혈구 안에 자리 잡고 있던 원충이 증식한 후 분열소체의 형태로 적혈구를 파괴하고 나올 때 이에 대한 인체의 면역 반응으로 사이토카인 등이 대량으로 방출되면서 체온이 급격히 상승한다. 이런 단계가 지나면 체온이 떨어진다. 이런 상황이 주기적으로 반복되는 것이 말라리아의 주요 특징인데, 이 주기의 간격에 따라 삼일열말라리아, 사일열말라리아라고 불리는 것이다. 이 밖에도 두통과 근육통이 심하게 나타나고, 적혈구 파괴로 인한 빈혈 증상과 전신 무력감이 나타난다. 일부 환자는 구토, 설사와 같은 소화기 증상을 겪기도 한다.

그런데 무엇보다 문제가 되는 열대열원충, 즉 플라스모디움 팔시파룸에 감염된 경우 뇌 말라리아로 진행될 수가 있는데, 이 경우 의식 저하, 발작, 혼수상태에 이를 수 있다. 신부전, 호흡부전에 이어 여러 장기에 부전이 와서 죽음까지 이를 수 있다. 뇌 말라리아로 진행되면 살게 되더라도 많은 경우 시력이나 언어 능력을 잃고, 사지가 마비되는 등의 영구적인 손상을 입는다. 그래서 열대열원충에 의한 말라리아, 즉 열대열말라리아(또는 악성말라리아)는 전체 말라리아로 인한 사망의 90퍼센트를 차지한다. 전 세계 말라리아 사망 사례 중 85퍼센트는 아프리카에서 발생한다. 특히 말라리아는 면역력이 채 발달하지 않은 어린아이를 공격하는 경우가 많아 사망자의 75퍼센트가 5세 이하의 어린아이이고, 다음 주요 타깃은 임산부다.

면역되지 않는 질병, 말라리아

아프리카에서 말라리아에 걸렸을 때의 증상에 관해서는 2007년에 노벨 문학상을 수상한 도리스 레싱Doris May Lessing, 1919~2013이 첫 작품 《풀잎은 노래한다》에서 비교적 자세히 묘사하고 있다. 레싱은 어린 시절 남아프리카의 로디지아(지금의 짐바브웨)로 이주하여 서른 살까지 그곳에서 살았다.

남아프리카의 어느 시골 농장을 배경으로 하고 있는《풀잎은 노래한다》는 식민지 사회의 병리 현상을 고스란히 담고 있다. 인종주의와 계급 의식에 찌든 아프리카 이주 백인 사회의 이중성과 여성에 대한 편견, 억압으로 인한 비극 역시 이 소설에서 비판적으로 그려진다.

애정 없이 필요에 의해 결혼했고, 결혼으로 인한 변화에 적응할 수 없었던 도시 여인 메리와 농장주인 리처드는 결혼 이후 서서히 지치고 소원해지는데, 비극으로 가는 결정적 계기는 바로 남편이 걸린 말라리아였다.

그 지역은 말라리아 위험 지역에 속했지만 리처드는 오랫동안 단 한 차례도 병치레를 하지 않았다. 오랫동안 말라리아균이 몸 안에 있으면서도 그 사실을 모르고 지냈던 것일까? 습기가 많은 계절에는 매일 밤 키니네를 복용했지만, 기온이 떨어지면 더 이상 복용하지 않았다. 농장 어딘가 모기들이 부화할 만큼 따뜻한 곳이 있는 나무 밑동에 썩은 물이 고여 있는 게 분명하다고 리처드는 말했다. 아니면 햇볕이 들지 않아 물이 증발되지 않는 서늘한 곳에 버려진 녹슨 깡통이 모기의 온상 역할을 했을 수도 있다.

회복되는 듯했던 리처드는 다시 말라리아에 걸린다. 말라리아는 이른바 '교차 면역cross immunity'*이 작동하지 않는다. 이는 면역 기억에 관여하는 보조 T세포helper T-cell가 말라리아원충에 대해서는 폭넓은 면역 반응을 하지 못하기 때문이다. 보조 T세포의 수용체가 말라리아원충의 항원 결정기antigenic determinant와 결합할 때 지나치게 엄격하기 때문에, 조금만 달라져도 결합하지 못해 자연 감염에 따른 면역력이 잘 생성되지 않는다. 그래서 한번 말라리아에 걸렸다고 보편적

*교차 면역이란, 이전에 노출된 병원체로 인해 면역 시스템이 활성화되어 이에 의해 만들어진 면역 세포들이 비슷하지만 다른 병원체에 대해서도 작용하는 현상을 말한다.

미생물로 쓴 소설들

인 면역력이 생기지 않고 변이가 조금이라도 있는 말라리아원충에 다시 감염되면 말라리아에 걸리는 것이다. 리처드도 그랬을 것이다. 다시 말라리아에 걸린 리처드는 전형적인 말라리아 증상을 보인다.

리처드는 여전히 고열로 혼수상태에 빠져 죽은 듯이 침대에 누워 있었다. 열은 떨어지지 않고 있었다. 그는 병치레를 단단히 하고 있었다. 땀이 비 오듯 쏟아졌다가는 갑자기 살갗이 꺼칠꺼칠하고 바싹 마르면서 손을 대면 뜨거울 정도로 펄펄 끓었다. 오후가 되면서 체온계가 최고의 눈금을 육박할 정도로 치솟아 올랐기 때문에, 메리는 볼 때마다 눈금이 올라가는 체온계를 그의 입 안에 오래 꽂아 둘 수가 없었다. 열이 저녁 무렵에 40.5도까지 올라갔다가 자정 무렵까지 그 수준에 머물렀는데, 리처드는 계속 몸을 비비 틀면서 신음을 내지르며 괴로워했다. 새벽 무렵에는 체온이 정상 이하로 급격히 떨어졌고 리처드는 춥다고 투덜거리며 담요를 더 덮어 달라고 했다.

리처드는 말라리아로 죽지는 않았지만 후유증으로 더 이상 농장일을 할 수 없게 되었고, 대신 메리가 농장을 경영한다. 농장을 경영하는 도중 여러 사건을 거치면서 메리의 내면은 더욱 피폐해진다. 하인 토니에게 묘한 감정을 느끼고, 메리와 토니, 그리고 그들이 없는 사이에 농장을 돌보기로 한 영국 청년 모세 사이에 긴장이 조성된다. 결국 농장을 넘기고 여행을 떠나기로 한 날 새벽 토니는 메리를 살해하고 만다.

그런데 이 소설에서 메리의 비극은 그저 그녀가 살해당한 사실 자체가 아니다. 누구도 그녀에게 동정심을 갖지 않았고, 아무도 그녀의 죽음에 대해 이야기하려 하지 않았다. 그녀의 죽음을 그녀의 책임, 그녀 개인적인 것으로 치부하고자 하는 것이 바로 이 소설의 사회적 내용이다.

'리처드가 말라리아에 걸리지 않았다면'이라는 가정은 소설에서 별 의미가 없다. 그랬더라도 메리와 리처드는 파국을 맞았을 게 분명하다. 파국의 형태와 시기가 달랐을 뿐. 그러나 레싱이 파국의 결정적 계기를 말라리아로 삼은 것은 아프리카에서 흔했던 질병 말라리아가 그녀에게 그만큼 인상 깊었고, 그로 인한 비극적 삶을 많이 지켜봤기 때문일 것이다.

예수회의 가루

———

도리스 레싱의 《풀잎은 노래한다》에서 말라리아에 걸린 리처드는 매일 밤 키니네를 복용한다. 키니네 kinine 는 퀴닌 quinine 의 다른 말이기도 한데, 1700년대부터 서구에 말라리아의 특효약으로 알려져 있었다.

퀴닌은 남아메리카의 안데스 산맥 고산 지대에서 자라는 키나 나무 *Cinchona officinalis* 껍질에서 추출한 물질이다. 대항해 시대 이후 아메리카 대륙으로 건너간 예수회 선교사들이 남아메리카 주민이 이 나무의 껍질로 말라리아를 치료하는 것을 보고 유럽에 가져가면서 알려졌다. 처음에는 나무껍질을 가루 형태로 만들어서 사용해서 '예수회의 가루'라고도 불렸다. 예수회의 가루는 영국의 찰스 2세, 프랑스의 루이 14세의 왕자, 그리고 청나라 강희제의 목숨까지도 살렸다고 한다.

퀴닌은 1820년 프랑스의 피에르 펠레티에Pierre Joseph Pelletier와 조지프 카방투Joseph Caventou에 의해 처음 추출되었는데, 감염병을 성공적으로 치료한 최초의 화학 물질이라고 할 수 있다. 퀴닌은 분자 내에 질소 원소를 포함하고 있는 알칼로이드의 일종으로 말라리아원충이 적혈구 내에서 헤모글로빈을 파괴하는 것을 막아 말라리아의 증상을 억제한다.

퀴닌은 말라리아가 두려워 유럽인들이 섭사리 침투하지 못했던 아프리카 깊숙한 곳까지 진출할 수 있게 해주어 제국주의의 중요한 침략 도구가 되기도 했다. 키나 나무껍질 추출액에 탄산을 첨가해 마시기 쉬운 형태로 만든 것이 바로 '토닉 워터'인데, 영국 군인들은 토닉 워터로 만든 진 토닉을 마시며 인도와 아프리카 등을 점령해 나갈 수 있었다.

퀴닌은 말라리아 치료에 효과가 컸지만, 지나친 벌목으로 키나 나무 확보가 어려워지면서 인공 합성을 시도하기 시작했다. 오랫동안 실패를 거듭하다 인공 합성에 성공한 사람은 1944년 미국의 젊은 화학자 로버트 우드워드Robert Burns Woodward, 1917~1979였다. 그는 1965년에 노벨 화학상을 수상했다. 우드워드 이후로 퀴닌의 화학 구조를 참조해 대체 화합물 합성을 시도했고, 퀴나크론, 클로로퀸, 메플로퀸과 같은 항말라리아 치료제가 개발되었다. 그러나 시간이 지나면서 이러한 합성 퀴닌 대체제에 내성을 갖는 말라리아원충이 생겼고 새로운 말라리아 치료제가 필요해졌다. 중국의 과학자 투유유屠呦呦는 베트남 전쟁에서 군인들이 모기로 한창 힘들어할 때 개똥쑥Artemisia annua 에서 말라리아 치료제 성분인 아르테미시닌artemisinin을 추출했다. 그녀가 이 업적으로 2015년 노벨 생리의학상을 수상한 것은 아직도 말라리아에 대한 치료가 인류에게 그만큼 시급하고 중요하다는 것을 의미한다.

기후 교란과 말라리아

1955년부터 WHO를 비롯한 기관들에서 말라리아 퇴치 계획을 발표해 왔지만 줄곧 실패를 자인해 왔다. 오히려 말라리아 발생국은 늘어나고 있는 실정이다.

말라리아는 다른 어떤 감염병보다 기온의 영향을 많이 받는다. 모기의 생식과 말라리아원충의 생활사에 온도가 중요한 요소이기 때문이다. 우선 모기는 번식과 생활에 기온의 영향을 많이 받는다. 기온이 낮으면 알이 부화하는 데 시간이 오래 걸리고, 섭씨 10도 이하에서는 아예 살아남지 못한다. 모기가 최상의 상태를 유지하면서 번식하는 온도는 섭씨 24도 이상이다. 그렇기 때문에 온대 지방에서는 봄에서 가을 사이에만 알을 낳고, 부화하고, 사람을 문다.

따라서 모기에 절대적으로 의존해야 하는 말라리아원충도 기온에 큰 영향을 받을 수밖에 없다. 모기는 냉혈동물로 주변 온도에 따라 체온이 달라지는데, 모기의 체온이 낮을수록 말라리아의 생식도 느려진다. 섭씨 20도 아래에서는 말라리아원충의 생활사가 모기의 수명보다 길어지면서 한 생애를 다 돌기도 전에 모기가 죽어버려 말라리아원충도 사라져 버린다. 삼일열원충은 열대열원충보다 좀 더 낮은 온도에서 견딜 수 있다. 그런 이유로 우리나라나 영국, 캐나다 등지에서 발견되는 말리라아원충은 삼일열원충이다, 아직까지는.

모기나 말라리아원충이나 따뜻한 기후를 반길 수밖에 없다. 따뜻한 기후에서는 모기가 일 년 내내 활동하고, 말라리아원충은 그 안에서 번식하고 사람 사이를 오가며 말라리아를 풍토병으로 만들어 버릴 수 있다. 기후 교란으로 인한 지구온난화 현상은 모기의 활동 지역을 넓히고, 말라리아 발생 지역을 점점 고지대로, (북반구의 경우) 북쪽으로 밀어 올리고 있다. 말라리아 퇴치국이었다가 지금은 오히려 OECD 국가 중 가장 빈발하는 나라가 되어 버린(그래서 '재퇴치'하겠다고 선언했지만) 우리나라에는 그나마 온순한(?) 삼일열원충이 대다수이지만, 언젠가 열대열원충을 품은 모기가 주위를 돌며 우리의 피를 호시탐탐 노릴지도 모른다. 《데이지 밀러》의 데이지 밀러, 《연애 소설 읽는 노인》의 안토니오 호세 볼리바르의 아내, 《어둠의 심연》의 커츠, 《풀잎은 노래한다》의 리처드와 같은 운명을 조만간 우리 주위에서 보게 될 지도 모른다.

10

살갗은 청보라 빛을 띠며
점차 시커매지고

스페인 독감

—

인플루엔자 바이러스 Influenza virus

기쿠치 간 등 《간단한 죽음》
염상섭 《만세전》 1924
캐서린 앤 포터 〈창백한 말, 창백한 기수〉 1939
윌리엄 맥스웰 《그들은 제비처럼 왔다》 1937
이사벨 아옌데 《비올레타》 2022

에곤 실레 〈가족〉[1918]

오스트리아의 화가 에곤 실레의 〈가족〉은 그의 마지막 작품이다. 실레는 어릴 적 반항

아로 살았지만, 에디트 하름스와 결혼하면서 안정을 찾고 작가로서 명성과 부도 얻기

시작했다. 더욱 기뻤던 것은 아내가 아이를 가진 것이다. 자신도 완전한 가족을 이룰 수

있다는 희망에 부풀어 아직 아기가 태어나기도 전에 조카를 모델로 〈가족〉이라는 작품

을 그렸다. 실레의 다른 작품들과는 다른 따뜻함을 느낄 수 있는 그림이다.

하지만 그의 기대와 희망은 산산조각이 났다. 바로 스페인 독감 때문이었다. 아내가 먼

저 스페인 독감에 걸려 배 속의 아이와 함께 죽었고, 돌보던 실레마저 아내가 죽은 지

삼일 만에 세상을 떠났다. 그때 실레의 나이는 스물여덟이었다.

미생물로 쓴 소설들

PATHOGEN IN LITERATURE

스페인 독감에서 살아남아

———

스페인 독감으로 수천만 명이 죽었다. 제1차 세계 대전으로 죽은 숫자보다 많았다. 그 정도의 엄청난 죽음을 가져왔다면 그만큼 충격이 컸을 터이고, 그랬다면 이 질병을 다룬 작품이 넘쳐날 것 같은데 실상은 그렇지 않다. 미술평론가 김선지는 제1차 세계 대전을 겪은 사람들이 비참한 현실을 또 다시 직시하고 싶지 않았기 때문이라고 말한다. 사람들이 전쟁과 질병이 한꺼번에 들이닥쳤던 참혹했던 기억에서 벗어나고자 스스로 "어두운 과거에 대한 집단 기억상실증"에 걸렸다고 봤다. 몇몇 작품만이 그 잔혹한 기억을 되살리고 있다.

미국의 소설가 캐서린 앤 포터Katherine Anne Porter, 1890~1980는 화가 에곤 실레와는 달리 스페인 독감에 걸렸지만 살아남았다. 남성 중심적이고, 보수적인 미국 남부에서 태어나 다섯 번이나 결혼할 만큼 불행한 결혼 생활에서 벗어나지 못했던 포터는 평생 결핵과 임질로 병원을 전전했고, 스페인 독감에도 걸려 죽음의 고비를 넘겨야 했다. 스페인 독감에 걸린 포터의 상태는 매우 심각했고, 신문사에서는 기자였던 그녀의 부고를 미리 준비하기도 했다고 한다. 병에서 회복했을 때 포터는 대머리가 되었고, 머리카락이 다시 자랐을 때는 백발이었다.

유럽을 방랑하기도 했던 다양한 경험을 바탕으로 포터는 약자에 대한 억압, 폭력과 전쟁, 그리고 질병에 깊이 천착하게 되었고, 이를 깊은 내면 묘사와 아름다운 언어로 풀어냈다. 특히 스페인 독감에 걸렸다 살아난 경험은 포터의 삶을 크게 흔들어 놓았고, 이때의 경험을 바탕으로 〈창백한 말, 창백한 기수〉와 〈웨더롤 할머니가 버림받다〉라는 단편소설을 썼다.

〈창백한 말, 창백한 기수〉에서 주인공 미란다는 포터처럼 신문 기자이고, 스페인 독감에 걸렸을 뿐 아니라 군인 애덤과 사랑에 빠진다. 둘은 데이트 도중 스페인 독감에 걸려 죽은 사람의 장례 행렬을 보게 되고 불안에 빠진다. 그래도 애덤은 휴가를 연장해 허락까지 받고 미란다와 알차게 보내려고 마음먹지만, 미란다가 먼저 몸에 이상 증세를 느끼기 시작한다. 미란다는 사경을 헤매고 의식도 불안정해 현실과 환상을 오가는데, 애덤은 사랑하는 연인을 피하지 않고 정성껏 간호한다. 사랑 고백과 함께.

그러다 애덤이 잠깐 자리를 비우고, 그 사이에 미란다는 병원으로 호송되어 버린다. 그게 애덤과의 마지막이었다. 미란다는 포터가 그랬던 것처럼 죽음의 문턱에서 살아 돌아왔고, 전쟁 ^{제1차 세계 대전}도 끝이 났다. 하지만 미란다가 병에서 회복된 후에 받아 본 편지에는 애덤의 사망 소식이 담겨 있었다. 애덤은 살면서 한 차례도 아파본 적이 없다고 자신할 만큼 건강한 청년이었지만, 아마도 미란다로부터 옮았을 스페인 독감 앞에서는 속수무책이었다. 애덤 없이 혼자 살아남은 미란다는 전쟁도, 전염병도 없지만 더욱 삭막해진 거리를 바라보며 가슴 아파한다.

소설에서 포터는 미란다의 눈에 비친, 스페인 독감으로 죽은 이의 흔적에 대해 다음과 같이 묘사한다.

그들이 지나간 자취에 파리한 흰빛의 안개가 불길하게 피어올라 미란다의 눈앞을 떠다녔다. 그 안개 속에는 학대당하고 유린당한 모든 생명의 공포와 피로가, 그들의 일그러진 얼굴과 비틀린 등과 부러진 발이, 온갖 형태를 띤 혼란한 고통과 외떨어진 마음이 숨겨져 있었다. 당장이라도 안개가 흩어져서 인간의 온갖 번민이 무더기로 쏟아져 나올 것 같았다. 안 되는데, 아직 안 되는데, 하지만 너무 늦었다.

죽음의 청기사

———

포터는 소설의 제목을 "창백한 말, 창백한 기수"라고 지었다. 그리고 영국의 저널리스트이자 소설가 로라 스피니는 스페인 독감을 다룬 논픽션에 "죽음의 청기사"라는 제목을 붙였다. "죽음의 청기사"는 스페인 독감 혹은 스페인 독감을 유발한 병원체를 의미한다. 스피니의 '청기사'라는 표현이나 포터의 '창백한'이란 표현이나 모두 스페인 독감에 걸린 이들의 인상적인 증상을 한마디로 표현하고 있다.

스페인 독감에 걸린 환자는 열이 나고, 두통과 인후염을 겪지만 증상이 심해지면 폐렴과 함께 청색증이 나타났다. 몸의 말단, 즉 손끝, 발끝부터 시작해서 몸 전체가 새파랗게 변하고, 때로는 검푸르게 변하기까지 했다. 혈액에 산소 공급이 부족해 벌어지는 현상이었다.

산소가 풍부한 동맥의 피는 선홍색을, 산소가 적은 정맥의 피는 파란색을 띠기 마련이다. 온몸을 도는 혈액은 폐에서 산소를 공급받는데, 청색증은 폐에서 산소를 혈액에 제대로 전달하지 못해서 생긴다. 우리 몸의 모든 세포와 기관은 피를 통해 산소를 공급받아 세포 호흡을 하는데, 혈액에 산소가 부족한 상태가 지속되면 몸의 기관들에 손상이 생겨 기능을 상실하고 만다.

스페인 독감에 걸린 환자의 폐에는 허파꽈리^{폐포} 사이에 파괴된 세포의 잔해와 온갖 면역세포들로 가득했고, 피까지 고여 있어 마치 물에 잠긴 것 같았다. 그래서 제대로 산소를 공급하지 못했고, 숨이 가빠지고 섬망에 빠져 헛소리를 하는 경우가 많았다. 피거품이 기도를 막고, 따라서 제대로 호흡을 하지 못하는 상태에서 코와 입에서 피를 뿜고, 심지어 눈과 귀에서까지 피가 흘러나오며 죽는 경우도 있었다. 스피니는 "독감의 희생자는 자기 자신의 체액에 빠져 죽은 셈이었다"고 표현하고 있다. 1918년 독감에 걸린 환자들 가운데는 푸르다 못해 아예 새까맣게 변하기도 해서 독감이 아니라 흑사병, 즉 페스트라

미생물로 쓴 소설들

는 소문까지 돌기도 했다.

인플루엔자 바이러스
———

속수무책으로 당하고 있었지만, 당시에는 정체도 알 수 없었다. 폐렴구균 *Streptococcus pneumoniae*을 의심해서 백신 개발에 박차를 가하기도 했고, 헤모필루스 인플루엔자에 *Haemophilus influezae*라는 세균이 강력한 병원체 후보로 떠올라 이름마저 '인플루엔자'라고 불렸고, 이는 지금까지도 이어지고 있다.

하지만 스페인 독감의 정체는 바이러스였다. 이게 밝혀진 것은 1930년대에 와서 리처드 쇼프 *Richard E. Shope* 등에 의해서였고, 정확히 어떤 바이러스인지는 1997년에 요한 훌틴 *Johan Hultin*과 제프리 토벤버거 *Jeffery Taubenberger*에 의해 밝혀졌다. 바로 A형 인플루엔자 바이러스 H1N1이라고 하는 바이러스다.

인플루엔자 바이러스는 오르토믹소바이러스과 *Orthomyxoviridae*에 속한다. A형, B형, C형, D형의 네 가지가 있는데, 이중 A형과 B형만 사람에게 감염한다. 특히 A형 인플루엔자 바이러스가 심한 독감을 일으킨다. 스페인 독감을 일으킨 바이러스가 바로 A형에 속하고, 2024년 국내를 비롯해 전 세계적 유행을 일으킨 독감도 마찬가지다.

인플루엔자 바이러스 입자는 보통 80~120나노미터 정도에 구형 또는 실 모양이다. 외피 안에 유전물질이 있는데, 유전체는 8개의 절편으로 이루어진 음성 단일 RNA다. RNA는 단백질 합성의 주형이 되는 것, 즉 mRNA로서 기능하는 것을 양성(+) 가닥, 그와 상보적인 가닥을 음성(−) 가닥이라고 정의한다. 인플루엔자 바이러스의 유전체가 음성 가닥 RNA라는 것은 이 RNA가 바로 단백질로 번역되는 mRNA로 작용하지 못한다는 의미다. 음성 가닥 RNA를 유전물질로 갖는 바이러스는 'RNA-의존성 RNA 중합효소'가 있어 숙주 내에서 상보적인 양성 가닥을 합성하고, 이렇게 만들어진 양성 가닥이 mRNA로 작용해서 필요한 단백질을 합성한다.

이 바이러스의 유전체가 분절된 절편으로 구성되어 있다는 것도 중요한 의미가 있다. 서로 다른 동물 숙주에서 유래한 바이러스가 하나의 숙주세포에 같이 감염되는 경우, 각 유전자 절편이 서로 교환되면서 새로운 바이러스를 만들 수 있게 된다. 이를 유전자 재편성genetic rearrangement이라고 하는데, 신·변종 바이러스가 만들어지는 주요한 메커니즘이다.

이 중에서도 바이러스의 병원성과 관련해서 중요한 분자가 혈구응집소hemagglutinin, HA와 뉴라민분해효소neuraminidase, NA다. 혈구응집소는 바이러스의 외피 표면에 존재하는데, 숙주세포의 시알산sialic acid 수용체와 결합해 바이러스가 세포질로 들어갈 수 있게 해준다. 감염을 시작하는 데 가장 중요한 분자인 셈이다. 감염된 세포에서 증식한 바이러스가 이제 다시 새로운 세포를 감염시키려면, 이미 감염시킨 세포의 수용기와 바이러스 입자의 결합을 끊고 떨어져 나가야 하는데, 이렇게 끊어주는 역할을 하는 것이 뉴라민분해효소다. 다시《죽음의 청기사》에서 로라 스피니의 표현을 빌리면, 혈구응집소는 "바이러스가 세포 안으로 뚫고 들어갈 때 쓰는 쇠지레"이고, 뉴라민분해효소는 "바이러스가 다시 세포 밖으로 빠져나올 때 쓰는 유리 절단기"와 같은 것이다. 혈구응집소와 뉴라민분해효소에는 여러 아형이 존재하고, 아형의 조합에 따라 인플루엔자 바이러스의 종류가 결정된다. 스페인 독감을 일으킨 인플루엔자 바이러스는 A형 중에서도 H1N1형이다.

그런데 혈구응집소와 뉴라민분해효소가 앞서 얘기한 유전자 재편성에 의해 서로 교체되는 항원 대변이antigenic shift가 일어나면 숙주의 면역체계가 대처할 수 없어 숙주는 커다란 피해를 입게 된다. 스페인 독감이 바로 그런 예였다. 반면 바이러스의 항원 유전자에 돌연변이가 생겨서 항원이 조금씩 변하는 것을 항원 소변이antigenic drift라고 하고, 이를 통해서도 바이러스는 숙주의 면역계를 회피할 수 있다.

건강을 자신한 애덤이 죽은 이유

독감은 대체로 사회에서 약한 사람들, 즉 어리거나 나이가 많은 사람을 공격해 죽인다. 그런데 1918년의 독감은 그렇지 않았다. 〈창백한 말, 창백한 기수〉의 애덤과 같이 젊고 건강한 사람을 많이 죽였다. 이것은 어느 한 지역에서만 일어난 일이 아니라, 전 세계 모든 지역에서 비슷했다. 유아도 많이 죽고 노인도 많이 죽었지만, 20대, 30대와 같이 사회에서 가장 튼튼하다고 여겨지는 집단도 많이 죽었다. 그래서 1918년 독감의 연령별 사망 그래프를 보면 W자 모양이다. 영유아와 20~30대, 노년층의 사망률이 상대적으로 높고, 10대와 40~50대는 사망률이 그에 비해 낮았다. 하지만 독감에 가장 취약한 이들은 임신한 여성들로, 감염되었을 때 죽을 확률이 가장 높았다.

왜 건강해 보이는 젊은이들의 피해가 컸을까? 이건 당시에도 큰 의문이었다. 그 의문은 병원체에 대한 인체의 면역 반응을 더 잘 알게 되면서 풀리기 시작했다.

인플루엔자 바이러스가 인체에 침입할 때, 최전방 방어선은 침과 코털 같은 물리적 수단이다. 침에 든 효소가 병원체를 죽이고 코털은 커다란 입자를 거른다. 그다음으로는 점막이 있다. 끈적끈적한 점막은 병원체를 붙잡아 주는 역할을 한다. 점막 아래에는 두꺼운 상피세포 층이 있는데, 상피세포에는 미세한 털 모양의 섬모가 있다. 섬모는 이물질을 위쪽으로 쓸어낸다. 이것마저 통과해서 세균이나 바이러스, 혹은 그 밖의 무언가가 목구멍을 통해 침입하면 우리 몸은 체액을 쏟아 부어 씻겨 내려 보내거나(그게 콧물이다), 기침이나 재채기를 통해 배출한다.

이런 물리적인 방어 수단 다음으로는 대식세포macrophage나 자연살해세포natural killer cell와 같은 공격적인 면역세포의 활약이 있다. 세포성 방어인자에 해당하는 이들 세포는 효소를 분비해 세균이나 바이러스가 점막 안으로 침투하지 못하게 하거나 직접 공격해서 파괴한다.

이 정도에서 성공하면 폐와 같은 기관까지 감염되지 않기 때문에 큰 문제가 생기지 않는다. 하지만 바이러스가 앞에서 언급한 방어 수단을 뚫고 폐까지 감염하면 인체는 더욱 강력한 방어 수단을 쓸 수밖에 없다. 폐는 너무나도 중요한 기관이기 때문에 온갖 방어 수단이 동원된다. 그런데 문제는 이렇게 동원된 대규모의 방어 수단이 병원체만 파괴하는 게 아니라 우리 몸도 파괴한다는 점이다. 스페인 독감을 일으킨 인플루엔자 바이러스는 특히 폐까지 침입할 수 있는 능력이 뛰어난 바이러스이기에 우리의 면역계는 최선을 다해서 지켜야만 했다. 바로 이렇게 최선을 다한 방어 반응 자체가 청년들에게 살인자 역할을 했던 것이다.

폐에 침투한 바이러스를 제거하기 위해 동원한 면역 물질 중에서 특히 주목받는 것은 인터페론interferon, TNF-α, 인터류킨interleukin이다. 사이토카인cytokine이라고 통칭하는 이 물질들은 바이러스에 감염되었을 때 감염된 부위가 붉어지고 열이 오르는 염증 반응inflammation에 관여한다. 사이토카인 중 인터페론은 여러 항바이러스 단백질의 합성을 유도해서 바이러스의 생성을 방해하는 등 침입한 병원체를 직접 공격한다. 명령을 전달하는 역할을 맡은 사이토카인도 있고, 또 어떤 사이토카인은 몸에서 온도 조절 역할을 하는 시상하부의 수용체에 결합해 체온을 올리기도 한다. 앞서 얘기한 대로 독감의 전형적인 증상인 두통과 몸살은 인플루엔자 바이러스가 직접 일으키는 것이 아니라 사이토카인의 작용 때문에 나타나는 것이다. 골수를 자극해 백혈구 생산을 촉진하는 사이토카인 때문에 뼈에 통증이 생기기도 한다.

그런데 이제 면역계가 바이러스에 감염된 폐를 구출하려고 우리 몸의 세포까지 공격할 정도로 많은 무기를 총동원하면서 엄청난 양의 사이토카인이 분비되는 "사이토카인 폭풍cytokine storm"이 일어난다. 사이토카인이 대량으로 분비되어 과도한 면역 작용이 일어나면서 정상 세포마저 파괴하는 것이다. 청년층은 면역 능력이 좋기 때문에 보통 수준의 감염에 대해서는 극복할 가능성이 매우 높지만, 인플루엔자 바이러스에 대해서는 바로 그 뛰어난 면역 능력 때문에 더 큰 피해를 입게 된 것이다. 스페인 독감에 걸린 젊은 사람의 면역계는 인플루엔자 바이러스에 대규모로 반응했다. 살기 위한 몸부림은 오히려 폐를 체액과 반응의 잔해로 가득 차게 만들었고, 산소 교환이 불가능한 상태가 되어 버렸다. 면역 반응이 의도치 않게 살인자가 되어 버린 것이다.

최근 스페인 독감을 일으킨 바이러스를 복원하여 독성을 연구한 결과에 따르면 이 바이러스는 감염된 동물뿐 아니라 인간 폐세포에서도 엄청난 숫자로 증식한다는 사실을 밝혀냈다. 이렇게 엄청나게 증식한 바이러스는 호흡기 점막 세포에 손상을 입히고, 폐포 표면활성물질과 항바이러스 물질을 만드는 세포를 파괴한다. 또한 유전자 절편의 산물 중 작은 NS1 단백질과 PB1 중합효소가 인체의 인터페론 생산 능력을 막는 등 숙주의 항바이러스 반응을 차단한다는 것도 알려졌다. 1918년의 스페인 독감을 일으킨 인플루엔자 바이러스는 여러 면에서 치명적이었던 셈이다.

가족의 운명이 바뀌다

많은 질병이 그렇지만 스페인 독감도 개인의 운명뿐만 아니라 가족의 운명까지 바꾼 경우가 많았다. 윌리엄 맥스웰William Keepers Maxwell Jr., 1908~2000은《그들은 제비처럼 왔다》에서 그 과정을 아프게 보여 준다.

윌리엄 맥스웰은 소설가로서도 입지가 탄탄했지만, 《뉴요커》라는 뛰어난 잡지의 전설적인 편집자로서도 유명했다. 40년 가까이 소설 편집자로 일하면서 블라디미르 나보코프, J.D. 샐린저, 존 치버, 존 업다이크, 프랭크 오코너를 발굴하고 담당했다. 그는 여섯 편의 소설을 남겼는데, 《그들은 제비처럼 왔다》는 자전적 소설이다. 제목은 윌리엄 예이츠의 시 구절에서 따온 것으로 스페인 독감으로 어머니를 잃은 맥스웰의 유년 시절이 그대로 담겨 있다. 자신의 아픔을 있는 그대로 고백하면서 다른 사람들에게는 위로를 전하는 소설이다.

1918년 11월 두 번째 일요일에 이야기가 시작된다. 이제 제1차 세계 대전은 막바지로 향하고 있지만, 스페인 독감은 맹위를 떨치고 있었다. 가족 중 가장 먼저 독감에 걸린 사람은 막내 버니였다. 버니는 학교 친구에게서 독감을 옮았다.

버니는 적당히 때를 보아 어머니에게 아서 쿡 이야기를 꺼냈고 아서가 학교에서 아팠다고 말했다. 간호사가 선생님에게 아서가 독감에 걸린 게 틀림없다고 말하는 소리를 바깥 복도에서 들었다는 얘기도 했다. 이번에는 확실하게 어머니의 관심을 끌었다. 어머니는 내내 걱정스러운 눈으로 버니를 보며 앉아 있었다.

　어머니 엘리자베스는 셋째를 임신하고 있었기에 안전하게 아기를 낳기 위해 아버지와 먼 곳으로 거처를 옮겼다. 그런데 집에 남아 있던 형 로버트가 독감에 걸리고, 출산을 위해 안전하다는 곳으로 간 아버지, 어머니도 걸리고 말았다. 그중 어머니는 끝내 독감을 이겨내지 못하고 죽게 된다. 가족의 나침반 역할을 하던 어머니이자 아내가 죽자 가족의 운명이 바뀌어 버렸다. 남은 가족은 여덟 살 버니와 동생에게는 괴물 같지만 속마음은 여린 로버트, 그리고 아이들에게 뻣뻣한 아버지 제임스 뿐. 이들 세 사람은 이제 중심이 돼주었던 끈끈한 접착제 없이 새로운 가족의 모습을 만들어야 하는 상황에 놓이게 된 것이다.

　로버트는 어머니가 병에 걸려 죽은 것에 죄책감을 느낀다. 버니가 독감에 걸렸을 때, 어머니가 버니의 방에 들어가는 것을 막지 않았다는 것을 자책하는 것이다. 어머니가 감염된 것은 버니에게서 비롯된 것이 아니었음에도 그랬다. 가족이 아니라면 가질 수 없는 죄책감이었다.

　질병으로 가족의 누군가가 죽는 것은 크나큰 충격이지만 달리 보면 흔한 일일 수 있다. 그 슬픔을 겪으며 어떤 가족은 헤쳐 나올 힘을 잃고 해체되기도 하지만, 또 어떤 가족은 더욱 단단해지기도 한다. 소설은 이들 가족이 어떻게 살아가는지 끝까지 보여주지 않는다. 다만 어머니의 장례식에서 아버지는 아들에게 생의 의지를 다지는 말을 한다. 아내, 그리고 어머니의 죽음은 커다란 상실이고 잊을 수 없는 상처로 남겠지만, 살아남은 이들은 계속 살아가야 한다. 사실 이 과정은 인류 역사에서 단 한순간도 바뀌거나 끝난 적이 없다. 감염병은 모든 인류에게 위기였지만, 인류는 언제나 살아남았다.

남아메리카의 스페인 독감

스페인 독감은 미국에서 시작해 제1차 세계 대전에 참전한 병사들을 통해 유럽으로, 그리고 전 세계로 퍼졌다. 스페인 독감의 유행은 보통 4차례에 걸쳐서 일어났다고 본다. 첫 유행은 1918년 초로 미국의 한 훈련소에서 미국 내 다른 지역으로, 그리고 프랑스, 영국, 이탈리아, 스페인 등지로 전파되었다. 이때만 해도 독감의 독성이 그리 강하지 않아서 피해가 크지는 않았다. 1918년 말에 다시 시작된 2차 유행부터 스페인 독감은 치명적인 위력을 드러냈다. 미국의 필라델피아에서 벌어진 퍼레이드를 계기로 심각하게 번진 것은 물론, 유럽 전역과 아시아, 아프리카로 퍼져갔다.《그들은 제비처럼 왔다》에서 엘리자베스의 죽음이 바로 그 시기의 일이고, 남아메리카 지역 특히 브라질에 도달한 것도 바로 2차 유행 때였다. 브라질에서는 스페인 독감으로 30만 명 이상이 사망했는데, 여기에는 대통령 로드리게스 알베스도 포함되었다.

전 세계를 강타한 스페인 독감의 2차 유행은 1919년 들어 소강 상태를 보였고, 이듬해 봄에 다시 3차 유행이 시작되었다. 2차 유행보다는 강도가 약했지만, 1차보다 훨씬 큰 피해를 낳았다. 대부분의 지역에서 3차 유행 이후 조금씩 진정세를 보였지만, 미국을 비롯한 아메리카 대륙과 폴란드와 같은 일부 국가에서는 1919년 가을이 되면서 독감 환자가 다시 증가했고, 결국 1920년 2월에 정점을 찍고서야 겨우 팬데믹의 공포에서 벗어날 수 있었다.

남아메리카 태평양 연안에 남북으로 길게 이어진 칠레에 스페인 독감이 본격적으로 들이닥친 것은 1920년이었다. 언론인이자 소설가인 이사벨 아옌데Isabel Allende Llona, 1942~ 에게 칠레 현대사는 바로 스페인 독감에서 시작된다.

1920년부터 2020년 코로나19 팬데믹까지, 그러니까 팬데믹과 팬데믹 사이 100년을 살다간 한 여인의 격정적인 삶을 그린 이사벨 아옌데의 《비올레타》는 칠레의 현대사를 정면으로 관통한다. 스페인 독감에서 1920년대 말의 대공황, 제2차 세계 대전, 사회주의자 대통령(살바도르 아옌데, 이사벨 아옌데의 삼촌)의 당선, 피노체트의 군부 쿠데타, 이어진 독재와 숱한 죽음, 그리고 민주주의의 회복까지. 굴곡진 역사는 소설의 배경이기도 하지만, 비올레타와 그녀를 둘러싼 많은 이의 삶과 절대적으로 연결되어 있기에 비올레타와 마찬가지로 또 하나의 주인공이기도 하다. 소설은 사회와 국가에 휘둘리는 개인의 삶과, 한 인간과 그의 가족이 겪는 일상의 삶 사이를 위태롭게 헤쳐 나간다. 겹쳐졌다 멀어졌다, 다시 가까워지기를 반복한다. 그렇게 한 사람에게도, 한 가족에게도, 또 한 국가에도, 그리고 전 세계적으로도 격정의 현대사가 시작되는 출발점에 바로 스페인 독감이 있었다. 주인공 비올레타가 태어난 시기가 바로 그때였다. "전염병이 발생한 1920년 폭풍우가 몰아치던 금요일에 이 세상에 왔다."

칠레 사람들도 외국에서 들어오는 신문을 통해 "항구의 거리마다 죽어가는 사람들이 기어다니고 시체 안치소에는 푸르뎅뎅한 시체가 가득하다"는 뉴스를 알고 있었다. 스페인 독감이라는 무서운 질병이 순식간에 들이닥칠 것을 예감했다. 하지만 브라질과 달리 칠레에는 1920년에 들어서야, 그러니까 4차 유행이 되어서야 스페인 독감이 상륙했다. 독감이 칠레에 늦게 당도한 이유를 이사벨 아옌데는 다음과 같이 설명한다.

줄여서 '독감'이라는 별명이 붙은 스페인 인플루엔자가 이 나라에 도착한 것은 거의 2년이 지난 후였다. 학계에 따르면 우리는 한쪽은 산, 다른 한쪽은 바다라는 자연의 장벽으로 둘러싸여 있어 지리적인 고립 덕분에 감염을 피할 수 있었다. 기후도 유리하고, 거리가 멀어서 외국인 감염자들의 불필요한 왕래가 없으니 시간이 걸린 것이다.

과연 그런 지리적 여건 때문에 그런 것인지는 분명하지 않지만, 뒤늦게 맞이한 스페인 독감의 위력만은 다른 어느 곳 못지않았다. 이사벨 아옌데는 스페인 독감의 증상과 진행을 정확하게 묘사하고 있다.

역병에 걸렸다는 느낌은 무덤 저편에서 건너온 듯 그 무엇으로도 완화되지 않는 오한, 늪에 빠지는 듯한 열병, 몽둥이질을 당한 듯한 두통, 눈과 목이 타는 듯한 열기, 바로 눈앞에 사신이 찾아온 듯 끔찍한 섬망으로 시작되었다. 감염자의 살갗은 청보라 빛을 띠며 점차 시커메지고 손발은 검은색으로 변했고, 숨을 못 쉴 정도로 기침이 터져 나오고 폐가 부글거리는 피거품으로 가득 찬 채 고통으로 신음하다가 결국 숨이 막혔다. 제아무리 운 좋은 사람도 몇 시간 안 걸려 목숨을 잃었다.

칠레에서는 스페인 독감으로 약 3만 5000명의 추가 사망자가 나왔다고 집계하고 있다. 그야말로 세계 곳곳을 꼼꼼하게 파고든 팬데믹이었다.

〈창백한 말, 창백한 기수〉의 캐서린 앤 포터나, 《그들은 제비처럼 왔다》의 윌리엄 맥스웰, 《비올레타》의 이사벨 아옌데는 모두 신문 기자, 혹은 잡지의 편집자 출신이다. 그들이 다룬 스페인 독감은 자신의 경험을 바탕으로 한 것이기도 했지만(비올레타는 아옌데의 어머니가 모델이라고 한다), 다른 작가들이 쓰지 못했던 것을 그들이 쓸 수 있었던 까닭은 어쩌면 언론인으로서 사명감 같은 것도 있지 않았을까 싶다. 그들이 살아간 시대의 가장 참혹했던 질병이 스페인 독감이었으므로.

무오년 독감 혹은 서반아 독감

스페인 독감은 아시아의 동쪽 끝에도 매우 빠른 속도로 접근했다.

미생물로 쓴 소설들

1918년 여름에 접어들면서 중국과 일본을 집어삼켰고, 식민지 조선에도 9월부터 본격적으로 독감이 유행하기 시작했다. 조선총독부의 통계에 따르면, 당시 한반도 인구의 44퍼센트인 742만 명가량이 감염되었고, 이 중 14만 명이 죽었다. 일본의 경우는 내무성 위생국에서 2400만 명이 감염되고 39만 명이 사망한 것으로 보고했다. 그런데 중국은 세계 다른 지역에 비해 감염률과 사망률이 낮았다. 스페인 독감에 앞서 다른 독감이 돌아 면역력을 가진 사람들이 많았기 때문이라고 분석하는데, 어떤 이들은 이를 근거로 스페인 독감이 실은 중국에서 시작되어, 중국인 이주노동자들에 의해 미국으로 전파되었다고 주장하기도 한다. 하지만 아직은 미국의 신병훈련소가 스페인 독감의 발화점이라는 설이 가장 폭넓은 지지를 받고 있다.

적지 않은 일본 작가들이 스페인 독감에 관한 글을 남겼다. 주로 일기와 편지다. 아쿠타카와 류노스케가 대표적이었다("나는 스페인 독감으로 누워 있습니다. 옮기면 안 되니까 오면 안 됩니다. 열이 있고 기침이 나와 매우 괴롭습니다."). 기쿠치 간, 구니키다 고쿠시, 다니자키 준이치로, 지카마쓰 슈코, 미야모토 유리코, 사사키 구니 등과 같은 작가들이 스페인 독감과 관련한 소설, 주로 단편소설을 썼다. 일본 소설가의 작품은 스페인 독감을 보다 직접적으로 다루고 있으며, 특히 새로운 감염병과 분투하는 일본 사회와 일본인들을 형상화한 작품이 많았다.

대표적으로 기쿠치 간 菊池寬, 1888~1948은 〈신처럼 나약한〉에서 스페인 독감에 걸려 죽어가는 동료를 다음과 같이 묘사하고 있다.

'아아, 죽음의 그림자가 드리워져 있어.' 유키치는 마음 속으로 이렇게 생각했다. 평소 발그레하던 가와노의 얼굴에는, 임종을 맞이한 사람에게서 흔히 볼 수 있는 그 검푸른 그림자가 가득 드리워져 있었다. 입술은 보랏빛으로 바뀌어 있었다.

구니키다 고쿠시의 경우는 〈감기 한 다발〉이란 단편소설에서 스페인 독감이 다른 감염질환과 비교해서 어떤 아련함을 주는 듯하다고 쓰고 있다. 마치 비슷한 시기의 결핵을 대하는 자세, 즉 질병이나 죽음에 대해 낭만적인 생각과 맥이 이어진다.

"같은 저승사자라도 콜레라나 페스트와는 달리 인플루엔자라고 하면 왠지 그 손은 가늘고 흴 듯하며, 얇은 비단을 통해서 보는 보석의 아련한 빛조차 느껴지게 하지 않는가?"

우리나라에서는 1918년이 무오년이었기 때문에 '무오년 독감'이라고 불렀다. 백범 김구도 스페인 독감에 걸려 20일 이상 고생했다는 기록을 《백범일지》에 남기고 있는데, 그는 '서반아 독감'이라고 부르고 있다. '서반아'는 스페인을 음차한 것으로, 꽤 오랫동안 스페인을 부를 때 썼고, 대학에서도 여기서 나온 '서어서문학과'라는 명칭을 여전히 쓰고 있기도 하다.

우리나라에서 무오년 독감을 배경으로 쓴 대표적 소설로는 염상섭의 《만세전》을 들 수 있다. 이 소설은 "만세전"이라는 제목(여기서 '만세'

　　　　　　　　　　　　　　　　　　　　미생물로 쓴 소설들

란 1919년 3.1 운동을 말하고, '전'은 한자로 '前'을 의미한다)처럼 1918년 겨울을 배경으로 하고 있다.

> 혼수상태에 있던 병인은 눈을 슬며시 뜨고 시어머니의 얼굴을 바라다보고 나서 곁에 앉은 나를 물끄러미 쳐다보더니, 까맣게 탄 입술을 벌리고 생그레 웃는 듯하더니, 깔딱 질린 눈에 눈물이 글썽글썽하여지며 외면을 한다. 두꺼운 이불을 덮은 가슴이 벌렁거리며 괴로운 듯이 흑흑 흐느낀다. (수선사 판)

독감이 조선 팔도를 집어삼키는 중이었다. 1919년 3.1 독립선언 직전까지도 각급 학교는 휴교하고, 문을 닫은 가게도 많았다. 농촌에서는 들녘의 벼가 익은 채로 해가 지나도 추수를 하지 못할 정도였고, 상여 행렬이 끊이지 않았다. 온 가족이 앓아 누워 죽은 사람을 묻을 이도 없는 형편으로 민심이 흉흉하기 이를 데 없었다.

책상물림의 유학생 이인화는 어렸을 적 결혼한 아내를 두고 공부한다는 핑계로 일본에서 자유로운 삶을 즐긴다. 그에게 빼앗긴 나라의 백성이라는 자각은 희미하기만 할 뿐 인생을 좌우할 정도의 큰 의미는 없다. 그저 자신만을 위해 살아가는 그는 고국에 있는 아내가 병중이라는 소식을 듣고 조선으로 돌아온다(아마도 아내의 병이 무오년 독감, 즉 스페인 독감이었을 가능성이 무척 높다). 소설은 이 청년이 귀국하는 과정과 고국에서의 짧은 행보를 쓰고 있다. 단지 조선인이라는 이유로 괄시받고, 의심받고, 심문받는 과정에서 비루하고, 처참한 조선과 조선인의 현실이 보인다. 그는 결국 "무덤이다. 구데기가 끓는 무덤이다!"라고 외칠 수밖에 없었다. 조선은 이미 공동묘지나 다름 없었다.

《만세전》은 무오년 독감, 즉 스페인 독감으로 공동묘지나 다름없어진 식민지 조선의 참혹한 상황을 가감 없이 보여준다. 일본에서는 마스크를 권장하는 등 방역을 위한 여러 조치를 취했지만, 식민지 조선에서는 방역 정책이 전무했다. 사람들이 밀집한 상태에서 감염병이 속수무책으로 전파되었고, 또 그렇게 죽어 나갔다. 이인화는, 그리고 염상섭은 조선의 현실을 객관적으로 인식하는 데서 한걸음 더 나아가 실천적이 되진 못했지만 이 소설을 통해 우리는 스페인 독감으로 피폐해진 당시의 시대상을 생생하게 알 수 있다.

스페인 독감은 이제 세계가 하나의 생활권에 접어들었다는 것을 인식시킬 만큼 전 세계를 감염시켰다. 작가들이 세계 대전에 이어 이중으로 전 세계를 파괴한 감염병에 대해 감히 쓰고 싶어 하지 않을 만큼 스페인 독감이 쓸고 간 세계는 비참하기 그지없었다. 그리고 이제 지구 어느 한 곳에서 발생한 감염병은 그 지역만의 문제가 아니라 바로 우리 문 앞에 놓인 문제라는 것을 비로소 깨닫게 되었다. 그걸 다시 100년 후에야 더욱 뼈저리게 깨닫게 되지만 말이다.

미생물로 쓴 소설들

11

반쯤 벌어진 입 밖으로
검붉은 혀를 절반 정도 내밀고

광견병(공수병)

—

광견병 리사바이러스 *Lyssavirus rabies*

브램 스토커 《드라큘라》[1897]
오라시오 키로가 〈광견병에 걸린 개〉[1912]
카밀로 호세 셀라 《파스쿠알 두아르테 가족》[1942]

토머스 로드 버스비 〈미친개〉[1826]

토머스 로드 버스비Thomas Lord Busby, 1782~1838는 19세기 영국의 초상화가이면서 에 칭 작업도 하고 카툰 작가로도 활약했다. 〈미친개〉는 한 잡지에 실린 카툰이다. 거리 한 가운데 광견병에 걸린 개가 돌아다니고 있다. 행상인은 놀라 도망치려다 넘어졌고, 여 인은 숨고, 집안의 사람들도 겁먹은 모습으로 창문 바깥을 내다보고 있다. 시민들은 총 을 들고 있는데, 한 시민은 이미 개를 향해 총을 발사했다. 지체 높아 보이는 이들 중 한 사람은 벽에 바짝 붙어 서 있고, 옆에선 우산을 들고 개가 자신에게 다가올까 경계하고 있다. 우산 끝에는 원래 쓰고 있었을 모자가 걸려 있다. 경황이 없단 얘기리라. 당시에 는 사람이 미친개, 즉 광견병에 걸린 개에 물리기만 해도 미쳐버렸고, 치료법도 없었기 때문에 두려움의 대상일 수밖에 없었다.

미생물로 쓴 소설들

존속 살해범과 광견병에 걸린 아버지

────

스페인 소설가 카밀로 호세 셀라Camilo Jose Cela, 1916~2002가 쓴《파스쿠알 두아르테 가족》이란 소설을 대학에 합격하고 바로 그해 겨울에 읽었다. 셀라가 노벨문학상을 수상한 직후였고,《파스쿠알 두아르테 가족》는 그의 대표작이었다. 머릿속에 지적 허영심이 없진 않았을 것이다. 아니나 다를까, 소설을 읽은 것은 분명하지만 어떤 내용인지 기억이 나질 않았다. 그저 음산한 분위기였다는 것만 어렴풋이 떠오를 뿐. 그 후로 30년이 지나서야 다시 읽었고, 얘기할 거리가 많은 소설이라는 것을 알게 되었다.

《파스쿠알 두아르테 가족》은 연쇄 살인을 저지른 가난한 농부 파스쿠알 두아르테가 사형당하기 직전 남긴 수기 형식의 소설이다. 파스쿠알은 폭력적이고 냉혹한 환경에서 자랐다. 야만적인 환경에서 자

11 반쯤 벌어진 입 밖으로 검붉은 혀를 절반 정도 내밀고 227

란 파스쿠알도 폭력적인 성향을 갖게 되었고, 결국 여동생의 남편이자 아내의 정부를 죽이고 자신의 어머니도 죽였다. 존속 살인이며, 현대 법체계에서 가장 강력하게 처벌하는 범죄 중의 하나다. 그가 쓴 수기는 어떻게 그런 지경에 이르게 되었는지를 편지로 고백한다.

어린 시절의 파스쿠알에게 가장 인상 깊은 장면 중 하나는 아버지의 죽음이었다.

아버지의 죽음은 그렇게 비극적이지만 않았어도, 분명 나를 냉소 짓게 했을 겁니다. 마리오가 세상에 나올 때 아버지는 이미 이틀이나 벽장에 갇혀 있었습니다. 아버지는 미친개한테 물렸는데, 처음엔 괜찮은 듯 보였지만 나중에는 누가 봐도 알 수 있을 정도로 몸을 심하게 떨었습니다. 엔그라시아 아주머니가 아버지의 눈빛만으로도 어머니가 유산할 수 있다는 사실을 우리에게 깨우쳐 주었는데, 우리는 다른 방법이 없었기에 몇몇 이웃들의 도움을 받아 불쌍한 아버지를 벽장 속에 가두어 놓고는 무척이나 주의를 기울였습니다. 왜냐하면 아버지는 만일 누구라도 걸려든다면 팔이라도 끊어 버릴 듯이 물어뜯어 댔기 때문이었습니다.

파스쿠알의 아버지는 미친개에게 물렸고, 그 바람에 광견병에 걸렸다. 가족들은 이웃의 도움을 받아 아버지를 이틀이나 벽장에 가두었다. 미쳐 날뛰던 아버지가 잠잠해지자 죽었다고 생각해 벽장을 열었더니, 아버지는 "지옥에라도 들어간 것처럼 두려움에 가득 찬 얼굴"을 바닥에 처박고 "피가 흥건하게 고인 두 눈을 부릅뜨고, 반쯤 벌

미생물로 쓴 소설들

어진 입 밖으로 검붉은 혀를 절반 정도 내민" 모습으로 죽어 있었다. 이 장면에서 더욱 섬뜩한 것은 이런 모습을 보고 아내, 즉 파스쿠알의 어머니가 미소를 짓고 있다는 점이다. 간통을 저지르고 며느리에게 성매매를 시킨 어머니였다.

광견병 바이러스

———

사람의 광견병은, 《파스쿠알 두아르테 가족》에서도 나와 있듯이, 아니 병의 이름에도 나와 있듯이 광견병 리사바이러스_Lyssavirus rabies_에 감염된 미친개狂犬에게 물리면 전염되어 걸린다. 개의 타액을 통해 바이러스가 전달되는 것이다. 물린 부위를 통해 바이러스가 몸속으로 재빨리 침투해 말초신경계를 따라 이동하고, 중추신경계까지 도달하면 병리적 증상이 나타나기 시작한다.

광견병 바이러스는 폭력적 행동과 발열을 유발한다. 광견병의 영어 단어 rabies라는 용어 자체가 '광폭한 행동'이라는 뜻의 산스크리트어 rabhas에서 온 것이다. 특히 물 공포증은 광견병의 대표적인 증상으로 꼽히는데, 그래서 광견병을 공수병恐水病, hydrophobia이라고도 한다. 많은 광견병 환자에서 목이 몹시 마른 데도 물을 극도로 무서워하는 증상이 나타나는데, 그건 물 자체가 두려운 것이 아니다. 물을 마시려고 시도하거나 물을 마실 때 후두나 가로막橫격막에 근육 경련이 일어나 고통스럽기 때문이다. 물이 떨어지는 소리를 듣거나 물 마시는 것을 상상하는 것만으로도 두려움을 느끼기도 한다. 또한 많은 환자가 침을 흘리는데 그것도 물을 마시지 못하기 때문에 나타나는 현상이다. 물을 마시지 못하면서 두려워하는 것을 넘어 무언가를 삼키는 것 자체가 힘들어져 음식도 제대로 먹지 못하는 상태까지 간다. 그밖에도 정신적 혼란, 방향 감각 상실, 환각, 운동 마비와 근육 경련, 과도한 타액 분비 등의 증상이 동반된다.

　의사이자 인류학자인 스페인의 마리아 마르티논-토레스는 숙주 조종의 대표적인 예 중 하나로 광견병을 꼽는다. 몸 안으로 들어간 광견병 바이러스가 환자의 신경계를 파괴하고 과민 반응과 공격성을 유발해 다른 사람을 공격하고 물게 해 감염된 타액으로 다른 사람에게 광견병 바이러스를 전파시킨다고 한다. 하지만 실제 사람 사이에 전파된 사례는 광견병으로 사망한 사체에서 각막이식술을 시행 받은 경우만 보고되어 있다. 광견병 바이러스가 숙주를 조종한다는 것은 개와 같은 다른 동물에서는 해당하는 얘기일지 모르지만, 사람에게는 (아직은) 이론적인 가능성일 뿐이다.

　전 세계적으로 매해 약 5만 5000명이 광견병으로 사망하는 것으로 추산되는데, 아시아와 아프리카의 농촌 지역에서 주로 발생한다 (우리나라에선 2005년 이후 발생하지 않고 있다). 치명률은 100퍼센트에 가깝다. 다시 말해, 증세가 나타나면 죽는다고 보면 된다. 항혈청, 항바이러스제, 인터페론, 스테로이드 모두 효과가 없다. 잠복기, 전구 증상을 거쳐 중추신경계에 염증이 생긴 후 혼수 상태에 빠져 죽는 데 1~2주 정도 걸린다.

　　　　　　　　　　　　　　미생물로 쓴 소설들

파스쿠알의 아버지가 미친개에게 물려 광견병 증상이 나타났을 때 '다른 방법이 없었기에'라는 파스쿠알의 진술은 핑계가 아니다. 애당초 희망이 없었던 것이다. 그래서 파스쿠알은 "나는 해가 지는 것을 불길이나 광견병처럼 무서워했습니다"라고 말하며, 어렸을 적에 겪은 광견병에 대한 두려움이 죽을 때까지 따라다녔다고 고백한다.

《파스쿠알 두아르테 가족》은 세르반테스의 《돈키호테》 이후 세계에서 가장 많이 읽힌 스페인 장편소설로 일컬어진다. 이 소설은 스페인 내전으로 극도로 혼란한 사회와 사람들의 불안 심리를 한 농부의 파괴적인 폭력과 그에 따른 처절한 몰락에 비추어 그려낸다. 파스쿠알 두아르테는 그런 사회적 혼란 속에 끝내 삶의 안식처를 찾지 못한 사회적 희생양이다. 이 소설을 원작으로 삼아 제작된 영화에서 주인공 역을 맡은 배우 호세 루이스 고메스는 칸영화제 남우주연상까지 받았다. 이 작품의 작가 셀라에게 노벨문학상을 수여한 스웨덴 한림원은 "그는 감정을 절제하면서도 풍부하고 강렬한 문장을 구사하여, 인간의 나약함을 도발적으로 보여준다"라고 수상 이유를 설명했다.

그런데 셀라에게는 종종 친프랑코, 친파시즘 작가라는 수식어가 붙는다. 그는 체제 순응적인 작가였다. 셀라는 자비로운 귀족을 살해한 파스쿠알이 자신의 범죄를 뉘우치는 설정을 택하고 있다. 어머니를 죽인 범죄, 즉 친족살해는 더 심각한 범죄이지만, '심장이 굳어버린 여자'인 어머니는 죽어 마땅하다며 끝내 반성하지 않는다. 하지만 농민에게 착취를 일삼던 지주인 귀족 살해에 대해서는 반성해야 마땅한 일이었다는 것이다. 또한 어머니를 죽인 망나니 같은 살인범을

풀어주어 마을의 존경을 받는 귀족까지 살해하도록 한 것은 정부와 체제가 문제라는 시각을 보여준다. 그런 정부는 타도되어야 하는데, 그 정부를 타도한 것은 바로 프랑코 장군의 쿠데타였고, 셀라는 그걸 현실로 받아들였다.

프랑코의 파시즘 정권하에서 셀라는 검열관으로 일했다. 아이러니하게도 자신의 작품(《파스쿠알 두아르테 가족》을 포함해서)도 검열 대상이 되어 1946년까지 출판이 금지되기도 했다.

남아메리카로 번진 광견병

광견병 리사바이러스는 단일 가닥의 RNA를 유전물질로 갖는 랍도바이러스과*Rhabdoviridae*에 속하는 긴 원통형의 바이러스다('rhabdo'가 막대를 의미한다). 전자 현미경 사진을 보면 한쪽 끝은 둥글고 반대편 끝은 평평한 모양이라 마치 총알처럼 보인다. 외피envelope가 있는 바이러스로, 바이러스 핵단백질이 감싸고 있는 RNA는 11,615개에서 11,966개의 뉴클레오타이드로 구성되어 고작해야 다섯 개의 유전자를 암호화하고 있다.* 이 유전물질의 복제와 전사는 지름이 2~10마이크로미터인 네그리소체Negri body라는 특수한 구조의 세포질에서 일

---

*이 다섯 개의 유전자가 만드는 단백질은 핵단백질nucleoprotein, N, 인단백질phosphoprotein, P, 바탕질단백질matrix protein, M, 당단백질glycoprotein, G, 바이러스 RNA 합성효소viral RNA polymerase, L이다. 바이러스가 증식을 위해 자신의 유전자를 복제하는 데 필요한 유전자 이외의 다른 모든 유전자는 숙주의 것을 이용한다.

미생물로 쓴 소설들

어난다. 네그리소체의 존재는 광견병 바이러스 감염에 대한 확실한 조직학적 지표로 여겨진다. 동물의 신경 조직에는 친화력이 매우 높지만, 열에 약하기 때문에 일반적인 환경 조건에는 생존하지 못하며 햇빛이나 자외선, 엑스선, 포르말린, 강한 산, 강한 염기에 의해 쉽게 불활성화된다.

현재의 광견병 바이러스는 지금으로부터 1500년 전쯤 진화하여 생긴 바이러스에서 나온 것으로 추정하고 있다. 모두 7개의 유전자형이 알려져 있다. 유라시아 지역에 흔한 바이러스는 1형에 해당하는 고전적인 광견병 바이러스인데, 17세기에 유럽이 아시아, 아프리카, 아메리카로 진출하면서 전파한 것으로 파악되고 있다.

그렇게 아메리카 대륙으로 전파된 광견병에 대해서는 찰스 다윈의 《비글호 항해기》에도 언급되어 있다. 《비글호 항해기》는 다윈이 1831년 12월부터 1836년 10월까지 약 5년 간 해양측량선 비글호를 타고 세계를 일주한 후 쓴 책이다. 다윈이 칠레 북부에 도달했을 때 그 지역에 광견병이 창궐하고 있었다.

집 없이 돌아다니는 모든 개를 죽이라는 명령이 최근에 내려졌다. 우리는 길에서 죽은 개들을 많이 보았다. 많은 개가 최근에 미쳤고 몇 사람이 물려 죽었다. 공수병이 몇 차례 이 골짜기에 퍼졌다. 그렇게 이상하고 무서운 병이 외부와 고립된 지점에서 되풀이해 일어나는 게 신기했다. 우라누에 박사는 공수병이 1803년 남아메리카에서 처음으로 알려졌다고 말하는데, 아자라와 울로아 시대에는 결코 들어본 적이 없으므로 이 말이 맞다고 생각된다. 우라누에 박사의 말로는 그 병은 중앙아메리카에서 생겨 천천히 남쪽으로 내려왔다. 1807년에는 아레키파에 퍼졌는데, 몇 사람이 개에게 물리지 않았지만, 그 병으로 죽은 황소 고기를 먹고 병에 걸렸다. 흑인 몇 사람도 마찬가지였다.

다윈도 (남)아메리카에는 원래 광견병이 없었다고 보고 있다. 1800년대 초반에 남아메리카로 광견병 바이러스를 들여온 이는 당연히 유럽인이었을 것이다. 당시에도 미친개에 물리면 치명적인 병에 걸린다는 것을 알고 있었다. 개나 사람뿐 아니라 광견병 바이러스를 가진 야생동물, 이를테면 너구리, 여우, 박쥐 등에 물려도 걸리는데, 드물게는 눈, 코, 입 등의 점막이 오염되거나 광견병 바이러스에 감염된 박쥐들이 창궐하는 동굴에서 공기를 통해서도 감염이 될 수 있다고 한다. 다윈이 광견병으로 죽은 황소 고기를 먹고 병에 걸린 사람이 있다고 적었는데, 소와 같은 우제류도 감염될 수 있고 실제 2018년 태국에서 소 수백 마리가 광견병에 걸리고, 이를 나눠 먹은 주민들이 광견병 공포에 시달렸다는 보도도 있었다.

아내와 인부를 총으로 쏴 죽인 광견병 환자

남아메리카의 우루과이에서 태어나 아르헨티나에서 활동한 작가 오라시오 키로가Horacio Quiroga, 1878~1937의 단편 〈광견병에 걸린 개〉는 미친개에 물려 광견병에 걸린 한 사내의 정신 착란을 다루고 있다.

광견병이 유행하고 있는 마을로 이사온 가족은 미친개가 접근하지 못하도록 경계했지만, 미친개가 집 앞에 온 듯싶어 사내는 엽총을 들고 문을 열었다.

밖으로 발을 내딛자마자 뭔가 단단하고 미지근한 것이 내 허벅지를 스치고 지나갔다. 미친개가 우리 방에 들어오고 만 것이다. 나는 무릎으로 녀석의 머리를 냅다 갈겨버렸다. 그러자 화가 난 녀석은 내게 달려들어 물려고 했지만, 내 몸에 이빨만 부딪혔을 뿐 제대로 물지는 못했다. 그러나 잠시 후 날카로운 통증이 느껴졌다.

미친개는 사살되었고, 사내는 과망가니즈산염으로 소독하고 붕대로 잘 동여맸으니 별일 아니라 생각했다. 어머니와 아내는 사내에게 조금이라도 이상한 낌새가 나타나면 광견병에 걸린 것은 아닌가 싶어 걱정했다. 개에 물린 지 40일이 지나고 사내는 광견병의 위험에서 벗어났다고 기뻐했다. 하지만 그로부터 며칠 후부터 사내는 어머니와 아내가 자신을 이상하게 보는 것을 느낀다. 이제 사내에게는 개들의 울부짖음이 들리고, 집안이 온통 독사 천지로 보이기 시작했다.

아니, 저기 한꺼번에 몰려오잖아! …… 나를 잡으러, 날 잡으러 말이야! …… 내가 있는 쪽으로 독사 백만 마리를 던졌어! 독사들을 모조리 땅에 풀어놓았네! 어쩌지, 탄약이 다 떨어졌는데! …… 놈들이 나를 본 모양이야! …… 한 놈이 나에게 총을 겨누고 있어 …….

결국 그는 아내와 지나가던 인부를 엽총으로 쏘아 죽인다. 미친개
에게 물려 40여 일 만에 광견병이 발병한 사내의 정신 착란이 가져온
결과였다.

광견병에도 잠복기가 있다. 대개 2~3주 정도지만 16주 정도까지
잠복기가 늘어날 수 있다. 물린 부위가 중추신경에 가까울수록 잠복
기는 짧아진다. 즉 팔이나 다리에 물린 것보다 얼굴이나 머리에 물렸
을 때 증상이 빨리 나타날 수 있다. 그러므로 〈광견병에 걸린 개〉에
서 가족들이 40일 동안 증상이 나타날지 안절부절못하며 걱정한 것
은, 그리고 40일이 지나자 안심했던 것은 (소설의 각주에도 적혀 있듯이)
미신에 의한 것이 아니라 상당히 정확한 관찰에 의한 것이라고 할 수
있다. 다만 잠복기 최대 기한이 40일이라는 게 대체적인 것이지 딱
끊어지는 것이 아니란 점은 미친개에게 물린 사내에게는 비극이었
다. 키로가의 소설에서 사내는 다리 쪽을 물렸기 때문에 잠복기가 길
었던 것이다.

〈광견병에 걸린 개〉는 물론 키로가의 모든 작품은 음산하기 이를
데 없다. 이는 그의 삶이 죽음으로 점철되어 있던 것과 따로 떼어 생
각할 수 없다.

태어난 지 두 달 되던 무렵 아버지는 사냥에서 돌아오는 길에 오발
사고로 가족이 보는 앞에서 죽었다. 열일곱 살 때는 의붓아버지가 뇌
출혈로 쓰러져 반신불수가 된 후 엽총으로 자살하는데 키로가는 그

것 역시 목격했다. 스물네 살 때는 키로가와 문학적 열정을 나누던 친구 페데리코 페란도가 죽는데, 키로가가 총을 살펴보던 중 총이 잘못 발사되어 일어난 사고였다. 이후 누나와 형은 장티푸스로 죽고, 서른일곱 살이 되던 해에는 아내 아나 마리아가 음독자살을 시도하고 그가 지켜보는 가운데 세상을 떠났다. 키로가 역시 1937년 위암 판정을 받은 후 청산가리를 먹고 자살했다. 그가 죽은 후에도 그의 곁을 휘감고 돌던 죽음의 그림자는 걷히지 않아 몇 년 뒤에는 딸 에글레, 아들 다리오가 자살로 생을 마감했다. 〈광견병에 걸린 개〉에서 광견병에 걸린 사내의 총에 죽은 이들에게서 키로가의 아내와 친구 페데리코가 겹쳐 보일 수밖에 없다.

광견병 백신과 신화

그런데 키로가의 소설처럼 미친개에게 물린 사내에게 정말 치료의 기회는 없었을까? 앞서 광견병의 증세가 나타나면 거의 죽는다고 했다. 그러므로 광견병에 걸린 개를 비롯한 동물에 노출되지 않는 것이 중요하고, 물렸을 때는 빨리 상처를 소독해야 한다. 물린 즉시 소독비누를 이용해서 흐르는 물로 충분히 씻어내고, 포비돈이나 알코올 등 항바이러스 효과가 있는 소독제로 세척하고 의사를 찾아야 한다. 키로가의 소설에서 미친개에게 물린 사내는 소독을 했다지만 철저하게 소독하지 못했고, 그래서 40여 일이 지나고 증상이 나타난 것으로 보인다.

광견병을 예방하는 방법도 있다. 바로 백신이다. 우리나라에서도 생후 3개월 이상의 반려견은 의무적으로 접종하도록 되어 있다. 개에게 물렸을 때, 광견병에 걸린 개로 의심되거나, 혹은 광견병 예방 접종을 받지 않았거나, 접종 여부를 알 수 없는 경우에는 능동면역을 통해 광견병이 발생하지 않도록 해야 한다. 능동면역이란 바이러스에 노출된 후 예방 접종을 하는 것을 말하는데, 광견병에 대한 능동면역을 위해서는 HDCV^{Human Diploid Cell Vaccine}를 0일, 3일, 7일, 14일, 28일에 근육 주사한다.

광견병 백신을 처음 개발한 이는 프랑스의 루이 파스퇴르^{Louis Pasteur, 1822~1895}다. 그가 광견병 백신으로 한 어린 소년을 구한 이야기는 잘 알려져 있다. 소년이 백신을 투여 받고 살아난 이야기도 극적인데, 거기에 더해 목숨을 구한 소년이 나중에 파스퇴르를 위해서 죽었다는 신화가 보태지기도 했다.

닭 콜레라 백신을 개발한 후 탄저병 백신까지 개발하고 멋지게 시연에 성공한 파스퇴르는 다음 목표물로 광견병을 잡았다. 1880년 말경부터였다. 어린 시절 미친개에게 물린 아이를 대장간에서 불로 달군 쇠로 지지는 참혹한 장면을 보고 충격을 받았던 파스퇴르에게는 평생의 과제 중 하나였다(위인전의 각색 냄새가 물씬 난다). 당시에는 바이러스가 발견도 되지 않은 상태였기 때문에 파스퇴르는 광견병의 병원체가 무엇인지도 모르는 채 시작한 일이었다.

파스퇴르와 그의 연구진은 광견병에 걸린 개에서 얻은 혈액이나

침 같은 추출물을 토끼의 뇌에 주입해서 토끼가 광견병에 걸리게 했다. 그리고 광견병에 걸린 토끼를 조사해 병원체가 척수에서 급격하게 증가한다는 것까지도 알아냈다. 다음은 이 병원체를 약하게 만들어야 했는데(이를 약독화attenuation라고 한다), 제자 에밀 루가 중심이 되어 많은 시행착오를 거쳐 광견병으로 죽은 토끼의 척수를 일정한 크기로 잘라 공기 중에서 건조하면 독성이 조금씩 약해진다는 것을 알게 되었다. 이렇게 만든 척수를 정상적인 개에게 투여했더니 개가 광견병 증세를 보이지 않았다.

동물 실험에는 성공했지만 선뜻 사람을 대상으로 실험할 수 없었던 파스퇴르에게 기회가 찾아온 것은 1885년 7월이었다. 파리로부터 한참 먼 알자스 지방에서 아홉 살 소년의 손을 잡고 한 엄마가 파스퇴르의 실험실로 찾아온 것이다. 조지프 메이스터라는 소년은 이틀 전 미친개에게 열네 군데를 물렸고, 엄마는 불에 달군 쇠로 아들을 지지는 것을 차마 볼 수가 없었다. 조지프의 엄마는 파스퇴르가 광견병 백신을 개발했다는 얘기를 듣고 사정을 했다. 의사가 아니었던 파스퇴르는 바로 결정을 내리지 못했지만(사실 메이스터를 만나기 직전 광견병 증세를 보이기 시작하는 여자 아이에게 백신을 접종했지만 실패한 경험이 있었다) 주위의 의견을 듣고 어머니의 호소를 받아들이기로 했다.

파스퇴르는 광견병 백신을 조지프 메이스터에게 열네 차례 접종했다. 백신의 부작용도 없었고, 광견병 증세도 나타나지 않았다. 광견병 백신은 예방 효과뿐만 아니라 감염 직후 증세가 나타나기 전에 맞으면 효과가 있다는 것이 증명된 것이다.

파스퇴르에 관한 신화는 바로 메이스터를 살려낸 데서 끝나지 않았다. 광견병 백신 개발에 성공했다는 뉴스는 프랑스는 물론 전 세계로 퍼져 나갔고 많은 사람을 살려냈다. 그리고 시민들을 중심으로 모금 운동이 벌어져 파스퇴르 연구소가 세워지는 데도 큰 도움이 됐다. 말하자면 광견병 백신은 현재 전 세계 25개국에 32개의 연구소가 설립된 파스퇴르 연구소의 시작을 견인해냈다고 해도 과언이 아닌 셈이다.

건강해진 조지프 메이스터는 커서 파스퇴르 연구소의 수위로 근무했는데, 그의 죽음이 신화를 완성했다. 전해지는 이야기는 이렇다.

제2차 세계 대전이 벌어지고 파죽지세로 밀고 온 독일군에게 파리가 함락될 때 파스퇴르 연구소의 수위 메이스터는 끝까지 파스퇴르를 지켜야겠다는 마음에 파스퇴르의 무덤이 있는 연구소 지하실의 열쇠를 내줄 수 없다며 독일 장교 앞에서 권총으로 자살을 했다. 그렇게 메이스터는 평생에 걸친 고마움의 서약을 지켰다.

그러나 최근 밝혀진 바는 이와는 다른 진실을 전한다. 파리 함락 당시 메이스터가 연구소의 수위로 있었던 것은 맞다. 그렇지만 그는 전쟁 중에 자신의 가족이 모두 죽은 걸로 생각하고 이를 비관해 가스를 마시고 자살한 것이었다. 하지만 가족들은 무사히 지방으로 피신한 상태였고, 메이스터의 자살 이후 파리로 돌아왔다고 한다. 사람들은 파스퇴르의 위대함에 관한 신화가 그가 죽은 후까지도 이어지기를 바랐던 것 같다.

미생물로 쓴 소설들

뱀파이어와 광견병

서양에서는 종종 광견병을 전승되는 이야기와 연결 짓는 경우가 있다. 대표적인 것이 바로 뱀파이어 전설이다. 이는 1998년 스페인의 후안 고메즈-알론소 Juan Gomez-Alonso 박사가 주장한 이래 상당한 근거를 가지고 사람들 사이에 오르내리는 이야기다.

우선 광견병 증상에는 얼굴의 뒤틀림이나 경련, 자극에 대한 극도의 민감성이 있는데, 이는 사람을 마치 괴물처럼 보이게 한다. 이런 증상을 뱀파이어, 즉 흡혈귀와 연결 짓는 것은 그리 어렵지 않다. 또한 동유럽에서 전승되는 뱀파이어 이야기에서 뱀파이어가 늑대나 개, 박쥐로 변하는 경우가 많은데, 늑대와 개는 물론 박쥐 역시 광견병의 매개체다. 화학자이자 소설가인 곽재식은 사람이 갑자기 변해서 화를 내며 다른 사람을 공격하는 모습이 보름달이 뜨면 사람이 늑대로 변신하는 것을 연상시켰을 거라고도 한다.

또한 뱀파이어에 관한 이야기에는 물을 무서워한다는 이야기가 끼어 있는 경우가 많은데, 이는 광견병이 뱀파이어를 떠올리는 데 기여했다는 혐의를 짙게 한다. 앞서 얘기한 대로 광견병 환자는 물을 잘 삼키지 못해 침을 흘리는 경우가 많은데, 거기에 피가 묻어 있는 경우도 흔했다. 뱀파이어가 냄새나 빛과 같은 자극을 혐오하는 것 역시 광견병 환자의 증상에 해당하는 것이다. 특히 유럽에서 광견병이 유행하기 시작한 것은 1720년대 헝가리였는데, 뱀파이어 전설이 뿌리내린 시기와 장소가 일치한다.

뱀파이어를 다룬 소설로 가장 유명한 것은 브램 스토커Bram Stoker, 1847~1912의《드라큘라》다. 아일랜드 출신의 스토커는 당시에는 소설 가보다는 유명 배우의 비서이자 극장의 책임자로 더 많이 알려져 있었다. 그는 동유럽의 뱀파이어 설화에 관한 이야기를 듣고《드라큘라》에 대한 착상을 얻어 1897년에 발표했다. 그가 죽은 후 헐리우드에서 소설을 영화화하면서 유명해졌다. 사실 '드라큘라'를 모르는 사람은 없을 것 같지만, 드라큘라의 존재를 근현대 문학에 편입시키고, 사람들의 상상력을 자극해 영화로 재탄생시킨 원작 소설《드라큘라》에 대해 모르는 사람은 많다(작가에 대해서는 더더욱 그럴 것이다).

스토커의《드라큘라》는 19세기 말에 나왔지만 생각하는 것 이상으로 매력적인 소설이다. 이미 오래전부터 트란실바니아 지역에 내려오던 이야기를 바탕으로 했으면서도 매우 현대적인 옷을 입혀 놓았다(물론 여성에 대한 시각 등 시대적 한계는 뚜렷하다). 어떤 한 인물의 기록이 아니라, 여러 사람의 다양한 기록(일기, 편지 등)을 인용하는 방식을 도입해 소설을 입체적으로 구성해 놓았다. 형식적으로 지루함이 덜하고, 이야기의 흐름마다 시각을 달리해 볼 수도 있다.

이 작품에서 고메즈-알론소가 지적한 광견병과 드라큘라의 연관성을 찾아본다면 루시나 미나와 같은 여성이 드라큘라 백작에게 물린 후 괴물로 변한다는 설정 정도다(한 여인은 그 비참한 운명에서 탈출한다). 흔적만 남기며 돌아다니는 드라큘라 백작에 대한 공포는 두려움 그 자체가 가장 큰 공포라는 것을 잘 보여 준다. 광견병이라는 치명적인 질병에 대한 공포 역시 그렇다.

미생물로 쓴 소설들

광견병을 다룬 소설은 다른 감염병을 다룬 소설보다 훨씬 음울하다. 그게 이 질병에 대한 우리의 시각을 나타내는 듯하다. 그것은 광견병으로 죽어가는 모습이 기괴하거나, 증세가 나타나면 손쓸 도리가 없기 때문일 수도 있다. 하지만 어쩌면 우리가 이 질병 자체를 흡혈귀라든가 좀비와 같은 존재에 투영시켜 두려워하기 때문은 아닌지, 그리고 수많은 감염병을 어느 정도는 제어할 수 있게 된 지금도 그 두려움이 지속되는 것은 대중문화의 영향도 어느 정도는 있을 않을까 싶다.

12

마비를 일으키는
병 때문에

소아마비(폴리오)

—

폴리오바이러스 Poliovirus

필립 로스 《네메시스》 2010
천선란 《천 개의 파랑》 2020
제임스 맥브라이드 《하늘과 땅 식료품점》 2023

호아킨 소로야, 〈슬픈 유산〉[1899]

스페인의 화가로 따뜻한 분위기의 작품을 많이 남겨 지금도 사랑받는 호아킨 소로야 Joaquin Sorolla, 1863~1923도 초기에는 사실주의적인 화풍으로 사회에서 소외된 사람들을 많이 그렸다. 그 중 대표적인 작품이 〈슬픈 유산〉이다. 배경은 소로야의 고향인 스페인 발렌시아의 말바로사 해변이다. 푸른 파도 앞에서 신나게 물놀이하는 아이들 앞으로 나무 막대에 몸을 의지해 간신히 모래 위에 버티고 있는 아이들을 신부가 부축하고 있다. 이 시기에 소아마비가 갑자기 확산되어 다리를 쓰지 못하거나 몸이 불편한 아이들이 많았다고 한다. 그런데 당시에는 아이가 장애를 갖는 것을 부모의 잘못 때문이라고 생각하는 사람이 많았다. 그런 이유로 아이를 버리는 부모가 적지 않았고, 버려진 아이들은 교회가 돌보기도 했다.

미생물로 쓴 소설들

빈 교실에 남을 수밖에 없었던 친구들

중학교 1학년 2학기가 되자 어린 시절에 걸렸던 병이 재발했다. 당시에는 신장병이라고만 들었으니 분명하게 어떤 병이었는지는 모르겠지만, 지금 돌이켜 짐작해보면 사구체신염glomerulitis이었을 가능성이 높다. 콩팥이 노폐물을 제대로 처리하지 못하니 아침이면 손발이 부었고, 오후에 학교에서 돌아올 무렵이면 파김치가 되어 있었다. 매일 병원에서 검사를 하고 주사를 맞기도 했지만, 짜고 매운 것은 절대 먹지 못했고, 운동도 금지였다. 당연한 처방이었지만 그것 때문에 곤란한 게 하나 있었다. 이듬해 봄에 제주도는 처음으로 전국 규모의 종합체육대회(전국소년체전)를 열기로 되어 있었던 것이다.

지금은 그런 일이 없겠지만(!), 당시에는 학생들을 그런 대규모 체육 행사에 강제로 동원하는 일이 비일비재했다. 제주시 소재의 모든 중학교 1학년에게는 매스게임, 2학년에게는 카드섹션의 임무가 주어졌다. (그 전 해 2학기에는 학교별로 준비했지만, 다음 해 학기가 시작되자 모두들 아예 종합운동장으로 등교했다.) 그런데 나는 열외였다. 운동 금지인 처지에 매스게임은 언감생심이었다. 그래도 등교는 해야 했다. 멀쩡한(당시엔 이런 표현이 별 거부감이 없었다) 친구들이 빠진 학교에 나와 몇몇 아이들과 오전에 가끔 공부를 했고, 많은 시간을 복도에서 종이휴지를 가지고 야구나 축구를 했다(운동을 하지 말라고 했지만, 그게 운동이라고는 전혀 의식하지 못했다). 나 말고 다른 친구들은 대부분 다리를 절었다. 원래는 별로 친하지 않았는데, 당연히 가까워질 수밖에 없었고, 그 친구들의 장애가 별로 의식되지도 않았다.

나는 용케 치료되어 그해 말쯤에는 멀쩡해져(?) 체육 시간에도 아무 문제없이 공을 차고, 농구공을 던질 수 있게 되었지만, 그 친구들은 여전히 다리를 절었다. 그리고 정말 미안하지만 그 친구들과 멀어졌다.

지금도 여러 이유로 몸이 불편한 사람이 없지 않지만, 예전에는 동네마다, 또 교실마다 다리를 저는 사람들이 더 많았다. 다른 이유도 있겠지만, 많은 경우 어린 시절 앓은 질병의 후유증 때문에 그랬다. 바로 소아마비라는, 이름에 오해가 가득한 질병이다. 어린아이에게 생기는 질병이란 의미로 소아마비infantile paralysis라고 불렸지만, 실은 그렇지 않다는 것이 밝혀졌다. 그래서 이 질병을 일으키는 바이러스인 폴리오바이러스poliovirus에서 따서 '폴리오polio'라고 부르기도 하지만, 소아마비라는 병명은 여전히 많이 쓰이고 있다.

폴리오, 복수의 여신

———

그해 여름 첫 폴리오는 6월 초, 메모리얼 데이 직후, 우리가 살던 곳에서
시내를 가로지르면 나오는 가난한 이탈리아인 동네에서 발병했다.

2010년에 발표된 소설 《네메시스》는 미국 현대문학의 거장 필립
로스Philip Milton Roth, 1933~2018가 남긴 마지막 작품이다. 그는 이 작품
을 쓴 후 "저는 다 끝냈습니다. 이 작품이 제 마지막 작품이 될 것입니
다"라며 더 이상 소설을 쓰지 않겠다고 선언했다. 2018년에 세상을
떠나면서 그의 선언은 결국 지켜졌다.

소설은 제2차 세계 대전이 끝나지 않은 1944년 초여름, 미국 동부
뉴어크에 폴리오, 즉 소아마비가 찾아오는 것으로 시작한다. 가난한
이탈리아인 거주지에서 시작된 폴리오의 공습은 유대인 집단 거주지
인 위퀘이크까지 번진다.

주인공은 유대인 청년 버키 캔터다. 어머니는 그를 낳다 죽었고,
아버지는 횡령으로 감옥에 갔다 온 후 나타나질 않는다. 캔터는 외
조부모 슬하에서 건실하게 자랐다. 운동에 소질을 보였고, 할아버지
의 조련 하에 육체 단련도 꾸준히 했다. 대학을 나오고 학교의 체육
선생님(놀이터 교사)으로 일하고 있고, 역시 학교 선생님인 마샤와 사
귀고 있다. 전쟁이 터지자 자원했지만, 시력이 좋지 않아 받아들여
지지 않았다.

소설은 두 시기로 나뉜다. 무대도 달라진다. 앞부분은 폴리오가 몰

려오는 위퀘이크다. 폴리오로 아이들이 한 명씩 쓰러지고 죽기까지 한다. 캔터는 아이들이 동요하지 않도록 애를 쓰지만, 폴리오를 막을 수는 없었다. 그러다 뉴어크에서 멀리 떨어진 인디언 힐의 여름 캠프에 교사로 가 있는 여자 친구 마샤의 간곡한 호소에 위퀘이크를 떠나 인디언 힐로 향한다.

인디언 힐에서 캔터는 지독한 자기혐오에 빠진다. 전쟁에도 못나갔고, 아이들을 버리고 비겁하게 폴리오에서 도망쳤다고 자책한다. 그러나 폴리오 청정 지역으로 여겨지던 인디언 힐에도 환자가 발생한다. 바로 캔터의 곁에 있던 카운슬러에게 폴리오 증상이 먼저 나타났고, 캔터도 검사를 받고 폴리오 양성 진단을 받는다. 곧이어 그에게도 증상이 나타난다.

소설의 무대는 수십 년이 지난 뉴어크의 브로드 스트리트로 바뀐다. 캔터는 1944년 당시 놀이터의 한 소년을 만난다. 소년 역시 폴리오에 걸렸고, 결국 장애를 갖고 살고 있다. 사실 소설의 화자는 바로 이 소년이다. 소년 시절 자신이 보았던 것과 나중에 캔터에게 들은 이야기가 바로 소설의 내용이다. 캔터는 여전히 자신과 결혼하기를 원하는 마샤를 뿌리치고 이제껏 혼자 살고 있다. 그는 보균자로서 인디언 힐에 폴리오를 퍼뜨린 사람이 바로 본인이라며 자책을 멈추지 않고 있다. 소설에서 이야기를 들려주는 어릴 적 소년은 폴리오에 걸려 장애가 생겼지만, 결혼하고 행복한 가정을 꾸리며 잘 살고 있다.

캔터가 폴리오에 걸리고, 그 주변 사람들 역시 폴리오에 걸린 것은 그의 책임이 아니었다. 하지만 그가 자책하고, 두려움에 떨며 자신을 잔인하게 다룬 것은 이해할 수 있다. 그는 스스로 책임을 떠맡고 있으며, 나아가 병을 만들고 사람들을 죽음으로 이르게 한 신을 원망한다. 필립 로스는 질문을 던진다. 과연 이런 우연한 불행에 우리는 어떻게 대응해야 하는가?

소설의 제목 '네메시스nemesis'는 그리스 신화에 나오는 여신이다. 율법의 여신이라고도 하고, 복수의 여신이라고도 한다. 법은 원래 복수를 공식화한 것이니 서로 통한다. 네메시스라는 존재가 인간의 자만심에 대한 신의 보복을 의미한다고 하니, 소설의 폴리오는 바로 그런 의미로 가져온 것으로 보인다. 신의 본성을 회의해야 할 만큼 인생을 파괴하는 질병으로.

폴리오바이러스

폴리오에 걸려 다리가 불편한 사람을 표현한 고대 이집트 벽화가 있지만, 고대에서 중세까지 폴리오가 대량으로 발생한 기록은 쉽게 찾을 수 없다. 1840년에 독일의 의사 야코브 하이네Jacob Heine가 처음으로 폴리오에 대한 논문을 발표하여 어린아이의 척수가 마비되는 질병이라고 기술했다. 이후 1870년 프랑스의 신경학자 장-마르탱 샤르코Jean-Martin Charcot가 환자에게 척수의 회색질 손상이 있는 것을 발견해서 회색질척수염poliomyelitis이라는 이름을 붙였고,* 1890년 스웨덴의 소아과 의사 오스카르 메딘Oskar Medin이 질병 양상에 대한 기록을 남겼다. 그러는 사이에 폴리오 환자는 늘어나기 시작했다.

　폴리오, 즉 소아마비를 일으키는 바이러스인 폴리오바이러스는 1908년 카를 란트슈타이너Karl Landsteiner와 에르빈 포퍼Erwin Popper가 처음 발견하여 보고했다.** 정이십면체 모양으로 외피가 없다. 다른 바이러스처럼 단백질로 된 캡시드capsid가 유전체를 둘러싸고 있다. 이 바이러스의 유전체는 단일 가닥의 RNA다. 7500개가량의 뉴클레오타이드로 구성된 유전체는 11개의 단백질을 암호화하고 있다. 폴리오바이러스의 구조가 정이십면체 모양이라는 것은 1958년 로절린드 프랭클린Rosalind Elsie Franklin이 주도한 연구팀이 엑스선 회절법을 통해 밝혀냈다.***

　폴리오바이러스는 장바이러스enterovirus에 속한다. 그중에서도 RNA 바이러스인 피코르나바이러스picornavirus에 속하며, 여기에는 폴리오바이러스 말고도 콕사키바이러스, 에코바이러스, 엔테로바이러스 등이 있다. 폴리오바이러스에는 여러 종류의 아형subtype이 있다. 노벨상을 받은 오스트레일리아의 면역학자 프랭크 M. 버넷Frank M. Burnet과 진 맥나라마Jean MacNamara가 1931년 면역학적으로 서로 구분되는 두 종류의 바이러스가 존재한다는 것을 발견했고, 이후 세 번째 아형이 발견되었다. 이중 아형 1이 전체의 80퍼센트 이상을 차지한다.

---

*지금은 소아마비를 '마비성' 회색질척수염으로 본다.
**카를 란트슈타이너는 ABO식 혈액형을 처음 밝힌 과학자로 더 유명하다. 그는 이 업적으로 1930년 노벨 생리의학상을 수상했다.
***로절린드 프랭클린은 제임스 왓슨과 프랜시스 크릭이 DNA 구조를 밝혀내는 데 결정적인 기여를 한 엑스선 회절 사진을 찍은 과학자다.

무척이나 전염성이 강한 폴리오바이러스는 주로 오염된 물이나 음식에 의해 입을 거쳐 체내로 들어온다. 그러나 기침이나 재채기를 할 때 환자의 비말을 통한 공기 감염도 가능하다. 감염된 사람의 90퍼센트 이상은 특별한 증상이 없지만, 증상이 없더라도 감염되면 폴리오바이러스가 입이나 대변을 통해 배출되어 주위를 오염시켜 다른 사람을 감염시킬 수 있다.

폴리오바이러스의 비리온virion(바이러스 입자)은 위산에 잘 파괴되지 않고 단백질분해효소와 담즙에도 저항성이 강해 장관계에서 생존할 수 있다. 몸속으로 들어온 폴리오바이러스는 편도선과 인두의 점막, 림프조직에서 증식이 시작된다. 증식된 바이러스는 혈액으로 들어가 1차 바이러스혈증viremia을 일으키고, 특수한 세포수용체를 갖는 표적조직으로 전파된다. 폴리오바이러스가 결합하는 특수한 세포수용체는 CD155인데, 폴리오바이러스 수용체poliovirus receptor, PVR라고도 한다. 이런 폴리오바이러스 수용체를 갖는 조직이 바로 척수의 전각세포anterior horn cell, 후근신경절dorsal root ganglia, 운동신경원, 골격근육세포, 림프조직세포 등으로 이런 표적조직에서 바이러스의 2차 증식이 일어나고 2차 바이러스혈증이 생긴다. 이렇게 증식한 폴리오바이러스가 척수, 수질, 소뇌, 중뇌, 시상, 시상하부, 대뇌운동피질과 같은 신경계를 파괴하는 것이다.

폴리오바이러스가 몸속으로 들어왔을 때 인두나 위장관에는 항체가 있어서 감염이 시작되는 것을 막고 중추신경계로 퍼지는 것을 저지한다. 하지만 이미 중추신경계로 바이러스가 퍼지면 혈액에 항체가 아무리 높은 농도로 있어도 아무런 작용도 하지 못한다.

폴리오바이러스의 자연 숙주natural host는 사람 외에는 침팬지나 원숭이 정도밖에 없다. 그 이유는 폴리오바이러스의 세포수용체가 영장류에만 존재하기 때문이다. 란트슈타이너와 포퍼 이전에 폴리오를 연구하던 연구자들이 병원체를 찾아내지 못한 까닭은 토끼, 기니피그, 생쥐 등과 같은 실험동물을 대상으로 이 질병을 연구했기 때문이었다. 란트슈타이너와 포퍼는 중증 폴리오에 걸린 아홉 살 어린이에게서 척수 현탁액을 추출해 두 마리의 구세계원숭이Old World monkey 복강에 주사했고, 이 원숭이들의 척수, 수질, 뇌줄기에서 사람의 폴리오와 같은 병변을 보이는 것을 확인했다. 특히 원숭이 한 마리는 양쪽 다리에 완전한 이완 마비가 왔다.

쇠로 된 폐

———

인간의 자만심에 대한 복수의 상징으로 쓰인 폴리오는 소설《네메시스》에서 다음과 같이 묘사된다.

> 아이가 영원히 기형적인 불구자가 되거나 철폐鐵肺라고 알려진 원통형 금
> 속 인공호흡기 밖에서는 숨을 쉴 수 없게 되는 – 또는 호흡기 근육 마비로
> 죽음에 이를 수 있는 – 마비를 일으키는 이 병 때문에 우리 동네 부모들은
> 상당한 불안에 사로잡혔고, 그 바람에 여름 몇 달 동안 학교에 가지 않고

미생물로 쓴 소설들

하루종일 또 긴 어스름녘까지 밖에서 놀 수 있던 아이들의 마음의 평화도 깨지고 말았다. 폴리오를 심하게 앓고 난 뒤의 무서운 결과에 대한 걱정은 이 병을 치료할 약이나 면역력을 줄 백신이 존재하지 않는다는 사실 때문에 더 심해졌다. 폴리오 - 주로 걸음마를 하는 아이에게 전염된다고 생각하던 때에는 소아마비라고 부르기도 했다 - 는 누구나 걸릴 수 있었고, 뚜렷한 원인도 없었다. 열여섯 살 이하의 아이들이 주로 걸렸지만 어른들 역시 심하게 감염될 수 있었다. 당시 미합중국 대통령이 바로 그 예였다.

필립 로스가 묘사한 대로 당시 미국에서는 폴리오에 걸린 많은 환자를 철폐iron lung라는 장치에 넣어 연명시켰다. 1929년 하버드 의과 대학의 필립 드링커Philip Drinker와 루이스 쇼Louis Agassiz Shaw Jr.가 발명한 철폐는 폴리오 자체를 치료하는 장치라기보다는 환자의 호흡을 보조하는, 일종의 생존 유지 장치였다. 폴리오 환자는 폐가 직접 손상되지는 않지만 근육이 약해져 숨쉬기 힘들기 때문에 호흡할 수 있도록 해 주는 장치가 철폐였는데, 얼굴을 제외한 몸 전체가 밀봉된 철제기구 안에 들어가야 했다. 기계를 통해 철폐 안으로 음압이 걸리게 하여 폐가 팽창되도록 한 후, 다시 공기를 넣어주면 폐가 수축하면서 호흡을 할 수 있도록 했다.

소설은 제2차 세계 대전 무렵을 배경으로 하고 있는데, 미국에서 폴리오가 최고조에 달한 때는 그보다 몇 년 후인 1952년이었다. 미국에서만 5만 8000명의 환자가 발생하여 2만 명이 넘는 환자에게 마비 증상이 생겼고, 3000명이 넘게 사망했다. 지금 보면 매우 갑갑하고 흉물스런 장치로 보이는 철폐는 이 시기에 적지 않은 목숨을 살리는 장치였다.* 무게가 거의 300킬로그램에 달해 불편했던 이 장치는 1960년대 들어와 인공호흡기로 대체되었다.

소설에서는 소아마비에 걸린 '미합중국 대통령'을 언급하고 있다. 바로 그 유명한 프랭클린 루스벨트다. 그는 대공황 시기에 대통령에 당선되어 뉴딜 정책을 성공시키고 제2차 세계 대전을 승리로 이끌어 미국에서 유일하게 대통령 4선에 성공했다. 1921년 30대의 촉망받는 정치인이었던 그는 뉴욕 주지사 선거에 나설 준비를 하다가 잠시 가족과 여름휴가를 보내던 중 호수의 찬물에서 수영을 하고 폴리오에 걸린 것으로 알려졌다. 루스벨트의 폴리오와 이후의 성공은 한 개인이 장애라는 역경을 극복한 역사적 사례로도 소개되고, 또한 폴리오, 즉 소아마비가 어린이만 걸리는 질병이 아니란 걸 보여주는 예로도 인용된다**. 루스벨트는 대통령이 된 후 1938년에 국립소아마비재단을 설립해 폴리오 치료와 예방에 커다란 기여를 했다. 소설은 그즈음의 이야기지만 아직 그 성과가 나타나기 전이었다.

---

* 2024년 3월 폴 알렉산더Paul Alexander라는 변호사의 죽음에 관한 기사가 여러 매체에 실렸다. 보도에 따르면 그는 여섯 살에 폴리오에 걸려 전신이 마비된 후 72년 동안 철폐에서 살았다. 철폐에서 지내면서도 대학을 졸업하고 변호사가 되었다. 그는 펜을 입에 물고 8년에 걸쳐 자서전을 쓰기도 했다.
** 최근에는 루스벨트가 앓은 질병이 폴리오가 아니라 길랭–바레 증후군Guillain-Barre syndrome이 유력하다는 설도 나오고 있다.

미생물로 쓴 소설들

차별

───

폴리오는 세계 각지에서 매우 흔했지만, 또한 차별의 대상이었다. 호아킨 소로야의 그림 〈슬픈 유산〉에서도 보듯이 부모가 폴리오에 걸린 자식을 버리는 일도 허다했다. 《굿 로드 버드*Good Lord Bird*》로 전미도서상을 수상한 작가 제임스 맥브라이드James McBride의 《하늘과 땅 식료품점》은 그런 미국의 지난 현실을 은밀히 보여준다.

2023년에 발표한 《하늘과 땅 식료품점》의 배경은 유대인과 유색인, 즉 흑인, 그리고 백인이 함께 살고 있는, 하지만 물과 기름처럼 어울리지 못한 1930년대 치킨힐이라는 마을이다. 이곳에서 유대인과 흑인은 핍박받는 존재로 어디서나 편견에 휘둘리고 불합리한 처분을 받는다. 그런데 그들을 핍박하는 이들은 오히려 자신들이 마을에서 밀려나고 있다고 여겨, 자기 집단의 영광과 개인적 이득을 지키기 위해 편견과 불합리를 당연하게 여긴다. 제임스 맥브라이드는 치킨힐이라는 마을에 대공황 전후 미국 사회의 갖가지 모순을 응집시켰다. 모순과 대립 속에서 벌어지는 여러 사건과 함께 사람들의 선한 의지를 탁월한 방식으로 보여준다.

치킨힐에서 의지가 가장 굳은 이는 주인공 초나다. 아버지에게 '하늘과 땅 식료품점'을 물려받아 적자를 보면서도 흑인과 유대인을 위해 운영하는 초나는 어릴 적 폴리오를 앓은 절름발이 유대 여인이다. 계산을 해 보면 1910년대에 폴리오를 앓았을 테니 란트슈타이너와 포퍼가 소아마비의 병원체가 바이러스라는 것을 보고한 지 얼마 되지 않았을 즈음이다. 아마 그녀는 물론 그녀의 마을에서도 초나의 장애를 감염질환 때문이라고 여기지 않았을 것이다.

여성, 그리고 유대인이라는 점에서 태생부터 차별의 대상이었던 그녀에게 폴리오로 인한 장애는 차별에 차별을 더하는 상황이었다. 그러나 초나는 누구보다도 밝았고 편견이 없는 주체적인 여성이었다. 그녀는 어린 시절 부엌에서 스토브가 폭발하는 사고로 청력을 잃은 도도라는 아이를 품었고, 최악의 수감 시설에 끌려간 후에는 그를 구출하기 위해 다른 핍박받는 이들과 연대한다.

소설은 여러 선한 의지가 모여 편견과 불합리를 극복해 나가는 줄거리로 짜여 있지만, 이중, 삼중의 차별 조건을 가진 초나가 결국 맞게 되는 비극적인 죽음은 미국 사회가 끝내 극복하지 못한 한계를 나타낸다. 흑인 아버지와 유대인 어머니를 둔 작가가 말하고자 하는 것 또한 바로 그것이라고 읽을 수 있다.

폴리오 환자는 신체적인 부자유로 차별 받는다. 신체의 장애로 차별 받는 것도 문제지만 그들이 지적으로도 장애가 있거나 정신적으로도 불안정하다는 오해를 받는 것은 더 문제다. 폴리오바이러스는 근육의 움직임과 관련 있는 운동 신경세포에 영향을 미칠 뿐이지 지적 능력에는 아무런 영향을 주지 않는다. 우리는 미국의 대통령이 된 프랭클린 루스벨트나 철폐에 지내면서 변호사가 된 폴 알렉산더를 보면 바로 알 수 있다.《하늘과 땅 식료품점》의 초나도 마찬가지다.

소아마비에 걸린 소녀

—

2019년 한국과학문학상 장편 대상을 받은 천선란은 우리나라의 대표적인 젊은 SF 작가다. 천선란이 대상을 받은 작품은 《천 개의 파랑》이었다.

《천 개의 파랑》은 과학과 문학이 행복하게 만난 작품이다. 휴머노이드가 보편화된 가까운 미래가 소설의 배경이다. 소설의 주인공은 경마장의 기수를 대신하도록 제작된 휴머노이드다. 그런데 한 휴머노이드가 제작 과정에서 실수로 인간의 감정을 '약간' 가지게 된다. 바로 C-27, 콜리다. 쓰다가 용도가 다 하면 버려지는 휴머노이드의 삶(삶이랄 수 있을까 싶지만)을 콜리도 그대로 답습할 뻔했지만, 그(녀)에게는 연재라는 소녀가 있었다. 그리고 콜리와 감정 교류를 한, 그리고 그렇게 잘못 만들어진 휴머노이드를 매개로 이어지는 여러 사람이 있다.

소설은 실수로 감정을 갖게 된 폐기 직전의 휴머노이드를 통해 인간이 살아가는 가치와 의미를 다시금 생각하게 한다. 과학은 많은 것을 대신할 수 있지만, 인간성을 지키고 살아가는 것이야말로 과학이 만드는 세상을 한층 의미 있게 만든다는 것을 보여 준다. 그리고 과학은 모든 것을 해결해 줄 수 있을 것 같지만, 그런 세상에서도 불평등은 존재하며 어떤 모습으로 어떻게 나타날 지 미리 헤아려 보아야 한다고 조심스레 제안한다.

그런데 여기서 여러 불평등 가운데 하나로 등장하는 것이 연재의 언니 은혜의 폴리오다. 은혜는 일곱 살에 폴리오바이러스에 감염되어 척수성소아마비에 걸렸고 결국 두 다리를 온전히 쓸 수 없게 되었다. 은혜와 연재의 엄마 보경은 의사로부터 은혜가 폴리오에 걸리긴 했지만 과학의 발달로 "준비만 되면 인간의 뼈대와 관절을 그대로 재현하는 생체 적합성 소재로 새 다리를 만들어주면 된다"는 얘기를 듣는다. 그리고 그 수술이 누구나 받을 수 있는 것이라 여겼다. 하지만 과학은 모두에게 공평하게 베풀어지지 않았다. 돈이 있어야 평등하게 과학의 혜택을 받을 수 있었던 것이다.

그런데 그런 의미와는 별개로 은혜의 폴리오라는 설정은 고개를 다소 갸우뚱하게 한다. 우리나라에서는 1950년대부터 1960년대 초까지 매년 1000~2000명 이상의 폴리오 환자가 발생했다. 하지만 국가예방접종사업을 도입한 후 그 숫자는 점점 줄어 1983년 5명의 환자가 보고된 이후 현재까지 발생 사례가 없다. 폴리오는 천연두 다음으로 지구상에서 영원히 박멸할 질병으로 국제 사회가 총력을 기울이고 있고, 실제 우리나라를 포함한 WHO 서태평양 지역은 2000년 10월 폴리오의 박멸을 선언하기도 했다. 전 세계적으로도 파키스탄과 아프가니스탄, 나이지리아에서만 발생하고 있다. 미래의 어느 시점에 폴리오바이러스가 우리의 감시에서 빠져나오는 것을 가정하지 않는다면 《천 개의 파랑》에서 은혜의 폴리오는 현실에서는 다소 벗어난 설정인 셈이다.

미생물로 쓴 소설들

폴리오의 퇴치

그렇다면 그렇게 창궐하던 폴리오는 어떻게 자연 발병을 막아내고 지구상에서 퇴출 직전까지 올 수 있었을까? 물론 거기에는 천연두처럼 백신이라는 무기가 있었다. 그리고 폴리오 백신의 역사에도 천연두 백신 못지않은 극적인 역사가 있다.

폴리오 백신 개발과 관련하여 가장 중요하게 언급되는 인물은 조너스 소크Jonas Edward Salk다. 그는 1948년부터 폴리오바이러스의 여러 유형을 파악하는 조사를 시작해 7년 동안의 연구 끝에 1955년 폴리오 백신 개발을 발표했다. 그러나 그 전에 폴리오 백신 개발과 관련해 돌파구를 연 것은 1949년 하버드대학의 교수 존 엔더스John Franklin Enders와 대학원생 토머스 웰러Thomas Huckle Weller와 프레더릭 로빈스Frederick Chapman Robbins의 폴리오바이러스 배양 성공이었다.

폴리오바이러스를 과학적으로 이해하고, 이를 통제하는 방법, 즉 백신을 개발하기 위해서는 바이러스를 실험실 환경에서 배양할 수 있어야 한다. 하지만 폴리오바이러스는 영장류의 살아있는 세포 안에서만 살아가기 때문에 배양하는 게 쉽지 않았다. 엔더스의 연구진은 볼거리 바이러스나 수두 바이러스를 연구하고 있었고, 폴리오바이러스에는 큰 관심이 없었다. 그들은 수두 바이러스 배양을 시도하면서 남는 시험관에 폴리오바이러스 샘플을 접종해 보았는데, 이 시험관에는 낙태된 태아의 피부, 근육, 신장 세포 등이 들어 있었다. 바이러스를 접종하고 별 기대 없이 배양액을 마우스에 접종했더니 마우스에서 마비 현상이 나타났고, 배양 시간을 늘릴수록 바이러스의 농도도 높아졌다. 이로써 복잡하게 동물세포에 접종해서 증식시키던 폴리오바이러스를 간단하게 세포 배양을 통해서 대량으로 증식할 수 있게 되었고, 폴리오 백신 개발의 중요한 발걸음을 내디딜 수 있었다.*

최근에는 mRNA 백신과 같이 다양한 방법으로 백신을 개발하지만 백신을 개발하는 전통적인 방법에는 크게 두 가지가 있다. 하나는 약독화 백신live attenuated vaccine이고, 다른 하나는 불활성화 백신inactivated vaccine이다. 약독화 백신은 바이러스를 오랫동안 배양해 더 이상 독성을 갖지 않는 바이러스를 얻어 백신으로 쓰는 방법, 즉 '생生백신'이고, 불활성화 백신은 바이러스를 배양한 이후 포르말린 등의 화학 물질로 처리해 죽은 바이러스를 백신으로 쓰는 방법, 즉 '사死백신'이다. 폴리오 백신에도 이 두 가지 방법이 모두 적용되었다.

먼저 시도된 것은 앨버트 세이빈Albert Bruce Sabin의 약독화 백신이었다. 독성이 약화된 살아있는 바이러스를 이용해 만든 백신은 경구 투여할 수 있고, 점막 면역을 유도하기 때문에 강한 면역성을 나타낸다. 그러나 이 방법은 배양과 동물의 독성 시험, 3종류의 폴리오바이러스 모두에 약독화된 바이러스를 얻어야 했기 때문에 백신을 만드는 데 시간이 많이 걸렸다. 그러나 앞서도 얘기했듯이 1950년대 미국의 폴

---

*1954년에 노벨 생리의학상을 받는다. 많은 경우 노벨상은 연구 책임자에게만 수여된다. 그런데 지도 교수인 존 엔더스가 단독 수상을 거부하고 직접 실험을 수행한 대학원생과 함께 받기를 고집해서 세 명이 공동수상하게 되었다고 한다.

리오는 절정에 달해 있었고, 백신 개발은 시급한 과제였다.

소크는 서른세 살에 루스벨트가 설립한 국립소아마비재단의 지원을 받아 폴리오 백신을 개발하기 시작했다. 그는 인플루엔자 백신을 개발했던 경험을 바탕으로 포르말린을 이용한 폴리오 불활성화 백신을 제조했다. 그의 연구팀은 원숭이의 신장 세포를 트립신으로 처리한 후 폴리오바이러스를 배양하는 방법을 정립했고, 이를 토대로 폴리오바이러스를 대량 생산하여 백신을 개발할 수 있었다. 1952년부터 100여 명의 어린이에게 개발한 백신을 주사하는 임상 연구를 수행했고, 1953년에 논문으로 발표했다. 아직 개발이 완료되지 않은 백신을 시험한 소크에 대해 비판 여론도 있었지만, 이후 대규모 임상시험이 이루어져 1955년 4월 12일, 프랭클린 루스벨트 사망 10주기에 백신 시험 결과가 발표되었다. 소크는 이 발표로 세계적인 명성을 얻게 된다.

소크는 한 방송에 출연해 인터뷰를 했는데, "태양에 특허를 낼 수 있습니까"라고 반문하며 특허권을 포기해 더 큰 명성을 얻었다. 이와 같은 소크 백신에 관한 특허 포기와 관해서는 다른 이유가 있었다는 얘기도 있긴 하지만 연구 개발의 공익성에 관한 교훈을 준 것만큼은 사실이다.*

소크의 백신은 초기에 폴리오를 예방하는 데 큰 공헌을 했다. 하지

---

*소크는 미국 라호야에 세운 소크 연구소로도 유명하다. 소크 연구소는 여러 명의 노벨상 수상자를 배출했고, 현재도 생명과학 연구를 선도하는 연구기관이다.

만 소크의 백신에는 단점이 있었다. 한 번의 접종으로 끝나지 않고 정기적으로 백신 접종을 받아야 하는 번거로움이 있었던 것이다. 또한 특정 회사에서 생산된 백신에서 불활성화 과정에 문제가 생기면서 살아 있는 바이러스가 포함되어 출시되는 사고도 있었다. 반면 세이빈의 백신은 경구용 백신으로 사용이 편리했을 뿐 아니라 한 번의 투약으로도 소크의 백신보다 효과가 좋았다. 그래서 보급은 늦었지만 1960년대 이후에는 소크의 백신 대신 더 많이 쓰이는 백신이 되었다. 지금은 보다 안전하고 효과가 좋은 백신이 개발되어 소크나 세이빈이 개발한 백신 대신 접종한다.

이런 폴리오바이러스에 대한 백신 개발로 폴리오는 차츰 줄어들었고, 천연두 다음으로 지구상에서 퇴출시킬 질병 대상으로 지목되어 거의 성공 직전에까지 이르게 되었다.

여전히 필수적인 예방 접종

소크와 세이빈의 독자적인 백신 개발과 대규모 접종으로 폴리오는 거의 박멸된 상태다. 그래서 《천 개의 파랑》에서 은혜의 폴리오가 현실과는 좀 어울리지 않는 설정이라고까지 했다. 하지만 실제로는 폴리오가 발생하는 몇몇 국가 말고도 서구에서도 폴리오바이러스는 완전히 사라지지 않았다.

최근의 보도에 따르면 약독화 백신에 의해 아프리카와 파키스탄,

미생물로 쓴 소설들

아프가니스탄 등지에서 폴리오가 대규모로 발생하고 있다고 한다. 글로벌 폴리오 퇴치 이니셔티브Global Polio Eradication Initiative와 같은 기관은 폴리오가 발생하는 지역에 적극적인 접종 캠페인을 실시했고 큰 성과를 거뒀다. 그 결과로 파카스탄의 수도 카라치에서는 2년 이상 폴리오 환자가 발생하지 않았고, 폐수에서도 폴리오바이러스가 검출되지 않았다. 그런데 2023년부터 여러 지역에서 실시한 폐수 검사에서 바이러스가 다시 검출되었고, 시간이 지남에 따라 확산되는 양상까지 보였다. 예전처럼 많지는 않지만 몇 건씩 폴리오 환자도 발생했다.

이는 파키스탄이나 아프가니스탄과 같은 국가에 한정된 문제는 아니다. 이스라엘은 하수에서 폴리오바이러스에 대해 환경 검사를 지속적으로 실시해 왔는데, 2013년에 폴리오바이러스가 검출된 적이 있다. WHO의 집계에 따르면 2019년 말까지 약독화 백신을 통해 바이러스에 감염되어 잠재적인 폴리오 전파 가능성을 가진 개인으로부터 폴리오바이러스가 배출된 사례가 150건 가까이나 된다. 그리고 한 영국 남성은 30년 동안 대변을 통해서 감염력을 지닌 폴리오바이러스를 지속적으로 배출해 왔다는 보고도 있다. 2019년 말레이시아에서 27년 만에, 2022년 영국에서 40년 만에 폴리오 환자가 발생하기도 했다. 미국에서도 9년 만에 환자가 발생했다.

물론 폴리오의 발생 위험은 매우 적은 것이 사실이다. 하지만 치료가 되지 않는 폴리오가 발생했을 때의 고통은 이루 말할 수 없을 것이다. 국가 간 이동이 잦은 상황에서 아직 폴리오의 종식이 이뤄지지 않은 국가가 있다는 점, 바이러스가 하수에 존재할 수 있는 가능성 등으로 완전히 안심할 수는 없는 실정이다. 그런 점에서《천 개의 파랑》에서 은혜의 상황이 전혀 허무맹랑하다고는 할 수 없다. 여전히 예방 접종이 반드시 필요한 이유다.

13

이 병은 서서히 삶에서
버림받는 겁니다

에이즈

—

HIV Human Immunodeficiency Virus

키스 해링 〈투토몬도〉1989

키스 해링Keith Harring, 1958~1990의 작품은 어디서나 볼 수 있다. 그는 단순한 선을 이용해서 상징적인 형상을 그렸다. 사람 실루엣과 빨간 심장은 그의 심볼이다. 지하철에서 탄생한 그의 작품은 그후 상업적으로도 소비되었다. 해링은 태어나고, 죽고, 사랑하는 과정을 그렸고, 그림에 인종차별 반대와 동성애자의 인권과 에이즈 교육의 메시지를 담았다. 그는 1988년에 에이즈 진단을 받았고, 1990년에 죽었다. 그의 마지막 작품은 이탈리아 피사에 있는 산탄토니오Sant'Antonio 교회 뒷벽에 그린 벽화 〈투토몬도Tuttomondo〉다. 'Tuttomondo'는 '모든 세계'란 뜻이다. 세상 모든 사람이 춤을 추며 조화를 이루는 모습을 그렸다. 그는 그런 세상을 꿈꿨다.

미생물로 쓴 소설들

인류 멸망의 공포

———

에이즈AIDS, 후천성면역결핍증에 관한 이야기는 요즘은 뜸하지만, 한동안 '제2의 흑사병'이라고 불리며 인류의 멸망과 연관시킬 정도로 공포의 질병이었다.

에이즈 환자가 처음으로 공식 보고된 것은 1981년 6월 5일이었다 (물론 당시에는 에이즈란 병명은 없었다). 미국의 질병통제예방센터CDC는 로스앤젤레스에서 젊은 동성애자 남성 다섯 명이 곰팡이성 폐렴(지금 은 주폐포자충 폐렴Pneumocystis pneumonia이라고 한다)에 걸렸다는 것을 〈질병 발병률·사망률 주간 보고Morbidity and Mortality Weekly Report, MMWR〉를 통 해 알렸다. 당시 곰팡이성 폐렴은 매우 드문 사례였다. 이들 중 두 명 은 이미 사망한 상태였고, 환자 다섯 명 사이에 어떤 연관을 지을만 한 근거가 없었다.

거의 비슷한 시기에 뉴욕에서는 카포시 육종Kaposi's sarcoma이라는 암에 걸린 환자 여덟 명이 보고되었다. 이들 역시 모두 동성애자였으며 27세에서 45세 사이였다. 카포시 육종은 당시만 해도 70대 이상에서만 나타나는 희귀 암으로 알려졌으니 더욱 이해하기 힘든 사례였다. 또한 그들은 모두 세균성 성병을 앓았던 적이 있는 것으로 밝혀졌고, 사이토메갈로바이러스Cytomegalovirus, CMV와 B형 간염바이러스에 대한 항체도 가지고 있었다.

그해 12월에는 동성애자가 아닌 약물 상습 투여자에게도 비슷한 사례가 발견되었다. 이들 모두 면역이 결핍되어 감염에 극도로 취약한 상태였다. 동일한 질병이라고 여겨지는 사례가 1981년 말까지 270건이 발견되었고, 121명이 사망했다(하지만 숨겨진 환자가 4만 명이 넘을 거라 추정했다). 이들 중 많은 사람이 동성애자였기에 CDC는 이 질병을 '동성애자 관련 면역결핍증Gay-Related Immune Deficiency', 즉 GRID라고 명명했다. 하지만 이 명칭은 동성애 여부와 직접적인 연관성이 없는 사례가 늘어난 데다 동성애자에 대한 짙은 편견이 담겨 있다는 점에서 부적절한 것이었다. CDC는 1982년 9월 이 새로운 질병에 대한 명칭을 '후천성면역결핍증Acquired Immunodeficiency Syndrome', 즉 '에이즈AIDS'로 바꾸었다. 그즈음 CDC는 이 질병이 세포성 면역의 문제로 생기는 질병이라는 것을 알게 되었다. CDC는 다음과 같이 발표했다. "세포성 면역의 결핍이 어느 정도 예측되는 병으로 그 증상에 대한 저항력이 저하된 적이 없었던 사람에게서 발생한다."

에이즈가 보고된 다음 해인 1982년 미국의 에이즈 환자는 593명으로 집계되었다. 불과 2년 만에 환자 수는 7000명이 넘어섰고, 이 중 4000명이 넘게 사망했다. 재앙이나 다름없었고, 14세기의 흑사병이 다시 도래한 것으로 여겨졌다. 20세기 말까지 전 세계적으로 1400만 명이 에이즈로 사망했고, 2015년까지 3600만 명의 감염자가 추가로 발생해 4000만 명이 죽었다.

어느 시대든 감염병의 대유행에는 도덕적 멍에가 씌워지기 마련이지만, 에이즈 환자에는 더욱 치명적이고, 씻기 힘든 도덕적 낙인이 찍혔다. 에이즈 진단을 받으면 그 이유만으로 직업을 잃기도 했고, 집단 따돌림의 대상이 되는 것은 다반사였다. 환자는 스스로 부끄러워하며 자책하고 자신의 질병을 숨기기에 급급했다. 에이즈 환자는 다가가거나 만져서도 안 되는 존재로 여겨지기도 했다. 수전 손택이 병명 자체가 두려움을 낳는다고 했을 때 그대로 들어맞는 예가 바로 에이즈였다. 특히 에이즈는 방종, 태만, 도착적 섹스와 같이 개인에게 온전히 책임이 돌아가는 대표적 질병이기도 했다. 환자는 사회 전체에 위협을 가하는 존재가 되었기에 마치 중세의 천형을 받는 배덕자로 여겨지기도 했다. 여기에 영화배우 록 허드슨, 가수 프레드 머큐리, 테니스 선수 아서 애쉬 등 유명인이 감염되어 죽으면서 충격을 더했다.

그들은 편견과 혐오를 극복할 수 있었을까

———

미술비평가로 잘 알려진 영국의 존 버거John Peter Berger, 1926~2017가 에이즈를 다룬 소설《결혼식 가는 길》을 발표한 것은 1995년이었다. 소설의 시간적 배경은 1993년쯤이니 아직 에이즈가 통제 범위에 들어오기 전이었다. 에이즈 판정은 사망 통보나 다름없었다.

프랑스의 철도 신호수 장 페레로와 체코 프라하에서 민주화 운동에 참여했던 즈데나 사이에 태어난 니농은 지노라는 청년을 만나 사랑에 빠진다. 입술에 난 상처 때문에 병원을 찾은 니농은 뜻밖에도 에이즈에 감염되었다는 얘기를 듣는다. 그녀는 믿을 수 없었고, 검사 결과가 잘못되었을 거라고 항변하지만 몇 해 전 하룻밤을 함께 보낸 남자에게서 옮았다는 것을 깨닫는다.

입술 이야기가 아닙니다. (……) 혈액 검사 결과가, 아가씨, 충격적입니다. 사실대로 말씀드려야겠죠. 혈청 반응 양성이라는 게 뭔지 아십니까? 에이치아이브이가 HIV라고.

저 어린애 아니거든요.

검사 결과가 그래요. 혹시 주사기로 마약 하신 적 있습니까?

선생님은 자위하신 적 있으세요?

충격이 크다는 건 이해합니다.

무슨 말씀을 하고 계신지 모르겠네요.

에이치아이브이에 감염됐습니다.

실수예요. 어디서 피가 섞인 게 틀림없어요.

유감이지만, 그럴 가능성은 거의 없습니다.

당연히 섞인 거죠! 다시 검사해 보세요. 그 사람들이 실수한 거예요. 그 사람들 늘 실수하잖아요.

저는 뒤집힌 피라미드를 보고 있어요. 아빠, 듣고 계세요? 이제 스물세 살

인데, 제가 곧 죽을 거라고 하네요.

니농은 지노에게 자신이 에이즈에 걸렸다는 것을 알리며 헤어지자

고 하지만, 지노는 오히려 그녀에게 청혼을 한다. 니농은 지노에게 검

사부터 받으라고 하고, 에이즈에 걸린 자신에게 결혼이란 터무니없

는 일이라 여긴다. 살날이 얼마 남지 않았을 뿐 아니라 결혼을 해서

아이를 낳는다면 자신의 바이러스가 아이에게 감염을 일으킬 것이라

생각했다. 그녀는 에이즈가 여느 병과는 다르다는 것을 명확히 깨닫

고 있었다. 다른 병으로 죽음이 찾아오면 "생명이 훅하고 꺼지는" 반

면, 자신의 병은 "서서히 삶에서 버림받고", "몸의 부분부분이 차례로

말을 듣지 않으면서, 삶을 무너뜨린다"는 걸 알고 있었다. 그런데도

결혼을 생각하다니…….

하지만 지노는 니농과 결혼식을 올리기로 하고, 가족과 가까운 이

웃을 초청한다. 소설은 그 안타깝고 처절한 여정을 그린다.

니농의 아빠 장은 자신이 일하던 알프스의 마을에서 오토바이로,

엄마 즈데나는 슬로바키아 브라티슬라바에서 버스를 타고 결혼식이

열리는 이탈리아 베네치아 근교의 마을로 모여든다. 가족들의 만남

과 슬프지만 행복한 결혼식을 지켜보는(?) 인물은 맹인인 타마타* 장

---

*그리스 정교회에서 봉헌물로 올리는 금속 장식. 작고 얇은 금속판에 성인의 모습이 양각 처리 되어
있다.

수다. 소설은 주로 맹인 타마타 장수의 시선에서 과거와 현재가 연결되고, 종종 니농의 시점에서 이야기가 전개된다. 이런 방식이 특별한 것은 아니지만, 그들의 별로 극적이지 않은 목소리가 에이즈라는 질병이 불러온 불행하고도 안타까운 상황을 담담하게 전한다.

봄이 지나고 가을이 되는 사이에 우리는 오십 년을 늙는 거야. 그게 제일 힘든 거고, 그게 이 작은 질병 부대가 하는 일이지. 하나하나가 아주 무자비하게 말이야. 우리 같은 환자들을 발견하기 전에는, 니농, 이 질병은 규칙적이고, 획일적인 병이야. 거의 순진하다고나 할까. 환자를 만나고 나면 요동치면서 학살을 시작하지. 필리포는 그녀를 바라볼 것이다. 그의 손이 떨리고, 눈빛은 부드럽다. 병이 우리를 공격하는 게 아니야. 우리를 미워하는 거야. 니농, 이 병은 (에이즈의 경우에는) 스스로를 지킬 수 없어. 자기들끼리 이야기하지. 쓰레기들이야, 이 병은.

1990년대 초 에이즈 판정은 사망 선고와 다름없었고, 감염에 대한 공포로 누구도 가까이 다가오려 하지 않았다. 그래서 존 버거는 에이즈를 공격하는 질병이 아니라 미워하는 질병이라고 불렀다. 존 버거는 에이즈 환자는 아니었지만, 가족 중에 환자가 있었다. 가족이 받았던 배제와 공포의 눈길은 소설에 짙게 녹아 있다. 일상생활을 통해서는 전염되지 않는다는 것이 분명하지만 지금도 에이즈에 대한 선입견은 여전히 강고하다. 존 버거는 천형天刑과도 같은 질병을 선고받았지만 자신들의 사랑을 믿은 두 청년의 의지를 화려한 수사 없는 메마른 문체로 아주 뜨겁게 보여주고 있다.

북디자이너 박소영이 《결혼식 가는 길》의 우리말 번역본의 표지를 통해 "'결혼식 가는 길'의 종착지에서 열리는 슬프고도 아름다운 축제"를 연상케 하고 싶었다고 했듯이 니농과 지노는 행복한 결혼식을 치른다. 그런데 소설의 마지막 장을 덮으면서 그다지 밝은 표정을 지을 수는 없다. 그들의 미래는 어찌 되었을까? 그들은 에이즈 환자에 대한 편견과 혐오를 극복하고 이웃과 어울리며 행복한 삶을 보낼 수 있을까? 그것보다 먼저 에이즈에서 살아남을 수 있을까? 막연히 동화 같은 소설의 결말에 딴지를 걸고 싶은 게 아니라 실제 당시 에이즈 환자들의 삶이 그렇게 긍정적으로 흘러가지 않았기 때문이다.

HIV의 발견

———

《결혼식 가는 길》에서 존 버거는 니농이 에이즈에 걸렸다고만 하지 그녀의 증상이나 겉모습의 변화는 거의 묘사하지 않는다. 하지만 재미 작가 이민진은 그렇지 않다.

1910년부터 1989년까지 재일교포 가족 4대의 삶을 다룬 《파친코》는 드라마로도 제작되어 성공을 거두었다. 소설의 초반에는 천연두와 결핵 같은 일제 강점기 시절 유행한 감염질환이 등장인물을 괴롭힌다. 그러다 소설의 막바지, 1980년대에는 에이즈가 비극의 한켠을 장식한다. 선자의 손자 솔로몬의 첫사랑 하나는 자취를 감춘 후 유흥

업소에서 호스티스로 일하다 에이즈 환자가 되어 나타난다. 남달리 아름다웠던 하나였지만 에이즈에 걸린 모습은 추하게 변해 있었다.

> 솔로몬은 변해버린 하나의 모습에 충격을 받았지만 그런 기색을 내비치지 않으려고 애썼다. 에쓰코가 경고해 주었지만 붉은 흉터들과 드문드문한 머리카락에서는 원래의 모습을 찾아보기가 힘들었다. 하나의 해골 같은 몸이 얇은 파란색 병원 시트와 두드러진 대조를 이루었다.
>
> (……)
>
> 에쓰코는 약이 하나도 효과가 없다고 했고 의사들은 기껏해야 몇 주나 두어 달밖에 남지 않았다고 말했다. 검은 점들이 하나의 몸과 어깨를 뒤덮고 있었다. 왼손은 깨끗했지만 오른손은 얼굴처럼 푸석푸석했다. 한때 남다르게 아름다웠던 하나였기 때문에 현재 상태가 더욱 잔인하게 느껴졌다.

하나는 자신이 벌을 받는 거라 말하지만, 솔로몬은 단지 바이러스에 의한 병이라고 누구라도 걸릴 수 있는 병이라고 외친다. 이렇게 잔인한 질병, 에이즈를 일으키는 것은 잘 알다시피 HIV, 즉 인간면역결핍바이러스Human Immunodeficiency Virus다.

과학자들은 초기부터 증거가 쌓이면서 에이즈의 원인이 감염성 병원체, 그중에서도 바이러스일 가능성이 크다는 것을 알고 있었다. 결정적으로 바이러스를 분리해서 에이즈의 원인 병원체를 밝혀낸 사람은 프랑스의 뤼크 몽타니에Luc Montagnier와 그의 연구팀이었다. 미국의 로버트 갤로Robert Galo가 자신이 바이러스를 먼저 발견했다고 주장해서 심각한 논쟁이 벌어지기도 했다. 이 논쟁은 2008년 노벨 생리의학상이 몽타니에와 그의 동료 연구자 프랑수아즈 바레시누시 Françoise Barré-Sinoussi에게 주어지면서 대체로 정리되었다.

몽타니에와 바레시누시가 이끄는 연구팀은 1983년 남성 동성애자 환자에게서 바이러스를 분리했고, 이를 임파종 결합 바이러스 Lymphadenopathy Associated Virus, LAV라고 불렀다. 그들은 이것을 에이즈의 병원체라고 발표했다.

그런데 미국 국립보건원NIH의 저명한 바이러스학자 로버트 갤로는 1984년 4월 에이즈 환자에서 바이러스를 분리해서 '인간 T세포 백혈병 바이러스Human T Lymphotrophic Virus 3형', 즉 HTLV-Ⅲ라고 명명하고 이것을 에이즈 병원체라고 발표했다. 나아가 이것을 바탕으로 특허를 취득하고 에이즈 검사 키트를 개발하기도 했다.

이로써 미국과 프랑스의 연구자들이 각자 자신들이 먼저 에이즈의 병원체를 발견했다고 주장하는 형국이 되었다. 정치인들까지 나서 이 논쟁에서 자국 연구자의 선취권을 주장하기도 했다. 위원회가 조직되었고 프랑스의 LAV와 미국의 HTLV-Ⅲ를 조사한 결과 동일한 바이러스라는 결과가 나왔다. 몽타니에가 자신의 팀이 분리한 바이러스를 미국의 갤로에게 보낸 적이 있기 때문에 몽타니에의 주장이 더 큰 힘을 받았고, 결국은 (무려) 미국의 레이건 대통령과 프랑스의 시라크 총리 사이에 타협이 이뤄져 미국 쪽이 프랑스의 주장을 인정하기에 이르렀다.* 이후 1986년에 이들 바이러스는 HIV라는 이름으로 통일되었다.

HIV는 RNA 바이러스다. 그중에서도 RNA로부터 DNA를 거쳐 복제되는 바이러스로 레트로바이러스retrovirus 중 하나다. 또한 긴 잠복기를 특징으로 하는 렌티바이러스lentivirus에 속한다. 이름 자체가 '천천히'를 의미하는 라틴어 'lenti'에서 유래했다. 따라서 HIV도 잠복기가 길고 점진적으로 발병하는 특징이 있다.

RNA로 된 유전체는 9200개의 뉴클레오타이드로 되어 있고, 9개의 유전자가 존재한다. 몸속으로 들어간 HIV는 림프구의 일종인 보조 T세포를 표적으로 삼는다. 보조 T세포는 세포 표면에 존재하는 CD4라는 분자와 상호작용을 해서, 침입한 병원체의 존재를 알려 항체 생산을 돕는 역할을 한다. HIV는 CD4를 '다리' 삼아 보조 T세포로 침투해 장악해 버린다. HIV는 CCR5와 CXCR4라는 세포 표면 단백질의 도움으로 세포막과 융합한 후 RNA를 세포 안으로 들여보낸다.** 세포 안에서는 바이러스의 역전사 효소reverse transcriptase에 의해 RNA로부터 DNA를 만든다. 이 DNA는 숙주의 염색체에 편입되는데, 이렇게 되면 사람의 세포는 자신의 DNA를 복제하면서 HIV의 DNA도 함께 복제하게 되고, 결국 엄청난 양의 HIV가 만들어지게

---

*공식적으로는 몽타니에와 바레시누시가 발견해서 미국으로 보낸 바이러스가 갤로의 샘플을 오염시켰고, 갤로의 연구팀은 이를 인식하지 못한 채로 오염된 샘플에서 에이즈의 원인이 되는 바이러스를 '재'발견한 것으로 결론이 내려졌다. 갤로는 몽타니에와 바레시누시의 노벨상 수상을 흔쾌히 축하했다.

**외부의 감염체가 몸속으로 들어왔을 때, CCR5라는 단백질은 CD4를 도와 T세포가 방어 작용을 할 수 있게 한다. 그런데 HIV는 바로 이 CCR5에 잘 결합할 수 있어 이를 통해 T세포로 침입할 수 있다. 사람들 중에는 CCR5 유전자의 일부가 결실되어 있는데, 이 경우 HIV가 T세포로 침입할 수 없다. 그래서 이들에게는 HIV 저항성이 있다.

미생물로 쓴 소설들

된다.

1980년대 동성애자와 에이즈를 바라보는 시선
———

HIV는 어떻게 그토록 짧은 기간에 그렇게 많은 사람을 감염시킬 수 있었을까? HIV 감염이 이루어지는 경로에는 몇 가지가 있다. 물론 감염된 사람과의 성적 접촉으로 가장 많이 감염된다. 《결혼식 가는 길》의 니농이나 《파친코》의 하나도 그런 경로로 감염이 이루어졌다. 그러나 초기에는 물론 지금도 종종 에이즈하면 동성애와 연관 짓고, 그래서 더욱 편견 어린 시선을 보내면서 비난하는 경우가 많다. 실제로 직장 세포가 질 세포에 비해 HIV에 훨씬 더 민감하기 때문에 항문을 통한 성관계에 의한 감염의 위험이 훨씬 높다. 유행 초기 동성애자에게서 집중적으로 에이즈가 발병한 이유다.

동성애에 의한 HIV 감염과 죽음은 동성애에 대한 편견 때문인지 소설에서 잘 다루어지지 않는데, 자신이 동성애자인 영국의 소설가 앨런 홀링허스트 Alan J. Hoolinghurst, 1954~ 의 작품은 예외다. 그의 2004년 맨부커상 수상작 《아름다움의 선》은 동성애자, 즉 성 소수자이면서 상류층 사회에 한 발짝 걸쳐 살아가는 닉 게스트라는 청년의 눈에 비친 1980년대 영국 사회의 편협하고 이율배반적인 실상을 잘 보여준다. 사회 비판적인 내용을 담고 있으면서 한 청년의 성장 소설이기도 한 이 소설은 1980년대 HIV 감염에 대해서도 사실적으로 그려내고 있다.

중산층 출신이지만 공부를 잘 해 옥스퍼드대학을 나온 주인공 닉 게스트는 친구인 토비의 아버지이자 하원의원인 제럴드 페든의 대저택에 얹혀 산다. 최상류층의 생활과 문화를 즐기는 닉은 그런 생활이 편하고 좋다. 상류층의 내적 모순이 눈에 들어오지만 그렇게 눈에 거슬리지 않는다. 그들 곁에 머물며 그들에게서 얻을 수 있는 안락함과 즐거움에 만족한다. 그러나 이런 생활은 결국 파탄 날 운명이었는데, 그것은 바로 성 소수자로서의 정체성 때문이었다. 그의 성 정체성은 자신으로서도 어쩔 수 없는 것이었지만, 그가 머물고 싶은 세계에는 받아들여질 수 없었다. 폭로되는 순간 그는 안온한 세계에서 내쳐질 수밖에 없었다. 계급이 문제가 아니라 성 정체성이 문제였고, 그것 또한 도덕의 문제라 여겨졌던 것이다.

닉은 동성애자로서 당시 동성애자를 옭죄던 질병에 관심을 갖지 않을 수 없었다.

에이즈 문제가 갑작스럽게, 어쩔 수 없이 대두하는 것을 느끼고서 그곳에 있는 남자들 가운데 유일하게 공인된 동성애자인 자신이 그 문제를 언급해야 한다고 생각했다. 하지만 나머지 가족 전체가 그 문제를 감추려고 합심해서 노력하고 있는 것이 분명히 느껴졌다.

그의 동성애는 뜻하지 않게 친구의 동생 캐서린에 의해 폭로되는데, 이 장면에서 동성애를 바로 에이즈와 연관시키는 당시의 시선을 엿볼 수 있다.

> "엄마, 제발!" 캐서린이 말했다. "그건 에이즈예요!" 가래 섞인 거친 목소리, 분노와 싸우는 캐서린의 목소리였다. "동성애자였어요……. 모르는 사람하고 섹스하곤 했고…… 그는 그런 걸 좋아했다고요……."

첫 연인이던 리오가 에이즈로 죽자 닉은 그의 가족을 찾는다. 하지만 독실한 기독교 신자인 리오의 어머니는 자식이 동성애자이며 에이즈로 죽었다는 것을 받아들이지 않는다. 그녀에게, 아니 많은 사람에게 에이즈는 '용서받지 못할 죄악'이었다. 그리고 HIV 검사를 받는 닉의 상상에는 바로 그런 세상의 온갖 편견이 선명하게 그려진다.

> 또 하나의 엄숙한 일이자 공론화되지 않아서 필요 이상으로 두려운 일이었다. 눈꼬리로 보니 비디오에서는 마치 원시 생명체들이 추상적인 결단력을 가지고 싹을 틔우는 듯 일렁이는 무언가가 보였다. 주지육림의 장면, 주황색과 분홍색과 보라색 스펙트럼 속에서 누구의 것인지 모를 장기들과 구멍들이 움직이는 장면이었다.

중국 어느 마을에서 벌어진 비극
———

그런데 어느 시점 이후에는 다른 방식으로 감염되는 경우가 훨씬 많아졌다. 우선 '수직 감염vertical infection'이 있다. 수직 감염이란 감염된 산모가 임신과 출산 과정에서 태아에게 HIV를 전달해서 감염되는 경우를 말한다. 모유 수유로 인한 감염도 일종의 수직감염이라고 할 수 있다. 아프리카에서 에이즈가 폭증한 데에는 여러 요인이 있지만 특히 수직 감염이 주요 원인 중 하나다. 하지만 에이즈에 걸린 여성이 임신을 했다고 모든 태아가 감염되는 것은 아니다. 수직 감염의 확률은 약 20퍼센트 전후이고, 요즘에는 임신 전후로 꾸준하게 항바이러스 치료를 받으면 태아 감염의 확률을 상당히 낮출 수 있다.

또 다른 주요 경로는 혈액이나 혈액을 원료로 만든 약제를 통한 감염이 있다. 유명한 미국의 SF 작가인 아이작 아시모프도 1983년 12월 병원에서 관상동맥우회로이식수술을 받다 오염된 혈액에 의해 감염되어 에이즈에 걸렸다. 그와 그의 가족 역시 HIV 감염이 차별로 이어질 것을 우려해 1992년 죽고 나서도 10년이 지날 때까지 이 사실을 비밀에 부쳤다.

오염된 혈액 제제에 의한 집단 감염은 전 세계적으로 드문 일이 아니었다. 가장 문제가 되는 건 계속 수혈을 받아야 하는 혈우병 환자들이었다. 초기에는 헌혈시 HIV 검사가 이뤄지지 않아, 나중에는 제대로 관리가 되지 않아 2014년까지 1만 5000명에 달하는 혈우병 환자가 HIV에 감염되는 비극이 벌어졌다. 일본에서도 1980년대에 혈우병 환자에게 에이즈 집단 발병이 일어났는데, 일본 혈우병 환자의 4분의 1에 육박하는 1800명이 오염된 혈액에 의해 HIV에 감염되었다. 혈우병 환자의 HIV 감염은 우리나라에서도 예외가 아니다. 1990

미생물로 쓴 소설들

년대 초 십여 명의 혈우병 환자가 혈액응고제제에 의해 감염된 사례가 보도된 적이 있다.

혈액은행에서 혈액을 채취하면서 주사바늘을 재사용하여 헌혈자가 대규모로 감염되는 사례도 있었다. 1990년대 중국 농촌에서 벌어졌던 이런 사태를 폭로한 의사 가오야오제高耀潔는 미국으로 망명해야 했다. 이 이야기는 중국의 가장 문제적인 작가로 꼽히는 옌롄커閻連科, 1958~에 의해 소설화되었다.《딩씨 마을의 꿈》이란 작품이다.

"열병은 핏속에 숨어 있었다."

딩씨 마을에 열병이 퍼졌다. 십 년 전 피를 팔았던 사람들이 걸렸다. 매혈賣血은 사실상 중국 정부가 장려했던 하나의 사업이었다. 사람들은 피 판 돈으로 기와집을 올렸고 고기를 사 먹었다. 매혈을 중개한 사람은 더 큰 집을 지었다. 처음엔 피를 판 사람만 열병에 걸렸지만, 나중에는 피를 팔지 않은 사람도 걸렸다. 열병에 걸리면 죽었다. 열병의 정확한 병명은 에이즈였다.

옌롄커는 딩씨 마을 사람들이 에이즈라는 질병을 어떻게 인식했는지, 이 질병으로 어떤 과정을 거쳐 죽음으로 이르게 되는지를 다음과 같이 명료하게 정리하고 있다.

첫째, 이 열병이 사실은 열병으로 불리지 않는다는 것을 알게 되었다. 이 병의 정확한 학명은 에이즈였다. 둘째, 올해 피를 판 적이 있는 사람들 가운데 그때부터 열흘에서 보름 사이에 몸에서 열이 났던 사람들은 지금 틀림없이 에이즈에 걸려 있다는 사실을 알게 되었다. 셋째, 에이즈에 걸리면 나타나게 되는 첫 증상이 십 년, 혹은 팔 년 전과 마찬가지로 감기에 걸려 열이 나는 것과 흡사해서 해열제를 먹으면 열이 물러가고 이내 원래의 몸 상태를 회복하게 된다는 사실을 알게 되었다. 그러나 반년이 지나면, 혹은 서너 달이 지나면 병이 발작하기 시작하면서 온몸에 힘이 없어지고 몸에 부스럼이 생기거나 혀끝에 궤양이 나타나며 수분이 전혀 없는 것처럼 세월이 말라간다는 사실을 알게 되었다. 이런 세월을 견디면서 석 달 내지는 반년쯤 지날 수도 있고, 잘만 하면 여덟 달도 버틸 수 있겠지만 일 년을 꼬박 채우기는 어렵다는 사실을 알게 되었다. 그다음에는 죽고 만다는 것을 알게 되었다.

그런데 피를 판 사람들이 왜 에이즈에 걸렸을까? HIV에 오염된 피를 수혈 받은 것도 아닌데. 그 이유도 바로 나온다. 마샹린이라는, 역시 '열병'에 걸린 마을 사람의 입을 통해서.

"예전에 딩씨 마을에서 피를 팔 때도 선생님 말씀 한마디에 모두들 피를 팔러 갔었잖아요. 다들 선생님 댁 큰아드님인 딩후이에게 피를 팔았지요. 그때 딩후이는 채혈을 하면서 약솜 하나로 세 사람의 팔을 닦았어요. 약솜 하나로 아홉 번을 문지른 셈이지요."

딩후이는 딩씨 마을의 학교 선생님이자 지도자 역할을 하는 할아버지의 큰아들로 매혈 운동에 앞장섰던 인물이다. 이른바 '피 우두머

미생물로 쓴 소설들

리'로 불렸다. 소설에서 이야기를 전하는 목소리는 열두 살 아이의 것인데, 그 아이는 바로 딩후이의 아들이다. 그런데 이 아이는 죽었다. 열병이 돌고 나서. 아이는 학교에서 돌아오는 길에 마을 어귀에 놓여 있던 토마토를 하나 집어먹고 중독되어 죽었다. 누군가 일부러 한 일이었다. 복수였다. 누가 한 일인지는 밝혀지지 않는다. 밝힐 필요도 없었을 것이다.

소설은 그밖에도 권력에 대한 탐욕, 비극 속에서 피어나는 사랑의 파국도 함께 그리는데, 이 모든 것이 HIV에 오염된 혈액을 채취할 때 주사기를 돌려쓴 데서 온 일이었다. 옌롄커의 《딩씨 마을의 꿈》은 김유태의 금서에 대한 책 《나쁜 책》에서 "중국판 《페스트》"라고 말하고 있다. 하지만 카뮈의 《페스트》와 달리, 그리고 옌롄커의 다른 많은 작품과 마찬가지로 이 책 또한 중국 당국으로부터 금서 조치를 받았다. 앞서도 얘기했지만 매혈 운동을 독려한 게 바로 중국 정부였다. 그리고 소설은 돈벌이에 급급해 에이즈 감염의 원인을 제공한 딩후이가 에이즈가 급속도로 번지는 가운데서도 무사히 승승장구할 수 있었던 이유가 권력의 비호 때문이었다는 것을 공공연하게 드러낸다. 게다가 실화를 바탕으로 했으니 중국 정부의 눈에는 곱게 보였을 리 없다. 옌롄커는 《뉴욕타임스》와의 인터뷰에서 "보도록 허용된 것은 보고, 보지 말아야 할 것은 외면하면 권력, 명예, 돈을 얻을 수 있다. …… 우리의 기억상실증은 국가가 후원하는 스포츠다"라고 했다.

HIV의 면역세포 파괴와 죽음

HIV는 어떤 메커니즘으로 면역세포를 탈취하기에 숙주, 그러니까 사람이 감염체에 대한 면역 능력을 잃고 그토록 높은 사망률을 보였을까?

앞에서 숙주 내로 들어온 HIV는 보조 T세포를 표적으로 삼는다고 했다. 바이러스 표면의 gp120 단백질이 면역세포, 특히 보조 T세포 표면에 발현되는 CD4 분자와 결합한 후 보조 T세포로 들어간다. 초기에 보조 T세포가 감염되면 약 6주 동안 바이러스가 급격하게 증가한다. 이렇게 되면 보통은 면역 반응이 일어나 바이러스에 대한 항체가 만들어져 바이러스에 결합하고 공격하는 세포성 면역이 일어나야 한다. 일반적인 바이러스라면 말이다.

하지만 HIV는 레트로바이러스로 RNA로 된 유전정보를 DNA로 바꾼 다음 숙주 세포의 유전체에 삽입한다. 이렇게 삽입된 HIV의 유전자는 보조 T세포 내에서 마치 숙주의 것인 양 조용히 복제된다. 처음 HIV에 감염되어 바이러스가 급격하게 증가할 때는 발열, 권태감 같은 감기와 비슷한 증상이 나타나지만, 이 시기에는 어떤 증상도 나타나지 않는다. 바이러스가 자신의 실체를 드러내지 않고 잠복해 있는 상태이기 때문에 면역계도 이를 알아채 처리할 수가 없다. 이렇게 감염과 증상의 발현이 즉시 이뤄지지 않는 질병이라 은밀하게 퍼져나갈 수 있었던 것이다.

HIV의 잠복 기간은 몇 년에 이를 정도로 매우 길다. 하지만 이런 상태가 무한정 지속되지는 않는다. HIV에 감염된 보조 T세포는 어찌 되었든 외부 침입자인 HIV의 단백질을 표면에 제시하는데, 이렇게 되면 외부 감염체를 공격하는 세포독성 T세포cytotoxic T cell가 이를 인지해서 보조 T세포를 공격해 버린다. 그러니까 외부에서 들어온 바이러스를 처리하는 것이 아니라 바이러스를 품고 있는, 면역 반응을 지휘해야 할 보조 T세포를 공격해 버리는 것이다(보조 T세포의 '보조'를 단지 면역 반응을 보조한다는 의미로 받아들여서는 안 된다). 시간이 지날수록 HIV에 감염된 보조 T세포의 수는 줄어들어 숙주의 면역력은 급격히 감소한다. 그리고 보조 T세포의 수 감소로 인한 면역력 약화가 어느 정도 수준 아래로 내려가면 이를 알아차린 HIV가 드디어 활동을 재개한다. 숙주의 복제 기구를 이용해서 자신을 복제하고 증식하는 것이다. 증가한 바이러스만큼 보조 T세포는 감소하고, 숙주는 면역력은 더욱 떨어져 외부 방어에 완전히 취약한 상태가 되어 버린다.

후천성 면역에 관여하는 세포로는 T세포 말고도 B세포가 있다. B세포는 외부에서 침입한 감염체에 대한 항체를 형성하는 세포인데, 보조 T세포의 자극에 의해 활성화된다. 보조 T세포가 감소하면 B세포도 활성화되지 않아 항체 형성이 지장을 받는다. 즉, 숙주의 후천성 면역 반응이 총체적으로 망가져 외부 감염체에 대응할 수단을 잃어버리는 것이다. 그래서 면역력이 정상이라면 별 문제 없이 퇴치할 수 있는 세균이나 바이러스, 곰팡이를 숙주가 처리하지 못하고, 병원체가 몸속에서 증식하게 되어 목숨을 잃게 된다. 에이즈 환자는 HIV

자체에 의해 죽는 게 아니라 HIV가 파괴한 면역력 때문에 다른 감염에 취약해져 죽게 되는 것이다.

0호 환자

———

에이즈와 관련하여 가장 많은 비난을 받은 사람은 아마도 프랑스계 캐나다인 가에탕 뒤가Gaëtan Dugas일 것이다. 이른바 에이즈와 관련하여 '0호 환자patient zero'로 불리는 이다. 비행기 승무원이었던 그는 에이즈에 걸린 것이 밝혀지기 전 3년간 750명의 남성과 잠자리를 한 것으로 알려지면서 에이즈 슈퍼전파자로 비난을 받았다. 그는 '장티푸스 메리' 이후 "역사상 가장 큰 악명을 얻은 감염질환 환자"라는 평가까지 받았다.

그는 2016년이 되어서야 악명을 조금은 벗을 수 있었다. 그로부터 많은 사람이 HIV에 감염된 것을 부인할 수는 없으나 그가 에이즈를 전파하기 전 이미 미국의 샌프란시스코와 뉴욕의 동성애자뿐 아니라 이성애자들까지 동일한 HIV 아형을 보유하고 있었다는 증거가 나왔기 때문이다. 분석에 따르면 HIV에 감염된 환자가 이미 1970년 무렵에 뉴욕에 있었다고 한다. 이 종류의 HIV는 카리브해, 특히 아이티 환자의 것과 일치했는데, 아이티에서 미국 본토로 HIV가 전파되었을 가능성이 제기되는 결과다. 그러나 그보다도 더 이른 시기, 아마도 1950년대 중앙 아프리카의 어느 지역에서 원숭이의 바이러스Simian

Immunodeficiency Virus, SIV가 사람에게 옮겨오면서 1980년대 이후 대유행을 일으킨 HIV가 생겼다고 하는 것이 많은 과학자가 받아들이고 있는 가설이다.

실은 뒤가가 '0호 환자'라 불리게 된 데에도 어이없는 오해가 있었다. 캘리포니아 지역의 에이즈 환자에 대한 집단 연구를 진행한 연구자가 조사 결과를 정리한 표에서 뒤가 이름 옆에 'O'라고 표시했는데, 랜디 쉴츠Randy Shilts라는 기자가 이것을 보고 에이즈의 역사를 정리한 책《그리고 밴드는 연주를 계속했다And the Band Played On》1987를 쓰면서 "최초 감염자"란 의미로 옮겼던 것이다. 연구자가 쓴 의미는 '캘리포니아 외 지역Out(side)-of-California'이라는 의미로 영문자 O를 쓴 것인데, 아마도 쉴츠는 그것을 숫자 '0'으로 오해했다는 것이다. 뒤가가 적지 않은 사람에게 에이즈를 옮긴 것은 맞지만, 그는 '고의로' 에이즈를 전파한 최초의 범인은 아니었다.

장티푸스 메리의 사례에서 봤듯이 대규모 감염질환이 유행하면 때마침 등장하는 비난할 만한 인물이 있는 법이다. 에이즈에서는 그게 뒤가였다. 다만 메리는 살아 있을 때 그런 비난을 받았지만, 뒤가는 1984년에 죽었기 때문에 그런 오명이 씌워져 유명(?)해진 것도 몰랐고, 30년 후에 그 오명이 벗겨진 것도 알 리 없었다.

만성질환이 된 에이즈

HIV 감염은 여전히 두려운 질병이고, 환자는 편견에 의해 사회적 배제와 개인적 따돌림을 받을 수 있다. 하지만 이제는 예전처럼 걸리면 바로 죽음과 연관 짓는 불치병으로 여겨지지는 않는다. 제대로 관리만 하면 건강하게 살 수 있는 만성질환에 가까워졌다.

그렇게 된 변곡점은 1995년에 찾아왔다. 그해에 고활성 항레트로바이러스 치료법 highly active antiretroviral treatment, HAART이라는 항바이러스요법이 등장한 것이다. 지금까지도 HIV를 완벽하게 제압하는 단일 항바이러스제는 없다. 하지만 바이러스 감염과 증식의 여러 단계를 각각 억제하는 약제는 있다. 이런 여러 종류의 약제를 동시에 투여하는 방식이 바로 HAART이다. 그래서 '칵테일 요법'이라고도 한다.

HAART는 HIV가 창궐하면서 많은 연구자가 신속하게 밤을 지새워 연구한 결과이기도 하다. 과학자들은 HIV의 감염 경로와 증식 메커니즘을 연구했고, 그것을 알게 되면서 부분적이나마 각각을 제어하는 방법을 고안할 수 있게 되었다. HAART에 사용되는 약제의 종류에는 우선 HIV 복제에서 핵심이 되는 단계, 즉, RNA에서 DNA로의 역전사를 막는 저해제가 있다. 다음은 역전사 효소에 의해 변환된 DNA를 숙주의 유전체에 삽입하는 역할을 하는 인터그레이즈 intergrase를 저해하는 화합물이 있다. 그리고 HIV의 유전체에는 바이러스의 겉을 둘러싸는 외막의 구성 단백질을 만드는 *gag* 유전자와 단백질분해효소, 역전사효소, 인터그레이즈를 암호화하는 *pol* 유전자가

포함되어 있는데, 이 유전자들은 일단 한 가닥으로 번역된 후에 단백
질분해효소에 의해 절단되어 각각이 활성화된다. 그러므로 이 단백
질분해효소의 작용을 막으면 HIV의 단백질이 제대로 만들어지지 않
아 바이러스의 증식을 일부 막을 수 있다. 이 단백질분해효소 저해제
도 HAART에 포함된다. 이와 같은 몇 종류의 약제가 힘을 합쳐 HIV
의 증식을 억제한다.

　HAART는 사용 초기부터 에이즈 사망률을 80~90퍼센트가량 낮
추었다. HAART에 사용되는 약제도 지속적으로 개선되면서 효과가
차츰 증가했다. 선진국에서는 20~40대 HIV 감염자의 평균 수명이
비감염자와 크게 다르지 않을 정도다. 대표적인 예로 역사상 가장 뛰
어난 농구 선수 중 한 명인 매직 존슨Magic Johnson이 있다. 그는 서른한
살 한창 전성기를 구가하던 1991년에 HIV 감염 사실을 알리며 불명
예스럽게 은퇴했다. 그러나 그는 꾸준히 치료를 받으며 건강하게 살
았고, 지금도 살아 있다. '제2의 흑사병'으로 부르며 인류 멸망의 그
림자가 드리운 것이 아니냐는 공포감을 주었던 에이즈가 이제는 당
뇨나 고혈압과 같이 관리를 통해 제어할 수 있는 만성질환 정도가 된
것이다.

　물론 HAART를 쓴다 해도 HIV는 몸속에서 사라지지 않는다. 숙
주 세포의 유전체에 박아 놓은 유전정보가 사라지지 않기 때문이다.
다만 이것이 활동하지 않도록 봉인하고, 활동을 시작하더라도 최대
한 억제하는 것이 현재의 HIV 감염을 치료하는 방법인 셈이다. 그러
므로 HIV 감염자는 평생 HAART 약제를 복용해야 한다.

현재 에이즈와 관련하여 가장 어려운 문제는 HIV 감염자의 대부분이 아프리카의 사하라 사막 남쪽 국가들에 집중되어 있다는 점이다. 이들 국가는 새로 발생하는 HIV 감염이 집중되고 있는 지역으로 성인 인구의 5퍼센트가 HIV 감염자일 것으로 추산하기도 한다. 이 지역은 공중 보건이 미흡하고 교육이 충분치 않아 HIV가 지속적으로 전파되고 있고, HIV 감염자 중 상당수는 HAART의 혜택을 받을 수도 없는 실정이다. 여기에 정치인들의 잘못된 인식이 사태를 악화시키기도 했다. 한 예로, 넬슨 만델라의 굳건한 동지이기도 했던 남아프리카공화국의 타보 음베키는 만델라 퇴임 후 대통령에 당선되었는데, 그는 HIV가 에이즈를 일으키지 않는다며 자신이 재임하는 동안 항바이러스제 투여를 금지했다. 이로 인해 살 수 있었던 에이즈 환자 34만 명 이상이 사망하는 끔찍한 사태가 벌어졌다. 여기에 PCR을 발명한 케리 멀리스Kary Banks Mullis도 바이러스가 에이즈를 일으킨다는 증거가 없다며 부추기기도 했다. 지금도 이와 같이 에이즈와 HIV의 관련성을 부인하는 이들이 있다. 하지만 이는 수십 년간 쌓아온 과학적 성과를 무시하는 것이며, 이로 인한 피해에 대해 무책임한 것이다.

이제는 HIV/에이즈가 많은 사람의 관심에서 멀어진 듯하지만 여전히 세계적으로는 보건상의 커다란 위협이다. 위협의 강도는 조금 약해졌을지 모르지만 아직도 이 질병이 절체절명의 문제가 되고 있는 지역도 있고, 취약한 계층도 있다. 2023년 기준으로 우리나라의 내국인 에이즈 환자는 모두 1만 6467명이다. 2023년 한 해 동안 내국인 749명, 외국인 256명의 에이즈 환자가 새로 발생했다. 마냥 두려워하고, 마냥 편견을 갖고 볼 질병은 아니지만 절대 경계를 늦출 수 없는 질병이라는 것만은 분명하다.

14

마스크로 코와 입을
다 틀어막아야 하는 시대

코로나19

—

SARS-CoV-2

Stay home. Save lives.

에드워드 호퍼의 〈밤을 지새우는 사람들〉을 변형한
코로나19 방역 캠페인 이미지 2020

미국의 사실주의 화가 에드워드 호퍼Edward Hopper, 1882~1962는 현대사회의 외로움
과 고독의 정서를 표현한 화가로 인정받으며 사후에 점점 더 인기가 높아지고 있다.
그런데 그의 작품 〈밤을 지새우는 사람들Nighthawks〉 1942에서 사람들이 사라졌다. 가
게의 주인도, 손님도 없이 비어 있는 가게는 정말 코로나19 팬데믹의 상황을 말해주
는 듯하다. 코로나19 팬데믹은 '외로움과 고독'을 음미하고 토로할 여유와 공간마저
도 앗아갔다.

미생물로 쓴 소설들

2019년 12월 중국 우한에서 발생

————

2023년 5월 5일 WHO 사무총장 테워드로스 거브러여수스는 코로나19에 대한 '국제적 공중보건 비상사태 Public Health Emergency of International Concern, PHEIC', 흔히 말하는 코로나19 팬데믹의 종식을 선언했다. 팬데믹 선언 3년 4개월 만이었다. 코로나19로 세상이 흉흉해지던 초기에 동료 교수들과 점심을 먹고 앉아 이 사태가 얼마나 갈지 얘기를 나누었을 때 별로 근거도 없이 각자 1년, 3년, 5년, 10년 등을 언급했다. 누가 맞추었는지는 잘 기억이 나지 않지만 나는 틀렸다. 나는 매우 긍정적으로, 잘만 하면 1년 후엔 어느 정도 진정되지 않을까 전망했다. 세균학 전공자의 한계였을까? 종종 지적받는 내 낙관주의의 근거 없음 탓이었을까?

　2019년 12월. 그로부터 십여 년 전의 사스SARS와 유사한 증상의 환자가 중국 후베이성의 우한에서 처음 발견되었다. 12월 한 달 동안 41명의 환자가 (공식적으로) 보고되었는데, 이 중 27명이 우한의 화난수산시장에 방문한 걸로 밝혀졌다. 화난시장은 노점이 빼곡하게 들어차 있고, 이용하는 사람도 많아 바이러스가 확산하는 데는 최적의 조건이었다. 41명의 환자 가운데 13명이 호흡곤란 증상을 보여 중환자실로 옮겨졌고, 3주 이내에 6명이 사망했다. 무려 15퍼센트에 달하는 사망률이었다. 1월 23일 우한은 봉쇄되었다.

우한에서 처음 발생한 호흡기 감염질환은 엄청나게 빠른 속도로 퍼져 나갔다. 우한 봉쇄에도 불구하고 중국 전역으로 퍼져 나가 1월 29일에는 중국 모든 성省에서 환자가 발생했다. 이미 태국(1월 13일)과 일본(1월 16일)에 환자가 보고되었고, 우리나라에서도 1월 20일 첫 환자가 확인되었다. 미국도 우리나라와 같은 날짜에 환자가 발생했다. 이미 전 세계로 퍼져 나가고 있었던 것이다.

처음에는 정체를 모르는 질병에 붙이는 이름, '괴질怪疾'이라고 했지만, 이 호흡기 질환을 일으키는 병원체의 정체는 매우 일찍 밝혀졌다. 2020년 1월 9일 WHO는 새로운 유형의 코로나바이러스, 즉 SARS-CoV-2가 일으키는 질병이라고 발표했다(사스를 일으킨 바이러스가 SARS-CoV였고, 이와 유사하다는 의미로 SARS-CoV-2라는 이름이 붙여졌다). 그리고 초기에 '우한 폐렴'이라고도 불렸던 이 질병은 2월 12일 국제질병분류International Statistical Classification of Diseases and Related Health Problems, ICD의 조언에 따라 'COVID-19'으로 공식 명명되었다(우리나라는 '코로나19'로 부르기로 했다). 'CO'는 코로나Corona, 'VI'는 바이러스

미생물로 쓴 소설들

virus, 'D'는 질환^{disease}, '19'는 이 질환이 처음 보고된 2019년을 의미한다. 그리고 3월 11일 WHO는 팬데믹^{pandemic}을 선언했다. 2009년 신종인플루엔자^{H1N1} 이후 21세기 두 번째 팬데믹 선언이었다.*

그 시점에 이미 미국과 유럽을 중심으로 코로나19 확진자는 급증하고 있었다. 의료시설의 수용 한계를 훌쩍 뛰어 넘어 의료 붕괴란 말이 심심찮게 보도되었다. 5월 말까지 미국 내에서는 사망자가 10만 명을 넘어섰으며 대도시에서는 병원에서 죽은 사람을 안치할 장소가 부족해 일반 냉동 창고에 보관하는 실정이었다.

《링컨 차를 탄 변호사》를 필두로 한 '미키 할러' 시리즈와 '해리 보슈' 시리즈로 유명한 미국의 인기 스릴러 작가 마이클 코넬리^{Michael} ^{Connelly}는 그가 쓰는 소설 장르의 특성 때문에라도 종종 사건의 실제 배경을 작품에 도입한다. 그가 2022년에 발표한(우리나라 번역본은 2023년) 《변론의 법칙》에는 '당연하게도' 코로나19가 창궐하는 상황이 배경이다.

세상이 혼돈에 빠져 들어가고 있는 것처럼 보였다. 중국에서는 정체를 알수 없는 바이러스 때문에 1천 명 이상이 사망했다. 중국에서 10억 명 정도가 격리됐고 그곳에 체류 중이던 미국 시민들이 대피했다. 태평양을 항

---

*WHO는 1999년 이후 전염병 경보 단계에 따라 심각성을 평가했는데, 여기서 6단계가 바로 전 세계적 유행인 팬데믹이다. 2009년의 신종인플루엔자가 바로 그랬다. 그러나 2017년 이후로는 이런 절차를 폐기해 지금은 팬데믹을 공식적으로 선언하지는 않는다. 대신 코로나19에 대해서는 '국제 공중보건 비상사태'를 발표했을 뿐이다. 그러나 언론에서는 이를 팬데믹 선언으로 해석했고, 실제로도 다를 바 없었다고 보고 있다.

해하는 유람선들은 떠다니는 바이러스 배양소가 됐고, 백신은 아직 나올 기미가 보이지 않았다. 대통령은 위기가 곧 지나갈 거라고 말하고 있었지만, 그의 바이러스 전문가는 팬데믹에 대비하라고 권하고 있었다.

소설에서 표현하는 대로 2020년 초기의 상황은 혼돈의 극치였다. 우리는 마스크를 구하기 위해 약국을 전전했지만, 외신은 화장지를 팔던 매대가 텅 빈 슈퍼마켓을 보여 주는 것으로 미국의 상황을 각인시켰다. 우리는 (그나마 화장지 사재기 같은 것은 '거의' 없었으니) 혀를 찼지만 과거 북한 주요 인사의 경고성 발언이나 미사일 시험 발사 소식에 슈퍼마켓으로 달려가 라면과 생수부터 챙겼던 경험에 내성이 생겨 그랬는지도 모른다. 그런 일을 처음 겪는 21세기 미국인들에겐 미친 짓처럼 보였지만, 남들이 그러니 나도 그럴 수밖에 없었으리라.

종이 수건도 화장지도 없었다. 생수도, 계란 한 판도 남아 있지 않았다. 나는 헤일리가 원하는 것까지 포함해서 매기가 써준 쇼핑목록을 들고 휴대전화로 매기에게 생중계를 하고 있었다. 목록에 적힌 물품이 거의 다 이미 사라지고 없었다. 그것도 오래전에. 나는 보이는 건 닥치는 대로 집어 들기 시작했다. (……) '미쳤다'는 말로는 부족했다. 대혼란의 시대가 도래했다.

　　　　　　　　　　　　　　　　　　미생물로 쓴 소설들

코로나바이러스의 역사

왕관Corona 모양을 닮았다고 해서 붙여진 이름, 코로나바이러스는 처음 발견될 때는 그다지 주목받지 못한 바이러스였다. 1931년 미국의 노스다코타주에서 조류 전염성 기관지염이 처음 발견되었는데, 이것의 병원체로서 1936년에 밝혀졌다. 이후로 조류는 물론 포유류에서도 비슷한 바이러스가 발견되었다. 이들 바이러스는 스파이크spike 단백질이 입자 표면에 돌출되어 있고, 유전물질이 단일 양성가닥의 RNA라는 공통점이 있었다. 바이러스학자들이 이들 바이러스를 가리키는 용어로 코로나바이러스라는 이름을 붙인 것은 1968년이었다. 이 바이러스를 포함하는 상위 단계의 바이러스를 코로나바이러스과Coronaviridae로 정했다.

코로나바이러스라는 이름을 붙일 즈음에 이 바이러스가 사람에게 감기를 유발하는 감염체 중 하나라는 것이 알려졌다. 감기는 200개가 넘는, 매우 많은 종류의 바이러스가 유발하는데, 그중 가장 많은 비율(30~50퍼센트)이 리노바이러스rhinovirus에 의해, 그리고 다음(10~15퍼센트)이 바로 코로나바이러스에 의해 일어난다. 코로나바이러스는 사람에게는 감기'나' 일으키는 바이러스, 혹은 닭이나 소 등 가축에 질병을 일으키는 바이러스 정도로 알려졌다. 그 정도로는 연구자들이 큰 관심을 가질 이유가 없었다.

그런 코로나바이러스에 대한 관심이 커진 것은 2002년 11월 이후

다. 중궁 광둥성에서 시작해 홍콩을 거쳐 베트남, 싱가포르, 캐나다 등으로 전파되어 한때 전 세계를 공포에 휩싸이게 했던 사스, 즉 중증급성호흡기증후군 Severe Acute Respiratory Syndrome, SARS을 일으킨 게 바로 코로나바이러스였다. 2003년 4월에 사스의 병원체로 발표된 '사스 코로나바이러스 SARS-CoV'는 기존에 사람과 동물에서 발견되던 코로나바이러스와는 비슷한 점이 별로 없는 새로운 종류였다. 사스는 높은 치명률(10퍼센트 이상)을 기록했기 때문에 공포스러웠지만, 2003년 7월 이후로는 새로운 감염자가 나타나지 않았다. 갑작스럽게 자취를 감춘 이유는 아직도 밝혀지지 않았다.

그렇게 사스의 기억이 잊힐 즈음, 우리나라를 강타한 바이러스가 있었다. 2012년부터 사우디아라비아를 비롯한 중동 지역에서 새로운 종류의 코로나바이러스 감염이 유행했다. 메르스 MERS, 즉 중동호흡기증후군 Middle East Respiratory Syndrome이라고 명명된 이 질병은 처음에는 잘 알지도 못하는 먼 나라의 특이한 질병처럼 여겨졌지만, 2015년 바레인에서 감염된 채 귀국한 한 환자에게서 시작되어 대형병원을 중심으로 퍼진 메르스는 우리나라에 큰 상처를 냈다. MERS-CoV라 명명된 바이러스는 SARS-CoV보다 더 치명적이었다. 폐 손상이 일어나거나 호흡곤란을 겪은 환자의 비율이 매우 높았다.

그런데 사스의 유행 이후 이루어진 연구에 의하면 1889~1890년경에 있었던 전 세계적인 호흡기 질환 대유행이 코로나바이러스 때문이었을 가능성이 크다는 지적이 있다. 유전체의 서열을 비교 분석한 결과 사람의 코로나바이러스가 소의 코로나바이러스로부터 분화

미생물로 쓴 소설들

된 것이 그 즈음으로 추정되었고, 당시 호흡기 환자의 증상이 1918년 스페인 독감의 증상과 아주 다른 대신 최근 코로나19 환자와 증상이 유사하다는 점에서 신빙성이 있다고 보는 이들이 있다. 소에 있던 코로나바이러스가 변이를 통해 사람을 감염시킬 능력을 얻어 19세기 후반 호흡기 질환을 일으켰는데, 이후에는 독성이 약화되고 사람이 면역 능력을 갖게 되면서 감기 정도를 일으키는 흔한 바이러스로 명맥을 유지했다는 것이다. 그런데 이 바이러스가 변이를 일으키면서 사스와 메르스를 일으켰다는 게 이 가설의 설명이다. 이 설명에 따르면 겨우 감기나 일으키는 바이러스로 알려졌던 코로나바이러스는 21세기 들어 우리에게 가장 위협적인 바이러스가 될 소양을 이미 갖고 있었다는 얘기다. 알아차린 사람도 있었겠지만, 대부분의 사람은 몰랐거나 무시했다.

누군가의 숨이 위협이 되는 시대

코로나19로 우리의 일상이 어떻게 변했는지는 모두 겪은 바가 있으니 따로 자세히 언급하지 않아도 될 것이다. 대신 이에 대해서는 소설가가 어떻게 보았는지를 옮겨 본다. 《밤의 여행자들》로 2021년 영국추리작가협회에서 수여하는 대거상을 받은 소설가 윤고은은 아직 코로나19 팬데믹이 한창이던 2021년 《도서관 런웨이》를 발표했다. 그녀는 코로나19로 우리의 계획이, 습관이, 관계가 어떻게 파괴되어

가는지를 현재진행형으로 묘사하고 있다.

윤고은이 바라본 대한민국에서는 결혼식이 연기되고, 이동이 제한되었다. 대한민국은 "엘리베이터 버튼을 출입증이나 지갑 끝으로 누르고, 문을 어깨나 팔꿈치로 밀치고, 아크릴판으로 구획된 작은 공간에서 밥을 먹고, 악수는 생략되거나 팔꿈치를 이용해서 부딪히는 것으로 대체되고 …… 누군가는 무언가를 함께 쓰는 것이 불편해 볼펜마저 전용으로 가지고 다니는" 사회가 되었다.

그러나 무엇보다 불편하고 안타까웠던 것은 그런 소소한 생활상의 불편이 아니었다. 윤고은도 지적하고 있듯이 "누군가의 숨이 위협이" 된다는 공포, 새로운 사람과의 만남을 두려워하고 의심해야 한다는 위협이 더욱 마음을 불편하게 했을 뿐 아니라 삶을 더욱 피폐하게 만들었다.

> 누군가의 숨이 위협이 되는 시대, 마스크로 코와 입을 다 틀어막아야 하
> 는 시대, 안경을 쓰면 그렇지 않은 사람보다 감염 위험이 적어진다는 통
> 계가 읽히는 시대, 생일 촛불을 입김으로 불어서 끄는 것도 모험이 되는
> 시대, 거리두기의 시대에 나는 새로운 사람과의 만남을 유예하지 못하고
> 의심하지도 못하고 그 위로 미끄러졌다.

앞서 소개했던 마이클 코넬리의《변론의 법칙》에서 미키 할러는 코로나19로 사이가 안 좋아 따로 살던 가족이 함께 모여 살게 된 점을 다행스럽다고, 그것을 '혼란의 와중에 고요한 중심'이었다고 말하고

미생물로 쓴 소설들

있다. 실제로 팬데믹 시기에 가족과 같은 가까운 이의 소중함을 느꼈다는 이들이 많다. 하지만 반대로 그런 이유로 불화가 싹트기도 했다는 것을 무시할 수는 없을 것이다. 사람들은 다시 한 번《안나 카레니나》첫 문장에서 밝힌 톨스토이의 통찰을 되새겨야 했다. "행복한 가정은 모두 고만고만하지만 무릇 불행한 가정은 나름나름으로 불행하다."

SARS-CoV-2는 어떻게, 어디서

———

이렇게 우리의 일상을 파괴적으로 변화시킨 코로나바이러스, SARS-CoV-2는 어떤 바이러스일까? 조금 자세히 알아보도록 하자.

SARS-CoV-2는 크기가 약 80~140나노미터다. 당연히 맨눈으로는 볼 수 없다. 바이러스 입자는 뉴클레오캡시드nucleocapsid, N, 막단백질membrane protein, M, 외피단백질envelope protein, E, 스파이크 단백질spike protein, S이라는 4개의 구조 단백질로 되어 있다. 이 중 외피단백질과 스파이크 단백질은 입자 표면에 존재하는데, 이 스파이크 때문에 코로나바이러스라는 이름이 붙었다.

외피단백질은 바이러스의 입자 형태를 형성하고 방출하는 데 관여하고, 스파이크 단백질은 감염 및 병원성과 관련이 있다. 스파이크 단백질은 SARS-CoV-2에서 가장 주목을 많이 받은 구조다. 이 구조는 코로나바이러스과 중에서도 MERS-CoV와 SARS-CoV를 포함하는 베타-코로나바이러스속屬에만 존재한다. S1과 S2, 2개의 단위로 되어 있는 스파이크 단백질 중 S1이 ACE2angiotensin converting enzyme 2와 결합하고, S2는 스파이크 단백질을 세포막으로 끌고 가 세포막과 융합한 후 세포 내로 바이러스 입자를 침투시키는 작용을 한다.

SARS-CoV-2의 유전체는 단일 가닥의 RNAsingle stranded RNA를 유전체로 가지고 있으며, 약 3만 개의 뉴클레오타이드로 구성되어 있다. 뉴클레오캡시드 단백질이 불안정한 RNA를 감싸서 보호하는 역할을 한다. SARS-CoV-2의 RNA에서 특징적인 것 중 하나는, 다른 코로나바이러스처럼 아데닌adenine, A과 우라실uracil, U의 비율이 높다는 것이다. 아데닌과 우라실의 비율이 높아지면서 세포에서 일어나는 여러 방어 시스템을 회피할 수 있는 것으로 여겨진다.

연구자들은 물론 일반 사람들도 SARS-CoV-2가 어디서, 어떻게 유래했는지에 대단히 관심이 많다. 이에 대한 논란도 많다. 논란에 대한 평가는 일단 접어두고 지금까지 밝혀진 것을 간략히 요약해 보면 다음과 같다.

초기에 SARS-CoV-2의 유전체를 계통 분석한 결과 다른 사람 유래 코로나바이러스와는 유사성이 높지 않았다. 가장 높은 유사성을 보인 바이러스는 박쥐 유래 코로나바이러스였다. 2013년 중국의 윈난성에서 발견된 중간관박쥐Rhinolophus affinis의 바이러스 RaTG13와 96.1퍼센트 일치했다.* 그런데 이 박쥐의 코로나바이러스와 SARS-

---

*2022년 연구에서는 라고스 비안티엔에 서식하는 다른 박쥐 종Rhinolophus malayanus에서 분리된 BANAL-52라는 코로나바이러스가 96.8퍼센트의 유사성을 보였다.

미생물로 쓴 소설들

CoV-2의 유전체는 결정적인 차이가 있었다. 코로나바이러스가 인체로 침입할 때 앞서 언급한 대로 스파이크 단백질이 기도 표면의 ACE2와 결합하는데, 결합 부위에서 중요한 아미노산이 SARS-CoV-2와 달랐다. 그래서 박쥐에서 분리한 코로나바이러스는 인간에 대한 감염력이 높지 않은 것으로 보였다. 반면 말레이시아의 천산갑*Manis javanica*에서 발견된 바이러스는 전반적인 유사성은 RaTG13보다 조금 떨어졌지만(92퍼센트), 대신 ACE2와 결합하는 부위에서는 SARS-CoV-2와 매우 유사했다. 이 결과를 보고 연구자들은 SARS-CoV-2가 여러 서로 다른 동물에 존재하는 코로나바이러스가 어떤 계기를 통해 교잡되어 형성되었을 가능성을 제시했다.

왜 심한 증상이 나타났을까

___

SARS-CoV-2는 주로 기침이나 대화 중에 감염된 사람의 입에서 나오는 비말을 흡입하여 감염된다. 하지만 호흡기 외에도 눈, 코, 입 등의 점막으로도 침투할 수 있다. 바이러스 입자가 몸속으로 들어오면 감염 직후부터 상부 호흡기에서 증식이 활발하게 일어나는데, 이때는 대개 증상이 나타나지 않는다. 증상이 나타나지 않으면서도 빨리 증식하는 SARS-CoV-2의 특성은 높은 감염력으로 이어졌고, 그래서 코로나19 팬데믹 시기에 보균자에 대한 강조와 경고가 끊이지 않았다. 증상이 빨리 나타나지 않기 때문에 코로나19를 완전히 멸절하는 것은 그만큼 어렵다.

이 바이러스가 세포에 침투하는 통로는 앞서 잠깐 언급했던, 기도 표면에 존재하는 ACE2라는 수용체 단백질이다. 사스를 일으킨 SARS-CoV처럼 SARS-CoV-2도 입자 표면에 존재하는 스파이크 단백질이 ACE2에 결합한다. 그런데 스파이크 단백질을 구성하는 S1과 S2 사이에 SARS-CoV에는 없던 새로운 모티브PPC motif가 있어 ACE2와 스파이크 단백질 사이의 결합력이 훨씬 강해졌다. 이 때문에도 코로나19의 전파력이 더 강한 것으로 보고 있다.

세포 표면의 ACE2를 거쳐 세포 속으로 들어간 바이러스는 일단 해체된다. 동시에 증식 과정이 시작되는데, 숙주 세포가 가지고 있는 RNA-의존성 RNA 복제효소를 이용해 바이러스의 RNA를 복제한다. 그리고 이 RNA를 이용해서 바이러스의 구성 단백질을 만든다. 복제된 RNA와 구성 단백질이 준비되면 완성체의 SARS-CoV-2가 만들어지고, 이후 세포 밖으로 유출되면서 추가 복제 과정과 증식 과정이 반복된다. 그리고 온몸으로 퍼지게 된다.

물론 SARS-CoV-2가 폐의 세포에 침투하면 우리 몸의 면역계가 가만히 두지 않는다. 선천 면역계가 증식된 바이러스를 감지하면 염증 반응이 유발된다. 염증 반응을 통해 사이토카인이 분비되면서 대식세포가 모이고, 대식세포는 더 많은 사이토카인을 방출하면서 바이러스를 공략한다. 코로나19의 증상인 발열, 마른기침, 인후통, 두통, 근육통은 바로 이 사이토카인과 같은 면역물질의 작용 때문이다. 보통의 경우 코로나19 감염은 여기서 완화되고 낫는다. 호되게 앓더라도 며칠 지나면 몸 상태가 좋아진다.

그런데 그렇지 않은 경우가 문제다. 나이가 많거나 기저 질환이 있는 환자, 혹은 어떤 이유인지는 알 수 없지만 일부 환자는 바이러스가 기도에 더 깊숙이 침투한다. 염증 반응이 유도되면 면역 세포가 혈관을 빠져나와 감염 부위로 이동할 수 있도록 혈관 투과성이 증가한다. SARS-CoV-2가 폐 안쪽 깊숙이 침투하면 이 과정이 폐의 폐포에서 일어난다. 혈관 투과성이 증가하면 폐포 주위의 모세혈관에서 혈액 등의 체액이 폐포로 유입되면서 폐포의 구조가 망가진다. 폐포는 호흡 시 산소와 이산화탄소 교환이 일어나는 장소인데, 폐포의 구조가 망가지면서 산소 교환이 힘들어지고 환자가 호흡 곤란을 겪게 되는 것이다. 숨이 가빠지고 가슴이 짓눌리는 느낌을 받는다. 폐포가 계속 액체로 채워지고, 폐경화까지 진행되면 CT 스캔에서 폐가 하얗게 나타나고, 급성호흡곤란 증세까지 이르면 산소 호흡기 없이는 위험한 상태에 이르게 된다.

코로나19 환자에서 경증 환자와 중증 환자의 면역 반응과 바이러스 수준을 비교해보면, 선천 면역 반응이 과도하게 일어나기 때문에 문제가 생긴다는 것을 알 수 있다. 경증 환자나 중증 환자나 선천 면역이 일어나면서 증상이 나타나는 것은 같다. 경증 환자는 이후에 적응 면역이 시작되면서 선천 면역 반응은 감소하고 바이러스의 양도 함께 줄어든다. 그러나 중증 환자는 선천 면역 반응이 그대로 유지되고, 바이러스의 양도 줄어들지 않는다. 선천 면역이 지속되면서 폐 등의 장기 손상이 일어나고 위험한 상황에 놓이게 되는 것이다.

그러나 SARS-CoV-2는 호흡기 외의 다른 조직도 감염할 수 있다. 내장에 침투해서 설사를 일으키기도 하며, 신경계통에 침투해서 감염하면 코로나19의 흔한 증상으로 일컬어지는 후각 상실을 경험하기도 한다. 그 밖에도 심혈관계와 간 등에도 침투하여 다양한 증상을 나타낸다.

코로나19와 민주주의의 위기

풀리처상 수상 작가 엘리자베스 스트라우트 Elizabeth Strout, 1956~ 의 《바닷가의 루시》는 어릴 적의 상처를 딛고 성공한 소설가 루시가 코로나19를 피해 바닷가 마을에 거주하게 되면서 생기는 오래됐지만 잊혔던 마음속에 새롭게 들어오는 낯선 감정에 대해 세밀하게 묘사한다. 배경이 배경인 만큼 소설 속 다양한 인물이 코로나19로 생긴 변화를 인식하는 장면이 많이 등장한다. 낯선 풍경과 감정 속에서 파고드는 단절감은 사람을 더욱 그리워하게 하는데, 소설에서는 그런 단절감이 서서히 연대에 자리를 내어준다. 사람들 사이의 끈이 끊어지기도 했지만, 과거 한때 끊어졌던 끈이 다시 연결되기도 하는 것이다.

코로나19로 연대 의식이 회복되는 경우도 있지만, 역사적으로 대유행을 일으킨 질병은 모두 필연적으로 사회적 문제가 되었다. 코로나19 역시 그랬다. 특히 초기에는 감염자를 '그들'로 보고, '우리'와 구분했다(물론 나중에는 너나없이 걸렸으니 그런 시선은 완화되었지만). 서구에서 벌어진 아시아인을 향한 혐오와 배제, 폭력이 수시로 보도되었다. 사람 사이의 관계에서 갈등이 표면화되는 경우도 많았고, 눈에 띄지 않던 사회의 구조적 문제가 드러나기도 했다. 어쩔 수 없었다는 측면이 있긴 하지만 방역이라는 명목으로 자유라는 권리가 제한되기도 했다. 한 사회 안에서도 온갖 이슈를 두고 편가르기가 횡행했다. 소설 속의 루시나 그의 전남편 윌리엄도 그런 광경을 여러 차례 목격한다. 루시를 바닷가 마을로 이끈 윌리엄은 미생물학자, 정확히는 기생충학자이기도 한데, 그는 그런 장면을 보며 다음과 같이 말한다.

"전 세계가 뭔가 점령당하고 있는 그런 느낌이야. 그리고 나는 그저 우리 앞에 진짜 힘든 일이 다가오려는 것 같다고 말하려는 거야. 우리는 그저 서로 편가르기만 하고 있어. 우리의 민주주의가 얼마나 오래 갈 수 있을지 모르겠어."

우리는 그저 바이러스에만 점령당하고 있는 것이 아니었다. 바이러스는 어떤 계기가 되었을 뿐일 수도 있다.

코로나19 팬데믹 시기 사회를 더욱 혼란스럽게 한 것은 백신에 대한 불신과 SARS-CoV-2 출현에 관한 음모론이었다. 아직도 완벽히 해결되지 않고 있는 이 문제는 앞으로도 계속 반복될 가능성이 매우 높다. 호러의 제왕, 혹은 이야기의 제왕이라고 일컬어지는 소설가 스티븐 킹은 코로나19 시기를 배경으로 삼은 공포소설 《홀리》에서 미국의 (사실 전 세계의) 정치적 상황과 얽혀 있는 심각한 갈등이 백신에 대한 찬반으로 번져 나타나는 모습을 비판적으로 보여 준다. 주인공 홀리의 어머니이자 트럼프 지지자 샬럿은 마스크도 쓰지 않고, 마스크 반대 집회에 참석했다가 코로나19에 걸린다.

죽은 사람은 샬럿이었다.

그녀는 기회가 있을 때마다 딸에게 자랑스럽게 선포했다시피 열렬한 트럼프 지지자답게 백신을 맞지 않았고 심지어 마스크도 쓰지 않았다. (마스크 착용을 의무화한 크로거 마켓과 은행 지점에 갈 때만 예외였고 그럴 때면 MAGA라고 적힌 새빨간 마스크를 썼다.) 7월 4일에 샬럿은 주정부 소재지에서 열린 마스크 반대 집회에 참석해 '나의 몸, 나의 선택'이라고 적힌 깃발을 흔들었다. (그러면서 낙태권을 고집스럽게 반대한 이유는 뭔지 모르겠지만.) 7월 7일부터 냄새를 맡지 못하고 기침을 하기 시작했다. 10일에 롤링힐스 요양원에서 아홉 블록 떨어진 거리에 있는 머시 병원에 입원했다. 먼저 입원한 오빠가 적어도 육체적으로는 아무 문제 없이 지내던 곳이었다. 15일에는 인공호흡기를 달았다.

샬럿이 잔인하도록 짧은 마지막 순간을 보내는 동안 홀리는 문병 대신 줌으로 병세를 확인했다. 막판까지도 샬럿은 코로나 바이러스는 거짓말이라고, 자기는 심한 독감에 걸린 거라고 했다. 그녀는 20일에 눈을 감았고.

《홀리》는 참혹한 장면으로 이어진다. 하지만 연쇄 살인범에 대한 공포는 "인간이 저지를 수 있는 최악"을 넘어서면서 오히려 공포감이 무뎌지지만 샬럿의 죽음은 너무나 현실적이라 한심하고, 안타깝고,

미생물로 쓴 소설들

오히려 더 공포스럽다. 샬럿의 믿음과 주장과는 달리 코로나바이러스, SARS-CoV-2는 실제로 존재하고 있고, 마스크가 코로나19 확산을 저지하고 사망률을 낮추는 데 가장 효과적이었으며, 백신은 우리의 삶을 일상으로 되돌리는 데 결정적인 역할을 했다. 그게 아니라고 하면, 우리는 과연 무엇을 믿어야 할까?

코로나19 백신에 관한 이야기

이제 코로나19 백신에 대해 얘기해 보자.

광우병과 소아마비에 관한 장에서 전통적인 백신 개발에 대해 잠깐 다루었다. 보통 백신은 크게 약독화 백신과 사死백신으로 나뉜다. 간단히 말하면 바이러스를 약화시키거나(약독화 백신) 죽인 후(사백신), 이를 사람에게 주입하여 바이러스에 대한 면역 반응을 인위적으로 유도하는 것이다.

코로나19 백신 가운데도 전통적인 방식으로 개발된 백신이 있다. 바로 중국의 시노백Sinovac 백신이다. 하지만 팬데믹 시기에 개발되어 우리에게 익숙한 이름으로(주로는 개발 회사의 이름으로) 불린 코로나19 백신들은 대부분 생명공학 기술을 이용한 백신이었다. 전통적인 백신들이 바이러스 전체를 이용하는데 반해 생명공학 기술로 만든 백신은 바이러스 구조 중에서도 면역 반응을 유도하는 부분의 정보만 이용한다. SARS-CoV-2에 대해서는 앞에서도 여러 차례 언급했던 스파이크 단백질이 백신의 타깃이었다. 우리 몸에서 약한 면역 반응이 나타나게 한 후 면역 기억을 유도하기 위해 살아 있든 죽었든 바이러스 전체를 투입하는 것이 아니라 SARS-CoV-2의 스파이크 단백질만을 넣어 주고 이를 면역 체계가 인식하도록 하는 것이다.

문제는 스파이크 단백질을 어떻게 몸속에 넣어 주느냐인데, 이에 따라 백신의 종류가 갈린다.

첫 번째 방법은 외부에서 스파이크 단백질을 만들어서 주입하는 것이다. 노바벡스Novavax에서 개발한 백신이 여기에 해당한다.

두 번째로는 스파이크 단백질을 만드는 유전물질을 주입해서 이를 이용해 몸속에서 스파이크 단백질을 만들도록 하는 방법이다. 이 방법은 DNA를 몸에 해롭지 않은 아데노바이러스Adenovirus를 이용하여 주입하는 방법과 mRNA를 지질 나노 입자lipid nanoparticle에 넣어 주입하는 mRNA 백신으로 나눌 수 있다. 아스트라제네카AstraZeneca나 존슨앤존슨/얀센Johson & Johnson/Janssen에서 개발한 백신은 DNA와 아데노바이러스를 이용한 것이고, 모더나Modena나 화이자/바이오엔텍Pfizer/BioNTech에서 개발한 백신은 mRNA 백신이다. DNA든 mRNA든 스파이크 단백질의 유전 정보를 세포 안으로 전달하면 사람의 세포가 SARS-CoV-2의 스파이크 단백질을 만든다. 우리의 면역계는 이렇게 만들어진 바이러스의 스파이크 단백질을 외부 물질로 인식해 면역 반응을 하고 기억 세포가 만들어져 나중에 바이러스가 침입했을 때 이에 대응할 수 있다.

이 가운데 특히 주목받은 것은 mRNA 백신이다. mRNA 백신 개

미생물로 쓴 소설들

발에 대한 업적으로 2023년 커털린 커리코^{Katalin Kariko}와 드루 와이스먼^{Drew Weissman}은 노벨 생리의학상을 받기까지 했다. mRNA 백신은 현대 생명공학이 이뤄낸 쾌거라고 할 수 있다. 확실한 타깃을 설정하고 메커니즘을 분명하게 확인한 후 생명공학 기술을 이용해 물질을 만들고 이를 과학적으로 검증해 백신을 개발했다. 목적과 수단이 모두 과학에 근거한 것이었다.

mRNA 백신은 여러 가지 이점이 있다. DNA든 mRNA든 유전물질을 기반으로 하는 백신은 새로운 바이러스에 대해서도 유전체 정보만 알면 그것에 근거해 DNA나 mRNA를 합성해 신속하게 백신을 개발할 수 있다. 그런데 DNA는 세포 안으로 들어가 세포핵으로 이동해 mRNA를 거쳐야만 단백질이 만들어진다. 반면 mRNA는 세포 속으로 들어가자마자 바로 단백질을 만들 수 있어 면역 반응이 빨리 일어날 수 있다. 또한 바이러스의 종류에 따라 제조 공정이 달라지지도 않는다. SARS-CoV-2의 유전체 정보가 알려지자마자 모더나나 화이자/바이오엔텍 등이 신속하게 mRNA 백신을 개발할 수 있었던 이유다. 그리고 한 가지 더. 스파이크 단백질 자체로는 감염의 문제가 없다. 전통적인 방식으로 만든 백신의 경우에 만에 하나 뜻하지 않은 감염의 위험을 감수해야 하는데 mRNA 백신은 그런 위험이 없다.

DNA에서 단백질을 만들어 내는 과정의 매개체로 mRNA는 1960년대에 발견되었다. 발견되면서부터 mRNA를 치료에 이용하자는 아이디어가 나왔다. 하지만 60년 동안 성공하지 못한 데에는 이유가 있었다. RNA는 기본적으로 불안정한 물질이다. DNA와 달리 몸속에 들어오면 빠른 속도로 분해되어 버린다. 그래서 실험실에서 아무리 잘 설계하더라도 몸속에 넣으면 금방 분해되어 버리기 때문에 어떤 작용을 할 수가 없다. 분해되지 않으면 선천 면역계가 mRNA를 항원으로 인식해 염증 반응을 유도하여 부작용이 나타나기도 하고, 또 애초 의도했던 단백질로 만드는 번역 효율이 떨어지기도 했다. 이런 문제를 해결하기 위해서 과학자들은 오랫동안 애를 써왔다.

그런데 mRNA의 불안정성과 면역 반응 유도 문제를 해결할 방법을 찾아냈다. 그리고 그 즈음 코로나19 팬데믹이 닥친 것이다. 문제 해결 방법 중 하나는 합성한 mRNA가 세포 속으로 안전하게 들어갈 수 있는 운반체로 쓸 지질 나노입자를 개발한 것이다. 지질 나노입자는 mRNA를 보호하면서 세포막과 융합한 후 mRNA를 세포 안으로 들어갈 수 있게 해준다. 또 한 가지 기술적 혁신은 mRNA의 구성 염기 중 유리딘uridine을 N1-메틸슈도유리딘N1-methylpseudouridine으로 치환한 것이다. 이렇게 변형 염기로 구성된 mRNA는 선천 면역계의 공격을 피할 수 있어 염증 반응을 최소화할 수 있었다. 이런 기술을 갖춘 모더나와 화이자/바이오엔텍 등의 생명공학회사는 원래 치료제로 개발 중이던 mRNA 기술을 재빨리 백신 개발 기술에 전용했고 결국은 성공을 거둔 것이다.

이와 함께 코로나19로 워낙 많은 환자가 발생했기 때문에 임상 시험을 할 수 있는 대상이 충분했고, 팬데믹의 긴급성 때문에 국가적으로 임상 시험을 상당 부분 간소화해주었다. 또한 백신 회사의 입장에서도 코로나19 백신은 돈이 되었기 때문에 열성적으로 뛰어들어 백신이 더욱 빨리 개발될 수 있었고 대규모 접종도 이뤄질 수 있었다.

코로나19 백신에 대한 불신이 있었던 것도 사실이다. 지금도 남아 있다. 여기서 안티백서Anti-Vaxxer의 논리와 그에 대한 반박을 길게 늘어놓을 필요는 없다. 다만 백신 접종 유무에 따른 사망률 혹은 중증으로의 진행 정도를 비교해보면 충분히 판단할 수 있다. 다만 한 가지 덧붙이자면, 백신을 맞지 않았음에도 감염되지 않는 이유는 다른 대부분의 사람들이 백신을 접종해서 생긴 집단면역herd immunity 덕분일 수 있다는 것만은 기억했으면 좋겠다.

서두에 얘기한 대로 WHO는 2023년 5월 5일 코로나19 팬데믹 종식을 선언했다. 우리나라는 며칠 뒤인 5월 11일에 공식적으로 종식 선언을 했다. 그보다 먼저 마스크 착용 의무를 해제했고, 정말 오랜만에 누구의 눈치도 보지 않고 바깥 공기를 마음껏 들이 마시고 내쉴 수 있게 되었다. 그리고 코로나19의 기억은 차츰 사라지고 있다.

그런데 2025년 3월 코로나19 팬데믹 선언 5주년을 맞아 미국의 《사이언티픽 아메리칸》을 비롯한 많은 언론이 코로나19가 여전히 존재하며, 심지어 위협적이라는 기사를 일제히 내놓았다. 기사는 코로나19 팬데믹으로 2000만 명 이상이 목숨을 잃었고, 16조 달러의 비용이 발생한 것으로 추정되고, 어린이 16억 명이 학교에 가지 못했고, 1억 3000만 명가량이 빈곤층으로 전락했다고 했다. 그런데 이게 과거의 일이 아니라 2025년 초에는 전 세계적으로 매주 1000명 이상이 코로나19로 사망하고 있으며, 그중 4분의 3이 미국에서 일어나고 있다는 것이다. 또한 여전히 수백만 명에 이르는 사람들이 이른바 '롱코비드^{long COVID}'*라는 증상을 앓고 있다고 한다. 코로나19가 매해 겨울마다 계절 독감처럼 우리를 찾아올 거라는 예상도 하고 있다. 정말로 코로나19는 사라지지 않았던 것이다.

그런데 더 두려운 것은 새로운 감염 팬데믹이 발생할 게 분명하다는 점이다. 많은 바이러스학자, 감염병 전문가, 보건 당국이 조류 인플루엔자를 주목하고 있다. 현재는 사람 사이에 퍼질 수 있는 능력을 갖추지 못한 조류 인플루엔자가 어느 순간 변이를 통해 그런 능력을 갖게 되면 바로 문제를 일으킬 것으로 보고 있다. 그래서 만반의 준비를 해야 한다고 한다. 그러나 정말 다음 팬데믹이 조류 인플루엔자로 인한 것일지 우리는 모른다. 어느 누구도 코로나바이러스가 전 세계를 수년 동안 이렇게 만들 것이라고 예측하지 못했던 것처럼.

---

*코로나19에 감염되고 4주 이후에도 증상이 계속 지속되는 경우를 말한다. 코로나19 환자 네 명 중 한 명이 롱코비드를 앓았고, 2년 동안 지속되는 경우도 있다.

미생물로 쓴 소설들

'나가는 글'을 대신하여

막상 위험이 닥칠 때는
어떤 경고도 없는 법

감염병 X

—

미지의 병원균

편혜영 《재와 빨강》 2010

배영익 《전염병》 2010

정유정 《28》 2013

토스카 리 《라인 비트윈: 경계 위에 선 자》 2019

윌리엄 히스 〈템즈강의 물이 이제는 몬스터 수프〉[1828]

윌리엄 히스William Heath, 1794/95~1840의 〈템즈강의 물이 이제는 몬스터 수프Monster Soup Commonly Called Thames Water〉는 지체 높아 보이는 한 여인이 무언가를 보고 공포에 질려 찻잔을 떨어뜨리는 장면을 그리고 있다. 그녀가 확대해서 보고 있는 것은 템즈강의 물 한 방울이다. 온갖 종류의 미생물이 단 한 방울의 강물에 들어 있다. 강물만이 아니다. 미생물은 어디에나 있다. 미생물 모두가 병을 일으키는 것은 아니지만, 어떤 미생물이 인류를 위협할 질병의 병원체로 등장할지는 아무도 모른다.

미생물로 쓴 소설들

감염병 X

지금까지 소설에서 미생물과 감염질환의 흔적을 찾아보는 작업을 꽤 길게 해왔다. 부족하지만 그 결과가 여기까지다. 물론 얘기를 하고 싶었지만 여러 이유로 넣지 않은 소설과 미생물/감염질환도 있다. 대체로 하나의 미생물/감염질환에 세 편 이상의 소설을 포함하고자 했는데 그 기준을 채우지 못한 것도 있고, 도무지 내 역량으로는 힘들 것같아 접은 것도 있다. 그래서 여기까지인데, 그래도 한 가지 이야기는 더 해야 할 것 같다.

내가 언급하고 쓴 감염질환은 대부분 과거의 것들이다. 물론 코로나19는 현재진행형이고, 다른 감염질환 가운데도 절대 과거의 것이라고만 할 수 없는 것들이 있다. 그래도 소설에서 다루고 있는 감염질환은 과거에 벌어진 일들이다. 그런데 우리에게 중요한 것은 현재이고, 그보다 더 중요한 것은 미래다. 어떤 미생물 혹은 어떤 감염질환이 중요하다고 일반적인 얘기는 할 수 있지만, 더욱 중요한 것은 바로 내가 혹은 내 가족이 앓고 있는 병이고, 앞으로 어떻게 하면 건강하게 살 수 있을지에 관한 것이다. 사실 현재 우리 곁에서 우리를 위협하고 있는 미생물과 감염질환, 앞으로 다가올 미생물과 감염질환에 더 관심을 갖는 것이 마땅하다. 그래서 '나가는 글'을 대신해서 '감염병 X'*에 관한 얘기를 몇 편의 소설을 통해 이야기하려고 한다.

'감염병 X'는 2018년 2월 WHO가 앞으로 인류를 위협할 질병의 우선순위 목록을 정하면서 설정한 가상의 placeholder 질병 혹은 병원체를 지칭한다. 당시 WHO는 전문가들의 토의를 거쳐 크리미안-콩고 출혈열Crimean-Congo haemorrhagic fever, CCHF, 에볼라열, 마르부르크열Marburg virus disease, 라싸열Lassa fever, 메르스, 사스, 니파바이러스Nipah virus, 리프트밸리열 Rift Valley fever, 지카Zika, 그리고 감염병 X를 전 세계적인 공중보건 비상사태를 일으킬 수 있는 질병으로 지목하고 이에 대한 대비책이 필요하다고 보고했다. 여기서 감염병 X는 "현재는 인간에게 질병을 유발하는 것으로 알려지지 않았지만 앞으로 심각한 질병을 유발할 수 있는" 병원체에 의한 질병이라고 정의하고 있다.

---

*영어로는 'disease X'이기 때문에 정확한 번역은 '질병 X'라고 하는 것이 옳을지 모르지만, 'disease X'로 염두에 두고 있는 것들이 거의 감염질환이기 때문에 흔히 '감염병 X'라고 한다. '신종감염병'이란 용어도 쓰이지만 '감염병 X'가 앞으로 도래할 수도 있는 감염질환이 어떤 것인지 모른다는 의미로 쓰는 데 반해, '신종감염병'은 새로운 병원체에 의한 질병만을 의미하고, 이미 'emerging infectious diseases'라는 영어 용어도 존재한다. 감염병 X는 우리가 이미 잘 아는 병원체에 의한 것일 수도 있다. 그리고 감염질환이 아니라 병원체를 더 강조해서 pathogen X라고 하는 경우도 있다.

이러한 작업은 2022년 WHO에 의해 다시 이뤄졌지만 크게 달라진 것은 없었다.

감염병 X라는 명칭 자체가 이게 가설이라는 의미다. 아직은 존재하지 않는다는 얘기다. 하지만 이 개념은 앞으로 인류에게 매우 현실적인 위협이 될 수 있다는 것을 의미하기 때문에 이에 대한 대비가 꼭 필요하다는 것을 강조하고 있다. 우리가 코로나19에 대한 대비가 제대로 되어 있지 않았기 때문에 벌어진 일을 생각해보면 감염병 X라는 개념을 가지고 있다고 모든 게 해결된다고 할 수는 없지만, 이 개념은 앞으로의 대비를 위한 가장 기본적인 토대라고 할 수 있다.

누구도 감염병 X가 언제 어디서 어떻게 나타날지 분명하게 예측하지 못한다. 그러나 많은 전문가가 예측하기로는 감염병 X는 이미 존재하고 있으며, 동물에서 사람에게 전파와 확산되는 형태로 나타날 가능성이 높다고 보고 있다. 어쩌면 정유정이 《28》에서 보여준 '빨간 눈 괴질'과 같은 것일지도 모른다.

"빨간 눈 괴질", 인수공통감염병

———

정유정의 《28》에서 빨간 눈 괴질은 화양, 불볕 같은 도시의 겨울을 휩쓸어버린다. 사람과 개가 함께 쓰러지면서 시작된 괴질怪疾. 폐쇄된 화양에서는 살고자 하는, 그리고 살리려고 하는 28일간의 악전고투가 벌어진다. 정유정은 이 질병을 다음과 같이 묘사하고 있다.

'빨간 눈'은 잠복기가 24~48시간 정도로 아주 짧은 것으로 추정되고 있으며 경과 또한 특급열차를 탄 것처럼 빠르게 진행되는 것이 특징이다. 사망자들은 눈이 핏빛으로 변하는 결막 출혈이 나타난 이후 40도가 넘는 갑작스러운 고열과 호흡곤란, 폐출혈 증세를 보이며 사망에 이르기까지 나흘을 채 넘기지 않았다.

무엇에 의해 감염되는지, 어떻게, 어디로부터 감염이 시작되었는지 전혀 알 수 없는 '빨간 눈'은 치사율이 100퍼센트의 치명적인 질병이다. 정유정은 정체를 알 수 없어 붙일 수밖에 없는 이름, 괴질로 무참하게 파괴되어 가는 인간성을 이야기하면서 끝까지 타협하지 않는다. 너무 심하다 싶어 고개를 돌릴라치면, 고개를 바로 돌려세우며 똑바로 응시하라고 강요한다. 극한 상황에 몰렸을 때 드러나는 적자생존의 세상, 거기에 바로 인간의, 아니 생명의 본성이 있다고. 작가는 더럽고 흉한 본능의 세계를 보여 주면서 그런 상황이 닥치면 과연 우리는 어떻게 행동할 것인지를 묻는다. 코로나19 팬데믹에서 우리가 얼핏 보여 주었던 본능적 행동을 생각해보면 정유정의 질문이 유효하다는 것을 알 수 있다.

삶은 선택의 문제가 아니었다. 본성이었다. 생명으로는 존재하는 모든 것들의 본성. 그가 쉬차를 버리지 않았다면 쉬차가 그를 버렸을 터였다. 그것이 삶이 가진 폭력성이자 슬픔이었다. 자신을, 타인을, 다른 생명체를 사랑하고 연민하는 건 그 서글픈 본성 때문일지도 몰랐다. 서로 보듬으면

미생물로 쓴 소설들

덜 쓸쓸할 것 같아서. 보듬고 있는 동안만큼은 너를 버리지도 해치지도 않으리란 자기기만이 가능하니까.

소설 《28》에서 빨간 눈 괴질은 화양이라는 한 도시(소설의 설정을 보면 의정부를 염두에 둔 듯하다)에 한정되어 있다. 하지만 이는 아직 코로나19를 겪지 않았었기에 그렇게 설정할 수 있었다고 본다. 감염병을 한 도시에 가둘 수 있다? 세계는 이제 절대 그렇지 않다.

빨간 눈 괴질의 정체는 밝히지 못했다. 어디서 유래했는지도 밝히지 않고 있지만, 독감에 걸렸던 개장수가 개에 물린 뒤 발병했고, 늑대개 링고가 핵심 연결고리라는 것을 보면 분명히 인수공통감염병zoonosis이다. WHO와 전문가들이 감염병 X를 일으킬 가능성이 높다고 지목한 유형의 질병이다.

인수공통감염병이란 동물과 사람이 함께 감염되는 질병이다. 하지만 사람 중심으로 해석하자면 동물을 보유숙주자연숙주로 하면서 사람에게 옮겨 감염되는 질병을 의미한다. 인수공통감염병은 세균, 바이러스, 곰팡이, 원생생물, 프라이온prion 등 온갖 종류의 병원체에 의해 생긴다. 이 책에서 얘기했던, 페스트, 발진티푸스, 말라리아, 광견병, 에이즈, 코로나19 같은 것들이다. 이 밖에도 세균에 의한 탄저병, 쯔쯔가무시병, 라임병, 원생생물 트리파노소마에 의한 샤가스병, 톡소플라즈마에 의한 질병이 있고, 바이러스에 의한 질병으로는 에볼라, 웨스트나일, 뎅기열, 황열병, 한탄병, 치쿤구니아열, 중증열성혈소판감소증후군SFTS 등이 있다.

인수공통감염 병원체가 지금까지도 문제였지만 앞으로 더욱 문제가 될 거라는 것은 느낌적인 느낌이 아니다. 구체적인 연구로 실증되고 있다. 2005년 영국 에딘버러대학의 마크 울하우스와 소냐 가우테지-시퀘리아가 분석한 바에 따르면 1407종의 인간 병원체 가운데 58퍼센트가 인수공통감염병을 일으키는 것으로 나타났다. 새로 출현하거나 재출현한 병원체는 177종이었는데, 그 가운데 4분의 3이 인수공통감염 병원체였다. 영국의 케이트 존스 등이 1940년부터 2004년까지 발생한 신종 전염병 300건을 분석한 연구에서도 인수공통감염병의 비율이 60퍼센트 가량이었다. 앞으로 새로 출현할지 모르는 감염병은 인수공통감염 병원체에 의한 것일 가능성이 매우 높다는 얘기다.

케이트 존스의 연구는 또 하나의 결과를 보여준다. 새로이 출현한 인수공통감염 병원체 대부분이 야생동물에서 유래했다는 점이다. 재레드 다이아몬드가 《총 균 쇠》에서 인류가 가축을 기르게 되면서 가축의 질병이 인간의 질병이 되었다고 했지만, 이제는 인간과 가축이 공유하는 병원체에 의한 질병보다는 야생동물과 관련된 질병이 증가하고 있으며, 앞으로도 이런 추세는 지속될 것이다. 인간이 초래한 생태학적 압력과 혼란으로 지금까지 잠자코 있던 야생동물의 병원체가 인간과 접촉하는 경우가 많아지고, 동시에 인간의 기술이 발달하고 활동이 늘어나면서 병원체의 전파 속도도 빨라졌다. 앞으로 이런 기회와 속도는 더욱 증가할 것이다. 정유정은 '빨간 눈 괴질'을 개와 관련시켰지만, 그 개도 실은 야생의 늑대개였다.

경고 없는 위험의 도래

감염병 X의 병원체는 세균이 될 수도 있고 원생생물도 될 수 있지만, 전문가가 더 많이 지목하고 있는 것은 아무래도 바이러스다. 이런 예측이 꼭 맞을 보장은 없지만 그래도 상당한 정도의 타당성을 가지고 있는 예측이긴 하다.

코로나19 이전에 우리는 이미 바이러스로 인한 팬데믹 공포를 겪은 적이 있다. 바로 2009년 흔히 '신종플루'라고 부르는 신종인플루엔자의 유행이다. A형 인플루엔자 바이러스(혈청형, H1N1)와 돼지독감바이러스의 유전자가 재조합되어 만들어진 바이러스에 의한 감염이 214개국 이상에서 발생했고, 전 세계적으로 1만 8500명의 사망자를 냈다. 최근 유행하는 독감의 혈청형이 바로 H1N1이라는 점에서 신종플루는 계절 독감으로 자리 잡았다고 할 수 있다.

소설가 편혜영은 이 신종플루에 착안해 《재와 빨강》을 썼다. 2010년 발표한 이 소설에서 감염병의 실체는 불분명하다. 신종플루보다 훨씬 참혹한 상황이 전개되면서 사회적 혼란을 겪는다. 그런 의미에서 소설 속 질병을 감염병 X의 범주에 둘 수 있을 것 같다.

주인공은 다국적 회사의 직원으로 C국에 파견된다. C국은 정체 모를 질병이 창궐하고 있다. 쥐가 옮기는 것인지는 알 수 없지만, 쥐가 시도 때도 없이 출몰한다. 쥐라면 페스트를 생각할 수 있을지 모른다. 하지만 쥐가 감염되어 죽지도 않고 번식을 거듭한다면, 쥐는 정체 모를 질병에 의해 세상 밖으로 튀어 나왔다고 볼 수도 있다. 주인공이

쥐 한 마리 때려잡는 것을 C국 출신 지사장이 눈여겨보고 본사 파견
명령을 내렸다. 그의 눈에 비친 C국의 모습은 이랬다.

> 그가 C국에서 본 사람은 모두 방역복을 입고 있었다. 공항 검역원이 그랬
> 고 관리인과 경찰관이 그랬다. 유행중인 전염병 때문일 거였다. (……) 그
> 는 방역복을 입거나 마스크를 착용한 사람을 볼 때마다 C국 내 전염병 확
> 산 속도가 자신이 아는 것 이상으로 빠를지도 모른다는 생각을 했고 자기
> 만 감염에 무방비인 것 같아 새삼 겁이 났다.

소설가는 이 질병의 증상을 어떻게 설정했을까?

> 이 책에서 가르쳐준 거지요. 병은 발열로 시작됩니다. 나 역시 열이 났죠.
> 겨드랑이와 사타구니, 목에 림프선종이 생기기 시작하면 열이 폭발적으
> 로 오르죠. 저는 그렇지 않았어요. 병원균이 신경계를 침범하면서 의식이
> 몽롱해지고 환각증상까지 나타나죠. 결국에는 피를 토하고 온몸에 고름
> 이 맺히고 몸을 떨다가 죽어간다고 합니다. 전염성 강한 바이러스를 공기
> 중에 꽃가루처럼 퍼뜨리고 말입니다.

증상은 앞에서 소개한 여러 감염병의 증상을 섞어 놓은 듯하다. 앞
으로 도래할지 모르는 감염병 X가 어떤 것인지도 모르고, 더욱이 아
마도 여러 종류의 바이러스가 어떤 동물의 몸속에서 재조합된 것일
수도 있으니, 온갖 증상의 종합판이 될 가능성도 배제할 수는 없을

미생물로 쓴 소설들

것이다.

소설의 완결성과는 무관하게 한 가지 딴지를 걸어보자면 소설가는 병원균(즉, 세균)과 바이러스를 혼동하고 있다. 세균과 바이러스는 완전히 다른 것이고, 임상적으로도 치료 방법이 다를 수밖에 없어 반드시 구분해야 한다.

《재와 빨강》과 같은 해에 나온 배영익의《전염병》은 북극에서 바이러스가 깨어나고, 돌연변이를 일으킨 바이러스에 감염되면 치사율이 거의 100퍼센트라는 설정의 소설이다. "대유행으로 가는 어떤 계산법"이라는 부제는 바이러스에 항체를 가진 사람을 찾아내려면 질병을 널리, 그리고 빨리 퍼뜨려야 한다는 '궤변'을 의미한다. 이와 비슷한 논리는 코로나19 팬데믹 시기에도 등장했다. 물론 스웨덴과 같은 국가의 감염 실험은 소설에서 '일부러' 감염을 퍼뜨리는 것과는 차원이 다르다. 그래서 평가도 다를 수밖에 없다.

그런데 이 소설에서도 세균과 바이러스를 혼동하는 오류를 범하고 있다. 과거 바이러스에서 세균으로 진화가 일어났는데(이런 가설이 실제로 존재하긴 하지만 많은 지지를 받고 있지는 않다), 소설에서 과학자들은 바이러스에서 세균으로 역진화가 일어나는 것을 실시간으로 관찰한다. 너무 무리한 설정이다. 그러나 기후 교란으로 인한 새로운 바이러스, 혹은 세균의 등장은 가능성만 높은 게 아니라 실제로 일어나고 있는 현상이란 점에서 주목할 필요가 있다.

《재와 빨강》의 주인공은 낯선 나라에서 부랑자로 전락하고 불법 체류자로 살아간다. 결국은 쥐를 잡으러 다니는 일을 하며 C국에서 새로운 삶을 살아간다. 그가 전처를 죽이고 도망 온 것인지, 진짜 파견 대상자로 선발된 것인지, 그는 과연 질병에 걸린 것인지, 본사의 '몰'이라는 인물은 그를 알아본 것인지 등에 대해 궁금증이 쌓인 채로 소설의 마지막에 이르는데, 사실 이 소설에서 인상 깊은 문장은 첫 문장이다.

"위험에 대한 경고는 언제나 실제로 닥쳐오는 위험보다 많지만 막상 위험이 닥칠 때는 어떤 경고도 없는 법이었다."

지금도 우리는 계속 감염병 X에 대해 경고를 하고 있다. 그 경고가 효과가 있으면 우리는 감염병 X에 의한 팬데믹을 겪지 않을 것이다. 아마 경고가 과했다고 느낄 것이다. 경고가 잘못된 것일지도 모른다는 의심도 들 것이다. 거기에 들어간 비용이 아까울지도 모른다. 그러나 감염병 X가 들이닥쳐 우리의 생명과 일상을 파괴했을 때는 경고가 없거나 잘못되었을 것이다. 그러므로 우리는 경고가 양치기 소년의 말과 같더라도 끊임없이 경고해야 한다. 예상보다 피해가 크지 않았던 신종플루에 대해 과잉 대응을 해서 낭비가 심했다는 비판은 이제 사람들의 기억에 거의 남아 있지 않다. 하지만 그 비판에 대한 대가는 코로나19 팬데믹에서 고스란히 되돌려 받았다.

왜 RNA 바이러스일까

그런데 왜 바이러스일까? 지구상의 바이러스는 160만 종 정도로 추정되고 있는데(그야말로 추정이다), 그 가운데 팬데믹 혹은 그에 버금가는 유행병을 일으킬 가능성이 있는 바이러스는 많아야 0.1퍼센트에 불과하다고 한다. 비율로 보면 작아 보이지만, 숫자로 계산해 보면 그렇지 않다는 것은 간단한 산수로도 알 수 있다. 더군다나 그 적다면 적고, 많다면 많은 종의 바이러스가 그냥 그대로 질병을 일으키지 않는다는 점이 중요하다. 바이러스는 변신의 대가다.

많은 전문가가 특히 주목해서 보고 있는 바이러스는 대부분 RNA 바이러스다. 눈치 빠른 독자는 이 책에서 다룬 바이러스도 거의 모두가 RNA를 유전물질로 갖고 있다는 것을 알아차렸을 것이다. RNA는 한 가닥뿐이라, 두 가닥으로 되어 있는 DNA에 비해 돌연변이가 일어나면 교정에 필요한 원본이 없어, 돌연변이가 고정되는 비율이 높다. 우리는 결과만 보기 때문에 RNA의 돌연변이 속도가 빠르다거나 돌연변이가 잘 일어난다고 말한다. 하지만 돌연변이가 많이, 그리고 빨리 일어나기 때문에 도태되는 경우도 많지만, 그만큼 새로운 환경에 적응할 수 있는 바이러스가 생길 가능성도 높다.

위와 같은 조건을 만족하는 병원체가 있다. 바로 조류 인플루엔자 바이러스avian influenza virus다.

조류 인플루엔자 바이러스는 닭이나 오리, 야생 조류에서 급성 감염병을 일으킨다. 앞서 얘기했던 스페인 독감을 일으켰던, 그리고 매년 계절 독감을 일으키는 인플루엔자 바이러스와 기본 구조와 유전체RNA가 같다. 조류 인플루엔자 바이러스의 전파는 주로 철새를 통해 이루어진다. 문제는 철새와 같은 야생조류가 인플루엔자 바이러스에 감염되면 국가는 물론 대륙을 오가며 전파하기 때문에 전파의 범위와 속도가 매우 넓고 빠르다는 점이다. 그래서 고병원성 조류 인플루엔자는 세계동물보건기구World Organization for Animal Health, WOAH에 의무적으로 보고하게 되어 있다. 고병원성 조류 인플루엔자 바이러스는 대부분 H5 또는 H7형이다.

조류 인플루엔자 바이러스가 사람을 감염할 가능성은 크지 않은 것이 현재까지의 정설이다. 그런데 그럴 가능성이 크지 않달 뿐이지 불가능한 건 아니다. 실제로 2003년 이후 2020년경까지 1000건이 넘는 인간 감염 사례가 나왔고, 감염자 중 30퍼센트가 사망했다. 그러나 다만 아직 사람과 사람 사이의 전파 사례가 보고된 경우는 없다. 이것 때문에 아직까지 조류 인플루엔자와 관련해서 크게 걱정을 하고 있지 않다고 생각된다. 어떤 이는 20년이 넘도록 그런 사례가 나오지 않았으니 조류 인플루엔자 바이러스는 그런 능력이 없는 것이 아니냐고도 한다. 그러나 바이러스의 특성상 언제 그런 능력을 갖게 될지는 아무도 모른다. 조류 인플루엔자 바이러스가 스스로 돌연변이를 일으키든, 다른 바이러스와의 재조합을 통해서든 지금의 한계를 뛰어넘어 사람과 사람 사이에 전파가 가능해지면 그야말로 손한번 써볼 수 없을 거라는 전망이 나오는 이유다.

아버지가 한국인인 미국의 소설가 토스카 리Tosca Lee는《라인 비트

원: 경계 위에 선 자》에서 프라이온과 (조류) 인플루엔자 바이러스가 재조합을 거쳐 만들어진 새로운 병원체로 급성 조기치매가 벌어지는 상황을 그리고 있다. 여기에 마거릿 애트우드의《시녀 이야기》를 연상케 하는 신천국New Earth이라는 종교집단(물론 우리는 여기서 또 다른 종교집단을 떠올린다)이 신종감염병을 이용하고, 미국의 전력망이 무너지는 이야기가 묵시론적으로 전개된다.

여기서 프라이온이란 DNA나 RNA와 같은 유전물질 없이 단백질로만 구성되어 있는데도 전염성이 있는 물질을 말한다. 'Prion'이라는 용어 자체가 단백질성 감염 입자PRoteinaceous INfectious Particle라는 말이다. 정상 단백질 분자 구조의 접힘 상태를 변형시켜 비정상적인 구조가 만들어져 뇌가 스펀지 모양으로 변해 버린다. 흔히 광우병이라고 불리는 소해면뇌상증bovine spongiform encephalopathy, BSE과 사람의 질환인 크로이츠펠트-야코프병Creutzfeldt-Jakob Disease, CJD을 일으키는 것으로 알려져 있다.《라인 비트윈》에서도 애매하게 서술하고 있는데, 바이러스와 혼동되는 경우가 있고, 바이러스학 교과서에서도 언급은 하고 있지만, 유전물질을 가지고 있지 않고, 바이러스를 포함한 일반적인 미생물 소독법으로는 불활성화할 수 없어서, 바이러스와는 완전히 다른 물질이다. 그러므로 현재로서는 소설에서와 같은 프라이온과 조류 인플루엔자 바이러스의 재조합은 과학적으로 설명하기 힘들다.

그러나 조류 인플루엔자 바이러스의 감염성이 새로운 차원을 획득해서 사람에게 감염되고 그것이 이제까지 보지 못했던 증상을 나타낸다는 점에서, 감염병 X를 어디까지 상상하고 대비해야 할지는 충분히 보여주고 있다. 감염병의 창궐이 다른 사회적 혼란 요소와 결합했을 때 어떤 상황이 벌어질지에 대해서도 경고하고 있다. 지구의 미래에 관한 묵시론적 전망을 다룬 소설이나 영화가 대부분 핵무기와 같은 물리적인 파괴, 혹은 인공지능Artificial Intelligence, AI의 지배가 선행하는 것으로 그리지만, 오히려 손 쓸 수 없는 신종감염병, 즉 감염병 X로 인해 비롯될 가능성을 심각하게 생각해봐야 한다. 감염병 X에 대한 대비는 단지 (감염 관련) 의사, 과학자, 보건 당국, 보건 관련 사회단체만이 참여하고 해결해야 하는 문제가 아니다.

그럼 감염병 X를 대비해서 무엇을 해야 할까? (내 개인적인 의견이라기보다는 전문가들의 의견에서 공통된 부분을 요약했다.)

우선 팬데믹이 반드시 발생한다고 예상해야 한다. 앞서 얘기했듯이 신종플루에 대해 과잉 대응을 주도했다고 질책받고 비판한 결과가 코로나19 대응의 실패라는 교훈을 잊어서는 안 된다. 마르코 마라니 등이 2021년에 발표한 연구에 따르면 앞으로 코로나19와 같은 팬데믹이 생길 가능성은 매년 50분의 1 정도로, 이를 한 사람이 일생 동안 팬데믹을 겪을 가능성을 계산해 보면 약 38퍼센트가 된다.

그리고 가능성 있는 병원체에 대한 추적 시스템을 정교하게 갖춰야 한다. 이를 통해 적어도 우리가 알고 있는 병원체에 대해서만큼은 확실하게 조기에 팬데믹 가능성을 알아차려야 한다. 알면 대비할 수 있는 확률이 그만큼 커진다.

코로나19 팬데믹을 통해 알 수 있듯이 이는 국가 단위의 지역적 문제가 아니다. 과학자들 사이에 국제적 협력 관계를 지속해야 하고, 국가 간 보고 시스템을 확실하게 구축해야 한다. 이를 위해서 WHO를 비롯한 국제기관의 권위가 바로 세워져야 한다.

질병 발생 시 대처 시스템 또한 정비해야 한다. 사람들에게 분명한 안전 지침을 명확하게 제공하고 각종 단위별로 선행 훈련이 이루어져야 한다. 필요한 검사 장비와 치료 약물, 장비를 비축하고, 대응 의료 시스템을 갖추고 수시로 점검해야 한다. 감염 환자의 급증에 충분하게 대비해야 한다. 이에 대한 투자는 절대 과한 것이 아니다.

신종 감염질환에 대비할 수 있는 혁신적 백신 개발 플랫폼을 갖추고 있어야 한다. 어떤 병원체가 새로운 감염질환을 일으킬지 모르므로 이에 맞춰 신속하게 백신과 약물을 개발할 수 있어야 한다. mRNA 백신 플랫폼은 코로나19 팬데믹에서 어느 정도 성공적으로 작동했지만, 이 밖에도 여러 플랫폼을 갖추고 있어야 앞으로의 감염병 X에 신속하고 정확하게 대응할 수 있을 것이다. 사스가 유행했을 때 반짝 지원하고, 메르스가 유행했을 때 반짝 지원했다 회수해간 연구비는 고스란히 코로나19 시기의 비용으로 훨씬 더 많이 지불했다.

그리고 가짜 뉴스에 대처할 역량을 키워야 한다. 추측과 과도한 해석은 새로운 감염병 유행에 전혀 도움이 되지 않는다. 잘못된 정보와 오해, 낙인찍기에 신속하고 단호한 처리가 이뤄져야 한다.

지식이 부족해서가 아니다. 코로나19 이전에 경고도 있었다. 지식을 제대로 활용하지 않았고, 경고를 진지하게 받아들이지 않았다. 앞으로 그래서는 안 된다. 소설 속 팬데믹이 단지 소설이기만을 바란다.

감사의 글

한 권의 책을 또 냅니다. 누가 강요하지도 않았고, 누구에게 약속하지도 않았던 책입니다.

읽고 쓰는 걸 꾸준히 하다 보면 비슷한 걸 묶을 수 있는 게 생깁니다. 이 책은 그런 활동에서 나온 것이라 할 수 있습니다. 무엇을 쓰겠다는 결심에서 비롯된 것이라기보다는, 무언가를 읽고 쓰다 보니 뭐가 되도 되겠다는 결과로 이어졌다는 것이 맞을 겁니다. 물론 이런 걸 쓰겠다는 욕심, 아니 희망을 가진 건 꽤 오래되었습니다. 다만 그걸 행동으로 옮기는 건 그런 욕심이나 희망만으로 가능했던 게 아니라, 상당 부분 자연스러웠다는 이야기입니다.

그래서 원하는 것을 쓰기 위해 새로 무언가를 더 읽어야 한다는 걸 알게 됐을 때, 그때마다 저는 다소 흥분되었습니다. 읽어야 할 게 있다는 것은 저에게는 그렇게 설레는 일입니다. 물론 지금도 그렇습니다. 저는 별수 없이 '읽는' 인간입니다. 그리고 그렇게 살아가려 합니다.

미생물로 쓴 소설들

이렇게 한 권의 책을 마무리하면서 고마워해야 할 이름을 생각하다 보니 맨 먼저 떠오르는 건, 학교 도서관(성균관대학교 삼성학술정보관과 중앙학술정보관)입니다. 학교 도서관을 이용한 지 10년 정도 되었습니다. 헤아려 보니 그동안 내가 도서관에서 빌려 읽은 책이 1600권이 넘습니다. 도서관에 이 책의 지분을 얼마나 줘야 할지 가늠이 되지 않습니다. 분명한 건 도서관이 없었다면 나는 한 권의 책도 쓰지 못했을지 모른다는 겁니다.

이번에도 백진양 씨가 먼저 읽고 귀중한 조언을 해주었습니다. 말라리아에 대한 부분은 올해 임용되어 바로 옆방에 자리 잡은 이성균 교수에게 부탁드렸고, 기꺼이 검토해 주셨습니다. 감사의 인사를 드립니다. 더불어 바이러스에 대한 얕은 지식을 채워주신 안진현 교수님과 고전에 대한 인식을 달리하게 해주신 박균호 선생님께도 감사드립니다.

책을 쓰다 보면 그동안 내가 하던 일 중 어떤 몫이든 덜하게 됩니다. 그렇게 덜어낸 몫의 일은 누군가에게는 부담이 되고, 어쩌면 피해가 갈 수도 있었을 겁니다. 아직까지 어느 누구도 내색은 하지 않지만 가족을 비롯해서 미안한 얼굴들이 스쳐 갑니다. 보답할 길은 막막합니다. 좋은 책으로 어쩌구 저쩌구, 하는 말은 너무 진부하네요. 감사하다는 말밖에 드릴 수 없습니다.

낙엽이 지고, 흰눈 내리고, 꽃이 피고, 녹음이 짙어지고, 비가 내리고… 책을 쓰면서 이렇게 계절을 겪습니다. 세상 돌아가는 이치에 순응하면서 살고 싶습니다.

참고한 책과 글

들어가며

- 헤르만 헤세(윤순식 옮김), 《로스할데》 (현대문학).

1 | 그 속에선 아무 차별도 없었다 - 페스트

- 조반니 보카치오(장지연 옮김), 《데카메론》 (서해문집).

- 다니엘 디포(박영의 옮김), 《전염병 연대기》 (신원문화사).

- 알베르 카뮈(하소연 옮김), 《페스트》 (자화상).

- 알레산드로 만초니(김효정 옮김), 《약혼자들 1, 2》 (문학과지성사).

- 오르한 파묵(이난아 옮김), 《페스트의 밤》 (민음사).

- 김정선, 《소설의 첫 문장: 다시 시작하는 삶을 위하여》 (유유).

- 박홍규, 《우리는 꽃이 아니라 불꽃이었다》 (인물과사상사).

- 로버트 자레츠키(윤종은 옮김), 《승리는 언제나 일시적이다》 (휴머니스트).

- 미치코 가쿠타니(김영선 옮김), 《서평가의 독서법》(돌베개).

- 프레더릭 F. 카트라이트, 마이클 비디스(김훈 옮김), 《질병의 역사》(가람기획).

- 윌리엄 맥닐(김우영 옮김), 《전염병의 세계사》(이산).

- 어윈 W. 셔먼(장철훈 옮김), 《세상을 바꾼 12가지 질병》(부산대학교출판문화원).

- 아노 카렌(권복규 옮김), 《전염병의 문화사》(사이언스북스).

- 프랭크 M. 스노든(이미경, 홍수연 옮김), 《감염병과 사회》(문학사상).

- 존 켈리(이종인 옮김), 《흑사병시대의 재구성》(소소).

- 폴 W. 이왈드(이충 옮김), 《전염병 시대》(소소).

- 유진홍, 《유진홍 교수의 이야기로 풀어보는 감염학》(군자출판사).

- 스티븐 킹(이은선 옮김), 《피가 흐르는 곳에》(황금가지).

- Raoult D et al. Molecular identification by "suicide PCR" of *Yersinia pestis* as the agent of Medieval Black Death. *Proc Natl Acad Sci USA* 2000;97(23):12800-12803.

- Barbieri R et al. *Yersinia pestis*: the Natural History of Plague. *Clinical Microbiology Reviews* 2021;34(1):e00044-19.

- Rasmussen S et al. Early divergent strains of *Yersinia pestis* in Eurasia 5,000 years old. *Cell* 2015;163:571-582.

- Demeure CE et al. *Yersinia pestis* and plague: an updated view on evolution, virulence determinants, immune subversion, vaccination, and diagnostics. *Genes & Immunity* 2019;20:357-370.

- Sebbane F et al. Role of the *Yersinia pestis* plasmigen activator in the incidence of distinct septicemic and bubonic forms of flea-borne plague.

Proc Natl Acad Sci USA 2006;103(14):5526-2230.

2 | 몇 해 전부터 잠복해 있던 병이 마침내 격발하고 – 결핵

- 토마스 만(곽복록 옮김), 《마의 산 1, 2》 (동서문화사).

- 헤르만 헤세(이노은 옮김), 《크눌프》 (민음사).

- 샬롯 브론테(이미선 옮김), 《제인 에어》 (열린책들).

- 빅토르 위고(정기수 옮김), 《레미제라블 1》 (민음사).

- 김유정, 《만무방》 (글도).

- 이태준, 《이태준 단편집》 (지식을만드는지식).

─────────

- 실비아 나사르(김정아 옮김), 《사람을 위한 경제학》 (반비).

- 마리아 마르티논 토레스(김유경 옮김), 《불완전한 인간》 (현암사).

- 프랭크 M. 스노든(이미경, 홍수연 옮김), 《감염병과 사회》 (문학사상).

- 김서형, 《전염병이 휩쓴 세계사》 (살림).

- 이미경, 《뭉크의 별이 빛나는 밤》 (더블북).

- 이재선, 《현대소설의 서사주제학》 (문학과지성사).

- WHO. "Global tuberculosis report 2024". 29 October 2024.

- 이혜원 등. "2023년 결핵환자 신고현황". 주간 건강과 질병(Public Health Weekly Report) 2024;17(37):1591-1608.

3 | 의술은 아무 소용없어. 살을 썩게 만드는 병이지 – 한센병

- 이청준, 《당신들의 천국》 (문학과지성사).

- 장 지오노(이원희 옮김), 《영원한 기쁨》 (이학사).

- 서머싯 몸(송무 옮김), 《달과 6펜스》 (민음사).

———————

- 박광혁, 《미술관에 간 의학자》 (어바웃어북).

- 오카다 하루에(황명섭 옮김), 《세상을 뒤흔든 질병과 치유의 역사》 (상상채널).

- 박수진 등. "최근 10년간 한센병 신고·발생 현황". 주간 건강과 질병(Public Health Weekly Report) 2022;15(5):318-331.

- Urban C et al. Ancient *Mycobacterium leprae* genome reveals medieval English red squirrels as animal leprosy host. *Current Biology* 2024;34:2221-2230.

- Bendiner E. Gerhard Hansen: Hunter of the leprosy bacillus. *Hospital Practice* 1989;24(12):145-170.

- Bielliaieva O et al. Gerhard Hansen vs. Albert Neisser: priority for the invention of *Mycobacterium leprae* and problems of bioethics. *Georgian Med News* 2020;309:156-1161.

4 | 찡그린 표정, 푸르뎅뎅한 살, 우유빛 배설물 – 콜레라

- 장 지오노(송지연 옮김), 《지붕 위의 기병》 (문예출판사).

- 토마스 만(윤순식 옮김), 《베네치아에서의 죽음》 (부북스).

- 가브리엘 가르시아 마르케스(송병선 옮김), 《콜레라 시대의 사랑》 (민음사).

- 빅토르 위고(정기수 옮김), 《레미제라블》 (민음사).

- 박경리, 《토지》 (다산책방).

- 박홍규, 《우리는 꽃이 아니라 불꽃이었다》 (인물과사상사).

- 데이비드 벨로스(정해영 옮김), 《세기의 소설, 레미제라블》 (메멘토).

- 스티븐 존슨(김명남 옮김), 《감염지도》 (김영사).

- 박균호, 《세계 문학 필독서 50》 (센시오).

- 리타 콜웰, 샤론 버치 맥그레인(김보은 옮김), 《인생, 자기만의 실험실》 (머스트리드북).

- 신동원, 《호환 마마 천연두》 (돌베개).

- 김태웅, 《그들의 대한제국 1897~1910》 (휴머니스트).

- 이재선, 《현대소설의 서사주제학》 (문학과지성사).

- WHO, "Multi-country outbreak of cholera, External situation report #21",

  18 December 2024.

5 | 그녀의 팔에 안겨 천국의 기쁨을 맛보았지만 – 매독

- 볼테르(이혜윤 옮김), 《캉디드 미크로 메가스 자디그》 (동서문화사).

- 토마스 만(김륜옥 옮김), 《파우스트 박사》 (문학과지성사).

- 채만식, 《탁류》 (문학과지성사).

- 김동인, 《김동인 단편 전집 2》 (가람기획).

- S. 엘리자베스(박찬원 옮김), 《어둠의 미술》 (미술문화).

- 오카다 하루에(황명섭 옮김), 《세상을 뒤흔든 질병과 치유의 역사》 (상상채널).

- 텔모 피에바니(김숲 옮김), 《불완전한 존재들》 (북인어박스).

- 데버러 헤이든(이종길 옮김), 《매독》 (길산).

- 이시 히로유키(최수지 옮김), 《한 권으로 읽는 미생물 세계사》 (사람과나무사이).

- 샘 킨(이충호 옮김), 《과학 잔혹사》 (해나무).

- 수전 손택(이재원 옮김), 《은유로서의 질병》 (이후).

- Jaiswal AK et al. The pan-genome of *Treponema pallidum* reveals differences in genome plasticity between subspecies related to venereal and non-venereal syphilis. *BMC Genomics* 2020;21:33.

- Choi CQ & Livesience. Case closed? Columbus introduced syphilis to Europe. *Scientific American* December 27. 2011.

- Mojaader K et al. Ancient bacterial genomes reveal a high diversity of *Treponema pallidum* strains in early modern Europe. *Current Biology* 2020;30:3788-3803.

- Barquera, R., Sitter, T.L., Kirkpatrick, C.L. et al. Ancient genomes reveal a deep history of *Treponema pallidum* in the Americas. *Nature* 2025;640:186–193.

- 서희원. "'나쁜 피' 혹은 매독과 광기의 서사 – 채만식 《탁류》를 중심으로." 《한국어문학연구》 2014;62:355-384.

- 최은경. "일제강점기 한국문학에 나타난 성병." 〈인문학 속 감염병 실태 및 활용방안〉 국립보건연구원 최종보고서 (2012).

6 | 그렇게 봄은 떠나갔다 – 성홍열

- 루이자 메이 올콧(공보경 옮김), 《작은 아씨들》 (윌북).

- 카렐 차페크(김규진 옮김), 《두 번째 주머니 속 이야기》 (행복한책읽기).

• 프리모 레비(이현경 옮김), 《이것이 인간인가》 (돌베개).

• 유수연, 《이상한 나라의 모자장수는 왜 미쳤을까》 (에이도스).

• 이준호, 《반역자와 배신자들》 (눌와).

• 프리모 레비(이소영 옮김), 《휴전》 (돌베개).

• 대한미생물학회, 《의학미생물학》(8판) (범문에듀케이션).

• van Sorge NM et al. The classical Lancefield antigen of group A *Streptococcus* is a virulence determinant with implications for vaccine design. *Cell Host & Microbe* 2014;15(6):729-740.

7 | 머릿속에는 연기가 뿌옇게 차 있었다 – 발진티푸스

• 에리히 레마르크(홍성광 옮김), 《서부 전선 이상 없다》 (열린책들).

• 토마스 만(김륜옥 옮김), 《파우스트 박사 1, 2》 (문학과지성사).

• 프리모 레비(이소영 옮김), 《휴전》 (돌베개).

• 안톤 체호프(박현섭 옮김), 《체호프 단편선》 (민음사).

• 플로리안 일리스(한경희 옮김), 《증오의 시대, 광기의 사랑》 (문학동네).

• 프랭크 A. 폰 히펠(이덕환 옮김), 《화려한 화학의 시대》 (까치).

• 아노 카렌(권복규 옮김), 《전염병의 문화사》 (사이언스북스).

• 안네 프랑크(이건영 옮김), 《안네의 일기》 (문예출판사).

• 유진홍, 《유진홍 교수의 이야기로 풀어보는 감염학》 (군자출판사).

• Roger AJ et al. The Origin and Diversification of Mitochondria. *Current*

Biology 2017;27(21):R1177-R1192.

- Walker DH, Raoult D. *Rickettsia prowazekii* (Epidemic or Louse-borne Typhus) in *Mandell, Douglas, and Bennett's Principles and Practice of Infectious Diseases* (7th Edition), 2010.

8 | 열로 몸이 활활 타오르고 있었다. 숨 한 번 쉬는 것도 힘겨워했다 – 장티푸스

- 아서 코난 도일(최현빈 옮김), 《설록 1: 주홍색 연구》(열림원).
- 조지 손더스(정영목 옮김), 《바르도의 링컨》(문학동네).
- 김정한, 《第3病棟》(창작과비평사).

———

- 유수연, 《이상한 나라의 모자장수는 왜 미쳤을까》(에이도스).
- 피터 퍼타도, 마이클 우드(김희진, 박누리 옮김), 《죽기 전에 꼭 알아야 할 세계 역사 1001 DAYS》(마로니에북스).
- 신동원, 《호환 마마 천연두》(돌베개).
- 배현주, "*Salmonella*와 *Shigella* 감염"《감염학》(대한감염학회 편) (군자출판사).
- 대한미생물학회, 《의학미생물학》(범문에듀케이션).
- 수전 캠벨 바톨레티(곽명단 옮김), 《위험한 요리사 메리》(돌베개).
- Ferrari RG et al. Worldwide epidemiology of *Salmonella* serovars in animal-based foods: a meta-analysis. *Applied and Environmental Microbiology* 2019;85:e00591-19.
- Vågene ÅJ et al. *Salmonella enterica* genomes from victims of a major sixteenth-century epidemic in Mexico. *Nature Ecology & Evolution*

2018;2:20–528.

- Trofa AF et al. Dr. Kiyoshi Shiga: discover of the dysentery bacillus. *Clinical Infectious Diseases* 1999;29:1303-1306.

- Marineli F et al. Mary Mallon (1869–1938) and the history of typhoid fever. *Annals of Gastroenterology* 2013;26(2):132–134.

9 | 뜨거울 정도로 펄펄 끓었다, 새벽이면 체온이 급격히 떨어졌고 – 말라리아

- 헨리 제임스(최인자 옮김), 《데이지 밀러》 (웅진씽크빅).

- 루이스 세풀베다(정창 옮김), 《연애 소설 읽는 노인》 (열린책들).

- 조지프 콘래드(이석구 옮김), 《어둠의 심연》 (을유문화사).

- 도리스 레싱(이태동 옮김), 《풀잎은 노래한다》 (민음사).

———

- 티모시 C. 와인가드(서종민 옮김), 《모기》 (커넥팅).

- 프랭크 A. 폰 히펠(이덕환 옮김), 《화려한 화학의 시대》 (까치).

- 데이비드 쾀멘(강병철 올림), 《인수공통 모든 전염병의 열쇠》 (꿈꿀자유).

- 양철수, 《미생물의 은밀한 비밀》 (범문에듀케이션).

- 폴 드 크루이프(이미리나 옮김), 《미생물 사냥꾼》 (반니).

- 사토 겐타로(서수지 옮김), 《세계사를 바꾼 10가지 약》 (사람과나무사이).

- Marciniak S et al. *Plasmodium falciparum* malaria in 1st–2nd century CE southern Italy. *Current Biology* 2016;26(23):R1220-R1222.

- Cox FEG. History of the discovery of the malaria parasites and their vectors. *Parasites & Vectors* 2010;3:5.

- Lawrence C. Laveran remembered: malaria haemozoin in leucocytes. *The Lancet* 1999;353(9167):1852.
- Dutta A. Where Ronald Ross (1857-1932) worked: the discovery of malarial transmission and the *Plasmodium* life cycle. *Journal of Medical Biography* 2009;17(2):120-122.
- Milner DA Jr. Malaria pathogenesis. *Cold Spring Harbor Perspectives in Medicine* 2018;8(1):a025569.
- Wahl I et al. Clonal evolution and TCR specificity of the human TFH cell response to *Plasmodium falciparum* CSP. *Science Immunology* 2022;7(72):eabm9644.

10 | 살갗은 청보라 빛을 띠며 점차 시커매지고 – 스페인 독감

- 캐서린 앤 포터(김지현 옮김), 《캐서린 앤 포터》 (현대문학).
- 윌리엄 맥스웰(최용준 옮김), 《그들은 제비처럼 왔다》 (한겨레출판사).
- 이사벨 아옌데(조영실 옮김), 《비올레타》 (빛소굴).
- 기쿠치 간 등(박현석 옮김), 《간단한 죽음》 (현인).
- 염상섭, 《만세전》 (글누림).

———

- 김선지, 《뜻밖의 미술관》 (브라이트).
- 로라 스피니(전병근 옮김), 《죽음의 청기사》 (유유).
- 존 M. 배리(이한음 옮김), 《그레이트 인플루엔자》 (해리북스).
- 대한미생물학회, 《의학미생물학》(8판) (범문에듀케이션).

- 로버트 웹스터(강병철 옮김), 《조류독감이 온다》 (꿈꿀자유).

- 백승숙, "염상섭의 〈만세전〉과 1918년 스페인 독감". 《문화와 융합》 2022;44(4):475–490.

- 조미경, "일본문학 속의 감염증의 대유행 연구—'스페인 독감' 관련 근대문학작품을 중심으로". 《일본근대학연구》 2023;81:51–70.

- Chowell G et al. Death patterns during the 1918 influenza pandemic in Chile. *Emerging Infectious Diseases* 2014;20(11):1803-1811.

- Pappas C et al. Single gene reassortants identify a critical role for PB1, HA, and NA in the high virulence of the 1918 pandemic influenza virus. *Proc Natl Acad Sci USA* 2008;105(8):3064-3069.

11 | 반쯤 벌어진 입 밖으로 검붉은 혀를 절반 정도 내밀고 – 광견병

- 카밀로 호세 셀라(정동섭 옮김), 《파스쿠알 두아르테 가족》 (민음사).

- 오라시오 키로가(엄지영 옮김), 《사랑 광기 그리고 죽음의 이야기》 (문학동네).

- 브램 스토커(이세욱 옮김), 《드라큘라》 (열린책들).

─────

- 김유태, 《나쁜 책》 (글항아리).

- 찰스 다윈(장순근 옮김), 《비글호 항해기》 (리젬).

- 마리아 마르티논 토레스(김유경 옮김), 《불완전한 인간》 (현암사).

- 김홍빈, "광견병(공수병)" 《감염학》 (대한감염학회 편) (군자출판사).

- 곽재식, 《괴물 과학 안내서》 (우리학교).

- 폴 드 크루이프(이미리나 옮김), 《미생물 사냥꾼》 (반니).

- 예병일, 《의학사 노트》 (한울).

- Nakagawa K et al. Molecular function analysis of Ravies virus RNA polymerase L protein by using an L gene-deficient virus. *Journal of Virology* 2017;91(20):e00826-17.

- Nadin-Davis et al. Molecular phylogenetics of the Lyssaviruses-Insights from a coalescence approach. *Advances in Virus Research* 2011;79:203-238.

- Gomez-Alonso J. Rabies. A possible explanation for the vampire legend. *Neurology* 1998;51(3):856-859.

- Dufour HD & Carroll SB. History: Great myths die hard. *Nature* 2013;502(7469):32-33.

12 | 마비를 일으키는 병 때문에 – 소아마비

- 필립 로스(정영목 옮김), 《네메시스》 (문학동네).

- 제임스 맥브라이드(박지민 옮김), 《하늘과 땅 식료품점》 (미래지향).

- 천선란, 《천 개의 파랑》 (허블).

———

- 강민지, 《파란색 미술관》 (아트북스).

- 한국미생물학회, 《미생물학》 (범문에듀케이션).

- 대한미생물학회, 《의학미생물학》 (범문에듀케이션).

- 제임스 르 파누(강병철 옮김), 《현대의학의 거의 모든 역사》 (알마).

- 브린 넬슨(고현석 옮김), 《똥》 (아르테).

- 남궁석, 《바이러스 사회를 감염하다》 (바이오스펙테이터).

- 핼 헬먼(이충호 옮김), 《의사들의 전쟁》 (바다출판사).

- 빌리 우드워드(김소정 옮김), 《미친 연구 위대한 발견》 (푸른지식).

- 예병일, 《의학사 노트》 (한울).

- Eggers HJ. Milestones in early poliomyelitis research (1840 to 1949).
  Journal of Virology 1999;73(6):4533-4535.

- David Kindy (updated by Meilan Solly). Texas Man Who Lived 70 Years in
  an Iron Lung Dies at 78: 'I Never Gave Up'. *Smithonian Magazine March*
  13, 2024.

- Ali Syed R, Qazi J. WPV1 resurgence in Pakistan: Endangering the global
  polio eradication goal. *Infection Disease Now* 2025;55(2):105022.

13 | 이 병은 서서히 삶에서 버림받는 겁니다 – 에이즈

- 존 버거(김현우 옮김), 《결혼식 가는 길》 (열화당).

- 이민진(신승미 옮김), 《파친코》 (인플루엔셜).

- 앨런 홀링허스트(전승희 옮김), 《아름다움의 선》 (창비).

- 옌롄커(김태성 옮김), 《딩씨 마을의 꿈》 (아시아).

———

- 남궁석, 《바이러스, 사회를 감염하다》 (바이오스펙테이터).

- 마크 호닉스바움(제효영 옮김), 《대유행병의 시대》 (커넥팅).

- 수전 손택(이재원 옮김), 《은유로서의 질병》 (이후).

- 산드라 헴펠(김아림 옮김), 《질병의 지도》 (사람의무늬).

- 전가경, 《펼친 면의 대화》(아트북스).

- 사토 겐타로(서수지 옮김), 《세계사를 바꾼 10가지 약》(사람과나무사이).

- 김유태, 《나쁜 책》(글항아리).

- 피터 버크(이정민 옮김), 《무지의 역사》(한국경제신문).

- 데이비드 로버트 그라임스(김보은 옮김), 《페이크와 팩트》(디플롯).

- 보건복지부, "'90~'93년 혈우환자에서 발생한 HIV 감염에 대한 분자역학적 연구결과" 보도자료 (2004년 9월 1일).

- Dicks SG et al. HIV infection. *Nature Reviews Disease Primers*. 2015;1(1):1-22.

- Worobey M et al. 1970s and 'Patient 0' HIV-1 genomes illuminate early HIV/AIDS history in North America. *Nature* 2016;539:98-101.

- Alfano M, Poli G. The HIV life cycle: Multiple Targets for antiretroviral agents. *Drug Design Reviews* 2004;1(1):83-92.

14 | 마스크로 코와 입을 다 틀어막아야 하는 시대 – 코로나19

- 마이클 코넬리(한정아 옮김), 《변론의 법칙》(알에이치코리아).

- 윤고은, 《도서관 런웨이》(현대문학).

- 엘리자베스 스트라우트(정연희 옮김), 《바닷가의 루시》(문학동네).

- 스티븐 킹(이은선 옮김), 《홀리》(황금가지).

―――――

- 양철수, 《미생물의 은밀한 비밀》(범문에듀케이션).

- 남궁석, 《바이러스 사회를 감염하다》(바이오스펙테이터).

• 니컬러스 A. 크리스타키스(홍한결 옮김), 《신의 화살》 (윌북).

• 레프 톨스토이(박형규 옮김), 《안나 카레리나》 (문학동네).

• 마크 호닉스바움(제효영 옮김), 《대유행병의 시대》 (커넥팅).

• 그레고리 주커만(제효영 옮김), 《과학은 어떻게 세상을 구했는가》 (브론스타인).

• 백승만, 《분자 조각가들》 (해나무).

• Cohen J. Learning from a pandemic many are forgetting. *Science* 2025;387(6729):10-11.

• Vijgen L et al. Complete genomic sequence of human coronavirus OC43: molecular clock analysis suggests a relatively recent zoonotic coronavirus transmission event. *Journal of Virology* 2005;79(3):1595-1604.

• Shang J et al. Cell entry mechanisms of SARS-CoV-2 *Proc Natl Acad Sci USA* 2020;117(21):11727-11734.

• Holmes EC. The emergence and evolution of SARS-CoV-2. *Annual Review of Virology* 2024;11:21-42.

• Temmam S et al. Bat coronaviruses related to SARS-CoV-2 and infectious for human cells. *Nature* 2022;604:330-336.

• Sun C et al. Molecular characteristics, immune evasion, and impact of SARS-CoV-2 variants. *Signal Transduction and Targeted Therapy* 2022;7:202.

• Lewis T. On COVID's Fifth Anniversary, Scientists Reflect on Mistakes and Successes. *Scientific American*, March 5, 2025.

- 정유정, 《28》 (은행나무).

- 편혜영, 《재와 빨강》 (창비).

- 배영익, 《전염병》 (문).

- 토스카 리(조영학 옮김), 《라인 비트윈: 경계 위에 선 자》 (허블).

———

- 마크 호닉스바움(제효영 옮김), 《대유행병의 시대》 (커넥팅).

- 마이클 루이스(공민희 옮김), 《세계 감염 예고》 (커넥팅).

- 양철수, 《미생물의 은밀한 비밀》 (범문에듀케이션).

- 데이비드 쾀멘(강병철 옮김), 《인수공통 모든 전염병의 열쇠》 (꿈꿀자유).

- 재레드 다이아몬드(김진준 옮김), 《총 균 쇠》 (문학사상).

- 미시 히로유키(서수지 옮김). 《한 권으로 읽는 미생물 세계사》 (사람과나무사이).

- 마거릿 애트우드(김선형 옮김), 《시녀 이야기》 (황금가지).

- 로버트 웹스터(강병철 옮김), 《조류독감이 온다》 (꿈꿀자유).

- WHO. List of Blueprint priority diseases. 7 February 2018.

- Marani M et al. Intensity and frequency of extreme novel epidemics. *Proc Natl Acad Sci USA* 2021;118(35):e2105482118.

- Woolhouse MEJ, Gowtage-Sequeria S. Host range and emerging and reemerging pathogens. *Emerging Infectious Diseases* 2005;11(12):1842-1847.

- Jones, K., Patel, N., Levy, M. et al. Global trends in emerging infectious diseases. *Nature* 2008;451(7181):990-993.

- de Souza WM and Weaver SC. Effects of climate change and human activities on vector-borne diseases. *Nature Reviews Microbiology* 2024;22:476-491.

- Krupovic M et al. Origin of viruses: primordial replicators recruiting capsids from hosts. *Nature Reviews Microbiology* 2019;17:449-458.

- Iserson KV. The Next Pandemic: Prepare for "Disease X". *Western Journal of Emergency Medicine* 2020;21(4):756-758.

찾아보기

미생물로 쓴 소설들

페스트에서 코로나19까지,
문학이 그려낸 감염과 치유의 과학

지은이 고관수

1판 1쇄 발행 2025년 9월 15일

펴낸곳 계단
출판등록 제25100-2011-283호
주소 (04085) 서울시 마포구 토정로4길 40-10, 2층
전화 070-4533-7064
팩스 02-6280-7342
이메일 paper.stairs1@gmail.com
블로그 blog.naver.com/gyedanbooks

값은 뒤표지에 있습니다.
ISBN 978-89-98243-43-2 03470